U0159396

INTELLIGENT POWER PLANT PLANNING AND DESIGN

智能电厂规划与设计

叶勇健　侯新建　顾徐鹏　编著

中国电力出版社
CHINA ELECTRIC POWER PRESS

内 容 提 要

本书从电厂全生命周期和系统层级相结合的角度，对智能化的相关技术要求和设计方法进行了详细论述。

本书主要内容包括智能电厂概述、智能电厂总体规划、BIM 技术及应用、智能电厂云平台、智能电厂数据中心、智能电厂网络规划、智能检测与控制、智能运行维护与管理、智慧工地、5G 在智能电厂中的应用、智能电厂成熟度评估。

本书适合从事智能电厂规划与设计的相关人员阅读。

图书在版编目（CIP）数据

智能电厂规划与设计 / 叶勇健，侯新建，顾徐鹏编著 . -- 北京：中国电力出版社，2022.4
（2022.8 重印）

ISBN 978-7-5198-6409-5

Ⅰ . ①智… Ⅱ . ①叶… ②侯… ③顾… Ⅲ . ①发电厂—智能设计 Ⅳ . ① TM6

中国版本图书馆 CIP 数据核字（2022）第 007075 号

出版发行：中国电力出版社
地　　址：北京市东城区北京站西街 19 号（邮政编码 100005）
网　　址：http://www.cepp.sgcc.com.cn
责任编辑：赵鸣志（010-63412385）　董艳荣
责任校对：黄　蓓　朱丽芳
装帧设计：赵丽媛
责任印制：吴　迪

印　　刷：三河市万龙印装有限公司
版　　次：2022 年 4 月第一版
印　　次：2022 年 8 月北京第二次印刷
开　　本：787 毫米 ×1092 毫米　16 开本
印　　张：22
字　　数：461 千字
印　　数：1001—2000 册
定　　价：120.00 元

　　当前，正在兴起的第四次工业革命将信息技术与工业深度融合，为人类生产和生活图景描绘出无限生机。2013年德国政府提出了"工业4.0"概念，旨在利用信息通信和制造业技术结合的手段，推进制造业向智能化转型。2015年中国国家发展战略"中国制造2025"出台，明确提出要"以加快新一代信息技术与制造业深度融合为主线，以推进智能制造为主攻方向"，基于信息物理系统的智能装备、智能工厂等智能制造正在引领制造方式变革，通过"三步走"实现制造强国的战略目标。2016年2月国家发展改革委发布了《关于推进"互联网+"智慧能源发展的指导意见》，提出推动互联网、信息技术与能源行业深度融合，促进智慧能源的发展，走出绿色、环保、可持续的能源发展之路。2017年《新一代人工智能发展规划》（国发〔2017〕35号）提出建设无人车间/智能工程。2019年政府工作报告强调的"新基建"中融合基础设施就包括智慧能源基础设施，国家对新基建的政策导向将进一步推动能源行业智慧化转型。2021年《国民经济和社会发展第十四个五年规划和2035年远景目标纲要》中"数字化""智能""智慧"相关表述多达82处，明确了要"打造数字经济新优势"，并提出"充分发挥海量数据和丰富应用场景优势，促进数字技术与实体经济深度融合，赋能传统产业转型升级"。

　　大数据、物联网、移动互联、云计算、可视化、智能控制等技术的发展，为发电企业由主要以建设数字化物理载体为主的阶段，向更加清洁、高效、可靠的智能电厂发展奠定了基础。智能化电厂的概念是近几年方兴未艾的工业智能化浪潮的重要组成部分，在"碳达峰、碳中和"背景下，自动化、信息化、数字化、智能化电厂也成为发电企业构建以新能源为主体新型电力系统的重要组成部分。在行业内，关于电厂智能化或者智慧化的新概念层出不穷，既是由于智能电厂是一个新生事物，电力行业内的科研单位、设计院、设备制造集团、发电集团纷纷投入大量人力进行产品开发和工程应用；也是因为智能电厂是跨界融合的产物，新兴的IT（信息技术）公司、互联网巨擘也积极投身于其中。一时间，智能电厂成为众说纷纭的行业热点，而智能电厂的提法也呼之欲出。笔者认为，以目前的技术发展水平和发电厂纷繁复杂的设备和系统，近十余年内，达到高度人工智能的电厂智能化还有很多需要克服的技术障碍。但是，实现以可测量、可控制、自适应、自学习、自寻优，达到人机、机机互动的智能化电厂是完全可行的。

本书作者多年来在电厂自动化、信息化、数字化、智能化上进行了深入的研究，有幸参与了华东电力设计院的多个智能化电厂的工程设计和建设，参加了相关行业标准的制定，积累了较多的电厂智能化的经验。本书从电厂全生命周期和系统层级相结合的角度，对智能化的相关技术要求和设计方法进行了详细论述。在电厂建设阶段，从电厂的整体规划着手，论述了数字化设计和智能平台设计的主要内容和功能，对于智能电厂的重要组成部分——数据中心和智能网络的构架、关键技术和规划设计要求进行了详细分析。在电厂运行期间，对智能电厂的运行维护等重要方面，如智能检测、智能控制、智能设备状态管控、燃料管控、安全管控进行了详细论述。对于大数据、物联网、5G、云计算等新业态与电厂的结合，虽然目前还处在概念阶段，真正运用的案例不多，但本书也有所涉及，主要是对这些新技术在电厂中可能的应用场景进行了分析，为信息通信技术和发电行业的融合寻找合适的契合点。

本书结合了很多智能电厂的实际案例，大部分是华东电力设计院的工程实践，具有很强的可操作性。同时，书中的很多案例的附图中加入了二维码，读者可以通过扫描二维码获得三维和动态的资料，以丰富阅读感受。

火电、风电、太阳能发电、水电、核电等各种形式的发电厂均有其智能化的独特需求与对应的解决方案。其中火电系统复杂，设备繁多；在建设和运行期间，各设备和系统相互关联紧密；建设和运行技术人员涉及数十个不同专业，管理难度很高，其规划与设计也在智能电厂中最具代表性。因此，本书主要介绍火力发电厂智能化，也可为其他形式发电企业新建项目的智能电厂建设和已有项目的改造完善提供参考。

在本书的撰写过程中，我们受到很多行业专家的悉心指导，书中也借鉴了中国能源建设集团、国家能源集团、国电投集团、华能集团、华电集团、大唐集团、中煤集团、皖能集团、淮南矿业集团等单位和同行们的研究和实践成果，并引用了鹰图（Intergraph）公司、上海鲁班软件有限公司、北京达美盛软件股份有限公司、华为投资控股有限公司、国能信控互联技术有限公司、南京科远智慧科技集团股份有限公司、朗坤智慧科技股份有限公司、施耐德电气有限公司等涉及智能电厂领域相关产品的介绍，在此我们对这些专家和公司一并深表敬意和感激！

由于智能电厂相关技术的发展日新月异，并且受学识所限，书中的内容和观点难免存在疏漏和不足之处，恳请广大读者和同仁批评指正。

作者

2022 年 3 月

目录

第一章　智能电厂概述

第一节　智能电厂的定义及特征

2015 年，中国提出"中国制造 2025"，旨在信息化与工业化深度融合的背景下，推进重点行业的智能转型升级，并于 2016 年相继发布《关于推进互联网 + 智慧能源发展的指导意见》和《电力发展"十三五"规划》，明确提出要促进能源和信息深度融合，并推进电力工业供给侧改革。2019 年政府工作报告强调的"新基建"中融合基础设施就包括智慧能源基础设施，国家对新基建的政策导向将进一步推动能源行业智慧化转型。2021 年国家《国民经济和社会发展第十四个五年规划和 2035 年远景目标纲要》中"数字化""智能""智慧"相关表述多达 82 处，明确了要"打造数字经济新优势"，并提出"充分发挥海量数据和丰富应用场景优势，促进数字技术与实体经济深度融合，赋能传统产业转型升级"。

在此时代背景下，一些发电集团已经开始进行智能电厂的前期规划、论证与实施，建设智能电厂已成为行业共识的目标。

一、智能电厂的定义

目前，对智能电厂的研究与实施正处于蓬勃发展的起步阶段，业界对于"智能电厂"的定义也是众说纷纭、百花齐放。

2016 年初中国自动化学会发电自动化专业委员会与电力行业热工自动化技术委员会共同发布的《智能电厂技术发展纲要》中，将"智能电厂"定义为：智能电厂（Smart Power Plant，SPP）是指在广泛采用现代数字信息处理和通信技术基础上，集成智能的传感与执行、控制和管理等技术，达到更安全、高效、环保运行，与智能电网及需求侧相互协调，与社会资源和环境相互融合的发电厂。中国电力企业联合会团体标准 T/CEC 164—2018《火力发电厂智能化技术导则》定义"火力发电厂智能化"为："火力发电厂在广泛采用现代数字信息处理和通信技术基础上，集成智能的传感与执行、控制和管理等技术，达到更安全、高效、环保运行，与智能电网及需求侧相互协调，与社会资源和环境相互融合的发展过程"。IEC（国际电工委员会）定义"智能电网"为：利用信息交换和控制技术、分布式计算和相关的传感器和执行器的电力系统，用以达到整合电网用户和其他利益相关者的行为和行动，有效地提供可持续、经济和安全的电力供应的目的。VDI（德国工程师学会）定义"智能工厂"为：集成度已达到可使生产及与生产相关的全部业务流程实现自组织功能成为可能的工厂。中国工业和信息化部、财政部于2016年联合发布的《智能制造发展规划（2016—2020年）》中，定义"智能制造"为："智能制造是基于新一代信息通信技术与先进制造技术深度融合，贯穿于设计、生产、管理、服务等制造活动的各个环节，具有自感知、自学习、自决策、自执行、自适应等功能的新型生产方式"。

还有一些业界厂商和高校给出对智能电厂的理解，比如科远集团认为智能电厂是数字化电厂结合智能系统后的进一步发展，将以新型传感、物联网、人工智能、虚拟现实为技术支撑，以创新的管理理念、专业化的管控体系、一体化的管理平台为重点，具有数字化、信息化、可视化、智能化等特征，最大限度地实现电厂安全、经济、高效、环保运行；东南大学认为智能电厂由信息化、数字化、智能化等技术支撑，具有感知能力（获取外部信息的能力）、记忆和思维能力（存储信息并有思维产生知识）、学习和自适应能力（学习并运用知识）三类特点等。

二、智能电厂的主要特征

1. 可观测

通过传感测量、计算机和网络通信技术，实现对电厂生产全过程和经营管理各环节的监测与多种模式信息感知，实现电厂全生命周期的信息采集与存储，从空间和时间两个维度，为电厂的生产控制与管理决策提供全面丰富的信息资源，这些信息应以数字化的方式存储和使用。

2. 可控制

配置充足的数字化控制设备，逐步实现对全部工艺过程的计算机控制。控制系统应满足计算能力要求，逐步实现智能化的控制策略，在"无人干预，少人值守"的条件下，保证发电机组在生产全过程的任何工况下都处于受控状态，满足安全生产和经济环保运行的要求。

3. 自适应

采用先进控制和智能控制技术，根据环境条件、设备条件、燃料状况、市场条件等影响因素的变化，自动调整控制策略、方法、参数和管理方式，适应机组运行的各种工况，以及电厂生产运营的各种条件，使电厂生产过程长期处于安全、经济、环保运行状态。应实现以下要求：

（1）对功能性故障具有自愈能力。

（2）对设备故障具有自约束能力，降低故障危害。

（3）对运行环境具有自调整能力，提升运行性能。

4. 自学习

基于生产控制系统和信息管理系统等提供的数据资源，利用模式识别、数据挖掘、人工智能等技术，通过对长期积累的运行维护数据和经营管理数据的分析与学习，识别电厂生产经营中关键指标的关联性和内在逻辑，获取运营火力发电厂的有关知识。

5. 自寻优

基于泛在感知和智能融合所获取的数据资源和自学习所获得的知识，利用寻优算法，实现对机组运行效能、电厂经营管理、外部监管与市场等信息的自动分析处理，根据分析结果对机组运行方式、电力交易行为等持续自动优化，提高电厂安全、经济、环保运行水平，提升企业的运营竞争力。

6. 分析与决策

在泛在感知获取的信息资源基础上，利用网络通信、信息融合、大数据等技术，通过对多源数据的自动检测、关联、相关、组合和估计等处理，实现对电厂生产过程和经营管理的全息观测与全局关联分析。基于电厂大量的结构化或非结构化数据，利用机器学习、数据挖掘、流程优化等技术，评估识别生产、检修、经营管理策略的有效性，为火力发电厂的运营提供科学的决策支撑。

7. 人与设备互动

应具备高效的人机互动能力。应支持可视化、消息推送、可穿戴智能设备等丰富的信息展示与发布功能，使运行和管理人员能够准确、及时地获取与理解需关注的信息。火力发电厂的控制与管理系统应准确、及时地解析与执行运行和管理人员以多种方式发出的指令。

8. 设备与设备互动

基于网络通信技术，通过标准化的通信协议，实现火力发电厂中设备与设备、设备与系统、系统与系统的交互，实现不同设备、系统间相互协同工作。通过与智能电网、电力市场等系统的信息交互和共享，分析和预测电能需求状况，合理规划生产和管理过程，促进源网荷储一体化，实现安全、经济、环保的电能生产。

9. 信息安全

将现代信息通信技术与火力发电厂运营紧密结合，构建实时智能、高速宽带的信息通信系统，在"安全分区、网络专用、横向隔离、纵向认证、综合防护"指导下选用信息安全策略及措施，合理设计、建设、使用、维护、管理网络通信系统，保证信息高效交互，实现具有在线监测与主动防御能力的信息通信系统。

三、关于"智能电厂"与"智慧电厂"

当前行业内存在着将"智能电厂"和"智慧电厂"混淆使用的情况，大部分观点认为它们是同一概念，也有人认为"智慧电厂"的智能化程度更高而更倾向于使用"智慧电厂"。

电力规划总院张晋宾指出，"智慧"是指对事物能认识、辨析、判断处理和发明创造的能力，"智能"是指智慧和才能；从其语义和日常应用层面理解，智慧主要是针对生物体而言，智能则有将才智、能力发挥出来之意；从学术角度看，对于嵌入人工智能、仿人智能等技术或具有其相应属性的具体对象，应称为"智能"更为合适。

因此，工程中宜采用"智能电厂"而不宜采用"智慧电厂"的称谓。《智能电厂技术发展纲要》《火力发电厂智能化技术导则》及牵头正在编制的相关电力行业标准均采用"智能电厂"，智能电厂与智能电网共同组成智能电力，支撑着国民经济对能源的新需求。本书也均采用"智能电厂"这一概念。

第二节　智能电厂应用现状

一、电力企业的业务智能化转型需求

当前，我国电力企业在不同程度上实现了数字化和智能化，未来的发展需要不断与云计算、大数据和物联网、人工智能等先进技术相互整合，促进电力企业的进一步转型升级。其主要表现在以下几方面：

1. 设备运行的安全预警，保证电力设备的安全运行

电力行业是资产密集型行业，其中，发电厂设备的安全运行尤其重要，任何故障都可能造成重大事故，带来停电和巨大的经济损失，社会负面影响大，这在当前经济活动复杂、人口高度集中的工业化社会环境中尤为显著。

因此，对运行设备进行实时监测，对设备运行数据进行挖掘，建立预警模型，实现设备的安全预警，对于保障发电设备安全运行，避免恶性重大事故的发生有重要的意义。

2. 设备故障诊断，实现发电设备状态检修、维护指导

关于发电设备的状态检修，需要解决两个问题，一个问题是什么时候修、该不该修，另一个问题是修什么、如何修。第一个问题是检修触发的问题，是依据设备的可靠性原则和故障预警，进行检修决策的问题；第二个问题是依据故障定位和故障确认来进行针对性、精确检修的问题，上述两个问题是实现"状态检修"的核心问题。从现状上看，发电机组等设备属于大型旋转机械，能够实现精确诊断的故障并不太多，而且机组个性突出，采用传统故障机理建立起来的故障模型普适性并不是很好，因此，重要的一个需求就是运用机器学习、大数据分析结合传统故障机理模型，实现故障预警和故障诊断，从而为发电设备的检修决策和检修实施提供依据。

3. 提升节能降耗水平

随着我国社会"碳达峰、碳中和"目标的确定，火力发电厂节能降耗、降低碳排放已经刻不容缓。采用模糊集理论和相关函数结合的大数据分析方法，可以预测出不同边界和运行工况下的机组供电煤耗率，对火电机组的节能发电具有参考意义。利用大数据、云计算等先进信息方法与系统，积极探索火电深度调峰、快速变负荷控制理论与技术，可以充分发挥火电在多能互补和以新能源为主体的新型电力系统中的"压舱石"作用，以增强火电机组深度调峰、快速变负荷能力，提高火力发电在新型电力系统中的弹性运行水平。

4. 智能化生产

充分利用电厂现有的数字化、信息化建设基础，引进更先进的信息技术、工业技术和管理手段，实现精确感知生产数据，优化生产过程，减少人工干预，通过科学合理的分步实施，最终使电力企业具备自分析、自诊断、自寻优、自管理、自恢复、自学习的能力，进一步提高效率，降低成本。如借助物联网技术采集机组负荷、效率等参数，利用大数据技术建立火电机组效率模型，根据给定发电量和热负荷需求实时计算目标负荷，并反馈到控制系统，进行发电设备运行的优化调度，实现机组以经济指标为最优的负荷优化分配，提高运行经济性和设备可用率。

5. 协同运营管理

以新型电力系统源网荷储一体化运行为核心，整合电力供应、运营、分配、消纳的数据，实现发电、售电、调度全环节数据共享，以用电需求预测和新能源发电预测为驱动优化资源配置，协调电力生产、运行维护、销售的管理，提升生产效率和资源利用率。此外，电力企业各部门数据的集成将优化内部业务流程及信息沟通，使财务、人事、供应链等环节业务的开展更顺畅，有助于企业的精细化运营管理，提升企业的运营效率及管控水平。

二、国家相关产业政策

中国是世界上最大的电力生产消费国，至2020年底，全国全口径水电装机容量达3.7亿kW、火电装机容量达12.5亿kW、核电装机容量达4989万kW、并网风电装机容量达2.8亿kW、并网太阳能发电装机容量达2.5亿kW、生物质发电装机容量达2952万kW。根据中电联发布的《电力行业"十四五"发展规划研究》给出的统计数据，我国非化石能源消费占比已由2015年的12.1%提高到2019年的15.3%，已提前一年完成"十三五"规划目标，在"十四五"期间要将这一比重进一步提高到20%左右。2020年12月12日，习近平总书记在联合国气候雄心峰会上发表题为《继往开来，开启全球应对气候变化新征程》的重要讲话，并宣布：到2030年，中国单位国内生产总值二氧化碳排放将比2005年下降65%以上，非化石能源占一次能源消费比重将达到25%左右。

随着我国能源大规模发展和能源结构的转型，为了更好地提升能源转换效率，减轻对环境污染，推进能源供给侧的改革，2016年2月国家发改委发布了《关于推进"互联网+"智慧能源发展的指导意见》，明确指出促进能源和信息的深度融合，"智能发电"的概念正式在国家能源转型的背景下应运而生。

"智能发电"与德国"工业4.0"以及"中国制造2025"的概念一致，其核心是第四次工业革命大背景下发电技术的转型革命。2013年德国联邦政府在汉诺威工业博览会上正式提出了以信息物理系统（Cyber Physical Systems，CPS）为支撑的"工业4.0"的概念，倡导以高度数字化、网络化、机器自组织为标志的第四次工业革命，旨在提升工业生产的智能化水平。2014年，我国相继提出了"中国制造2025"，其内涵旨在信息化与工业化深度融合的背景下，应对互联网、大数据、云计算等信息领域新技术发展，推进重点行业智能转型升级，提高资源利用效率，加快构建高效、清洁、低碳、循环的绿色工业体系，行动纲领明确了十大重点领域，其中新一代信息技术产业、电力装备、节能与新能源汽车等领域与能源行业密切相关。

由工业和信息化部信息化和软件服务业司指导撰写的《信息物理系统白皮书》很好地诠释了通过一个抽象的信息物理系统来描述生产、制造过程的智能化概念与应用。借助于信息化和工业化的深度融合，实现信息技术从单项业务应用向多业务综合集成转变，从单一企业应用向产业链协同应用转变，从局部优化向全业务流程再造转变，从提供单一产品向提供一体化的"产品+服务"转变，从传统的生产方式向柔性智能的生产方式转变，从实体制造向实体制造与虚拟制造融合的制造方式转变。

2019—2021 年的政府工作报告都提到要加强新型基础设施建设（简称新基建）。新基建主要包括 5G 基站建设、特高压、城际高速铁路和城市轨道交通、新能源汽车充电桩、大数据中心、人工智能、工业互联网七大领域，是以新发展理念为引领，以技术创新为驱动，以信息网络为基础，面向高质量发展需要，提供数字转型、智能升级、融合创新等服务的基础设施体系。新基建中融合基础设施就包括智慧能源基础设施的内容，国家对新基建的政策导向将进一步推动能源行业智慧化转型。

三、智能电厂技术标准发展情况

标准是经济活动和社会发展的技术支撑，是国家治理体系和治理能力现代化的基础性制度。标准体系更是一定范围内的标准按其内在联系形成的有机整体。随着经济全球化的进一步纵深发展，贸易壁垒已成为发达国家保护自己的市场、占领别人的市场、谋求最大利益的武器。为达到控制进口，保护自身利益为目的，发达国家常常将国家或地区标准作为所设置的贸易技术壁垒的手段。在国际市场上，谁掌握了标准的制定权，谁的技术成为国际标准，谁就掌握了国际市场的主动权，谁就能控制未来的市场。

为进一步推动实施标准化战略，完善标准化体系，提升我国标准化水平，国家专门颁布《中华人民共和国国民经济和社会发展第十四个五年规划和 2035 年远景目标纲要》和《国务院关于印发深化标准化工作改革方案的通知》（国发〔2015〕13 号）。加快推进智能制造，是实施"中国制造 2025"的主攻方向，是落实工业化和信息化深度融合、打造制造强国的战略举措，更是我国制造业紧跟世界发展趋势、实现转型升级的关键所在。"智能制造、标准先行"，根据"中国制造 2025"的战略部署，工业和信息化部、国家标准化管理委员会共同组织制定了《国家智能制造标准体系建设指南（2015 年版）》，以解决标准缺失、滞后以及交叉重复等问题，指导当前和未来一段时间内智能制造标准化工作。

各学术团体、企业联合会积极致力于推进智能电厂的研究和建设，并取得阶段性成果。2016 年，中国自动化学会发电自动化专业委员会与电力行业热工自动化技术委员会共同发布了《智能电厂技术发展纲要》，提出了智能电厂的概念、体系架构和建设思路。2018 年 1 月，中国电力企业联合会组织编写的 T/CEC 164—2018《火力发电厂智能化技术导则》发布，2018 年 4 月 1 日起实施，该导则规定了智能化（火力）发电厂的基本原则、体系架构、功能与性能等方面的技术要求。能源行业发电设计标准化技术委员会组织编写的《智能电厂设计规范》已完成送审稿审查，其他相关的规程规范研究定制也正在积极进行，但总体来看目前行业内缺少企业层级的更为细致、可操作性更强的技术规范。

四、智能电厂应用现状

现代化的火力发电本质是一个安全、高效生产清洁电力的过程。虽然具有一定程度的制造特性，但是它又具有行业的特殊性。首先，电力生产过程需要保证绝对的安全性，包括信息系统互联互通的安全与设备运行的安全；其次，现阶段电力生产过程的产品面向市场化的程度较低；第三，电力生产是一个相对集中的过程；第四，电力生产过程和物资、仓储等管理环节耦合相对较弱；第五，电力生产过程的重点在实时。火力发电过程的特殊性使得贯彻工业化和信息化的融合具有鲜明的行业特点。高比例新能源接入带来的外部环境的变化，也对火力发电过程提出了更高的灵活性要求。

现阶段我国在"智能发电"的发展道路上具备了一定的基础。第一，现有电厂在数字化、信息化、自动化等方面达到了较高的水平；第二，网络技术和计算机处理能力得到了极大的提升；第三，我国的发电装备制造水平得到了快速发展。目前，国内各类发电企业均配备了自动控制系统、监控信息系统以及管理信息系统，但其与智能化生产仍存在较大差距。"智能发电"是一种多学科交叉的高新技术领域，其并非简单的数字化和信息化，而是在此基础上实现更高级别的应用及人工智能化。

（一）各发电集团的政策举措

针对国家能源产业智能化发展相关政策，各大发电集团均制定了规划及相关举措，以推进火电企业数字化、智能化转型。

（1）中国华电集团有限公司于 2018 年编制发布了"数字华电"战略规划，中国华电集团有限公司运用先进数字化信息技术对传统能源产业进行改造升级，加快战略转型，实现创新发展、高质量发展和安全发展；2021 年中国华电集团有限公司党组书记、董事长温枢刚撰文表示"数字华电"建设已取得初步成效，并强调中国华电集团有限公司要加快推进数字化转型，为高质量发展赋能。

（2）中国华能集团有限公司多次提出建设"数字华能"和"智慧华能"，并于2018 年和 2019 年相继印发了《中国华能集团有限公司工业互联网 2018—2020 年建设方案》和《中国华能集团有限公司信息化及"互联网 +"发展"十三五"战略规划（修编版）》，提出到 2020 年公司信息化工作在系统建设、业务应用、数据环境、技术架构、信息安全和系统运行维护等各方面取得重要进展，建设"互联网 +"业务大平台，形成业务应用全贯通的新格局。

（3）中国大唐集团公司顺应发展趋势、借鉴外部经验、立足企业实际，提出了"打造数字大唐，建设世界一流能源企业"的数字化愿景，即规划"集团管控、运营生产、创新发展"三大提升方向，明确"新定位、新管控、新运营、新能力、新架构"五个提升目标，确立实施"数字化管控、数字化运营、引领创新和数字化基础"四大工程，在未来5年的时间内，统筹建设八大数字化蓝图架构平台（战略决策与管控平台、全方位在线控制平台、经营管理平台、风险管控平台、综合支撑平台、数字化创新管理平台、专业运营平台、数字化基础技术平台），成为"广泛数字感知、多元信息集成、开放运营协同、智慧资源配置"的智慧能源生产商，初步建成"数字大唐"，形成具备数字化能力的自有核心团队，助力世界一流能源企业战略目标的实现。

（4）国家电力投资集团公司于2018年10月在集团总部召开智慧能源发展座谈会，提出通过研究火电、风电、光伏集成能源创新及应用，打造全能型智能电厂，深度挖掘新能源的实际应用，形成多能互补，打通数字化、信息化、智慧化链条。

（5）国家能源投资集团有限公司于2017年底相继发布《中国国电集团公司智慧企业建设指导意见》和《中国国电集团公司智能发电建设指导意见》，全面推进集团公司智能发电建设。2020年国家能源集团发布了国内首个集团级智能火电企业标准《智能火电技术规范》，为下属火力发电厂的智能化建设提供了更具体的架构及功能模块配置技术要求，对国内其他火电智慧企业建设也具有良好的借鉴和推广价值。

（二）相关领域企业情况

智能发电涉及自动化控制、热能动力、人工智能、大数据分析和信息化管理等诸多学科，相关研究涉及智能发电概念的探讨、典型特征的归纳、体系架构的建立，以及智能电厂整体架构的构建、智能化建设关键技术的研发与工程应用。相关领域的国内外企业纷纷响应智能电厂的发展浪潮，积极投入研究开发，提出各自的智能电厂方案。纵观其方案特征，各家从智能设备、智能控制和智能管理等几方面各有着重地提出了自己的方案。

（1）中国电力工程顾问集团华东电力设计院有限公司参与了国家能源集团宿迁电厂、上海电力闵行电厂、华能石洞口第一电厂、中煤新集利辛板集电厂、淮南矿业集团潘集电厂、福清核电站等一批火电、核电项目的智能电厂规划和建设，围绕电厂的"安全、运行、检修、管理"，构建全厂统一的数据平台和"智慧控制""智慧运维""智慧经营""智慧安全""智慧基建"体系，提出了"三维虚拟电厂、三维可视化检修仿真培训、设备智能管理、智能燃料管理、智能安全管理、5G智能应用、设备二维码的点巡检与缺陷管理、智能仓储、智能经营、智能决策、智能运行优化、移动应用、智能基建"等一系列智能电厂功能模块，建设具有自我及环境感知、主动预测预警、自动闭环控制、辅助诊断决策、统一集约指挥的"智能电厂"，实现电厂运行、维护和管理的信息化、自动化、智慧化，实现全面的人员和设备安全管控。

（2）艾默生公司提出了"全厂控制一体化、嵌入式视频、嵌入式仿真、控制优化［包括机组自启停控制系统（APS）、负荷响应优化、蒸汽温度优化、燃烧优化、智能吹灰］、机械健康诊断、资产管理等"。

（3）西门子公司提出了"趋势预警与智能故障诊断、设备优化管理、热力性能分析系统、智能现场作业管理、智能风险预控、智能决策管理、安全管理等"。

（4）ABB公司提出了"控制优化应用、运行管理、设备预防性诊断、经营管理等"。

（5）上海汽轮机厂结合自身在设备设计、制造、调试、维护的长期经验与知识积累，提出了"性能镜像仿真、运行智能优化、热部件寿命管理、长叶片在线评估、轴系振动故障诊断、汽轮机运行助手等"。

（6）国能智深公司提出了"三维建档、智能设备管理、智能控制与运行、智能生产监管、智能决策等"。

（7）国能信控公司针对燃煤电厂信息化、数字化、智能化发展需求，提出并构建了智慧管控系统架构体系，采用工业互联网技术研发了智慧管控平台，实现燃煤电厂智慧管控的工程应用。

（三）智能发电厂建设情况

目前，国内智能电厂的建设已初见成效，主要建设情况如下：

1. 大唐姜堰热电厂、大唐南京发电厂

大唐姜堰热电厂（2×200MW级燃气–蒸汽联合循环机组）模式共包含五大智能模块：①基于互联网＋的安全生产管理系统（人员定位、虚拟电子围栏、智能两票、智能巡检）；②基于大数据分析的运行优化系统；③基于专家系统的三维可视化故障诊断系统；④三维数字化档案；⑤三维可视化智能培训系统（设备检修培训、工艺流程仿真培训）。

大唐南京发电厂（2×660MW燃煤机组）智能化改造项目建设八大智能模块：①三维数字档案和可视化立体设备模型；②锅炉CT；③智能燃烧及智能掺配；④智能排放；⑤汽轮机冷端优化（凝汽器清洗机器人）；⑥故障诊断和事故预报；⑦基于互联网＋的安全生产管理系统；⑧智能管控中心。

2. 京能高安屯热电厂

京能高安屯热电厂（2×300MW级燃气轮机＋1×300MW级汽轮机的燃气–蒸汽联合循环机组）采用全厂专有Wi-Fi网络无缝覆盖，全面采用现场总线，实施三维建模模拟施工辅助基建管理，同步实现机组自启停控制（Automatic Power Plant Startup and Shutdown System，APS），并通过全厂智能设备管理优化（Device Management Optimization，DMO）和企业级数据管理系统等软件实现了智能化的工厂设备管理和一体化的大数据分析。

3. 国能（北京）燃气热电厂

国能（北京）燃气热电厂（2×300MW 级燃气轮机 +1×300MW 级燃气 – 蒸汽联合循环机组）实现"一键启停、无人值守、全员值班、一体化平台、三维全景、智能巡检、智能票务"等智能功能。具有 APS 一键启停、应用现场总线、数字化移交、应用一体化云平台覆盖全部业务管理、消防安保协同管控五大亮点。电厂信息化水平，移动作业应用程度，设备全寿命数据集成与利用，消防安保管理系统集成广度、自动化程度、联动深度，在线仿真应用范围与深度，机组自启停控制系统的应用水平，取得一定突破。

4. 国家能源集团宿迁电厂

宿迁电厂通过在机组 DCS 系统中部署高级应用控制器、高级应用服务器、先进算法库、大型历史实时数据库、高级值班员站等智能电厂高级应用支撑组件，将分散控制系统（DCS）系统升级成智能 DCS 系统平台。

智能 DCS 系统应用的主要技术包括：

（1）高效运行相关技术。其包括能效智能寻优及闭环控制、汽电双驱引风机高效供热控制、烟气再循环调温等。

（2）先进控制相关技术。其包括软测量、预测控制（机炉协调预测控制、主蒸汽温度预测控制、二次再热蒸汽温度预测控制等）、蓄能综合优化控制（凝结水调频、高压加热器旁路给水调频控制等）、全程自动控制及故障自动处理等。

（3）智能监测与诊断相关技术。其包括工业大数据分析与挖掘、专家知识推理等。

智能 DCS 系统以 DCS 为核心，扩展感知信息，融合先进控制技术与数据分析技术，形成智能控制系统，实现发电过程的智能控制与运行、智能监测、智能安全，达到减员增效、高效运行、灵活调节、主动安全管控的目标。

宿迁电厂建设基于智能管理系统（IMS）的智慧管控平台，打造了四大智能控制（智能水务、智能热网、智能 DCS、智能燃料），六大智慧管理（运行管理、燃料管理、资产管理、安全管理、行政管理、营销管理）和七大智能中心（智能数据管理中心、智能档案中心、智能安防中心、智能燃料中心、智能仓储中心、智能集控中心），提升企业本质安全水平和防范风险能力，达到更规范的运营管理、更高的设备可靠度、更优的运行与出力、更低的能耗与排放、更强的电力市场适应性以及更低的企业运营成本，实现燃煤电厂智能、安全、经济、环保的目标。

五、智能电厂建设存在的问题

通过近些年信息技术、通信技术、计算机技术和控制技术的不断发展，各发电集团火电产业的信息化建设不断发展，各个发电厂在不同程度上完成了数字化和信息化改造。火电企业一般均构建了生产经营管理体系，包括安全文明生产、基础管理、技术管理、检修管理、运行管理、经营管理、党群管理、综合管理等，形成了系统的、全面的企业管理体系；并以此为基础，在一定程度上整合信息化资源和数据，构建公司生产经营管控一体化应用软件平台，实现公司内部数据互联互通，数据共享，以及自动管理、统计功能。各发电企业建设了包括 SIS（厂级信息监控系统）、门户网站内网/外网、办公自动化系统（OA）、资产管理系统（EAM）、经营计划管理系统、安健环管理系统、教育培训系统、档案系统、人力资源系统、生产绩效考评系统、门禁系统、全员绩效管理系统等基础业务信息管理系统，能够实现生产、经营主要流程信息化管理。但是上述的数字化和信息化并不是真正的智能化，两者还存在较大差距，主要反映在以下几个方面：

1. 智能电厂建设整体规划有待提升

我国在"智能发电"领域探索中，缺乏从整体上对"智能发电"进行设计和规划，往往从局部系统进行智能化升级，各系统之间缺乏紧密联系，没有从整体上去解决发电过程智能化的问题，智能发电厂的建设规划仍有待于进一步深入和提升。

2. 较多侧重于信息展示和智能管理等层面

当前国内智能电厂建设更多地侧重于智能信息集成展示以及智能管理等层面，而在生产过程中智能化的应用较少，无论是智能信息集成展示还是智能化管理，其最终目标应服务于发电生产过程，提高电厂的智能化生产水平，而国内在智能电厂建设中智能化管理与实时生产之间存在一定的脱节，偏离了智能生产的初衷。

3. 对数据挖掘不够，数据融合深度不够

运行参数调整优化、能耗指标分析需要大量的数据分析，通过海量数据、模型不断拟合并不断修正，最终寻找最优的数据；设备寿命管理也需要大量的基础数据作为支撑，以实现精准的状态诊断与检修。类似问题，目前尚未建立完善的数据库，没有引入基于大数据、云计算的智能分析系统来对数据进行深度分析；与此同时，生产能耗指标分析、经营成本分析等生产经营活动要对各个环节的要素进行数据的收集与规整，需要耗费大量的人力，数据融合的深度和广度都受到一定程度的限制。而且，当前外部电力负荷需求多变，要求火电机组大量参与深度负荷调节，复杂工况下锅炉燃烧、风烟、汽水、环保等分系统的运行适应性还不能完全满足要求，关键参数控制品质差已成为当前提高机组灵活性的制约环节。

4. 生产现场疑难问题缺少人工智能支持

智能传感器和智能调节机构数量的不足，导致对重要设备的检测控制流于粗放。生产现场高温、高压、腐蚀等危险区域或特殊场合的检查，以及大量周期性、重复性、烦琐的工作，需要利用人工智能支持，实现自动监测、预警，提高设备的安全可靠性，同时减少人员劳动，提高工作效率。

5. 未充分利用互联网技术拓展管控能力

目前设备运行、故障诊断、检修维护、经营管理等管理方式相对简单，未充分利用互联网科技，实现工作业务与互联网智能管控有机结合，提升生产过程的智能自动管控、技术支持，以及移动业务处理功能。同时，解决生产经营问题的技术手段少，快速反应能力差，工作效率相对偏低。

6. 智能电厂技术助力安全生产提升空间巨大

随着安全生产责任意识的提高，安全生产提到法律层面，安全追责的高压态势已经形成，电力企业作为生产企业迫切需要实现生产管理智能化，切实解决各类生产过程中的安全问题。现阶段，主要依靠管理制度和人员监督进行安全生产管理，对人员的依赖性较大；安全管理措施执行不够彻底，存在一定的漏洞；安全预防能力不够，主动安全管理能力需要提升；工控系统信息安全要求越来越高，系统自身信息安全防护能力有待提升。

7. 发电企业内部与外部的数据未实现充分共享

目前，发电厂内仍然存在大量自动化、信息化孤岛，互连互操困难，各系统的运行数据和信息难以在厂区范围内顺畅流动。数据资源分散、缺乏连贯性，管理与运行人员很难从数据中得到有用的信息并做出正确决策。集团与发电企业之间，以及内部企业之间的信息互通，尚未形成"大计算、大储存、大分析、大运维"的网络构架，人员、系统、设备之间的高效协作还存在一定差距。

第二章 智能电厂总体规划

第一节 规划原则与方法

一、总体规划原则

根据智能电厂功能层次规划及相关的建设标准，各发电厂应结合企业自身的现状和特点，因地制宜、注重实效，积极、稳妥地推进智能电厂的建设。

智能电厂建设应包括设计、制造、基建、运营、退役五个阶段，体现全生命周期管理特点，需要不断积累建设与运营经验，使成果应用水平不断提升。智能电厂建设首先应做好总体规划，宜贯彻信息共享、功能融合、数据平台一体化的要求。

智能电厂总体规划应根据电厂建设机组容量大小、新建机组还是在役机组，以及原有信息和控制系统配置水平及管理水平等因素，从实际出发制定各个阶段的目标和实施步骤。

智能电厂信息网络架构建设要充分考虑可扩性，以适应信息技术快速发展的特点。智能电厂系统规划时，各子系统的整合应确保之间的信息交换安全可靠，响应速度满足技术要求。各子系统可以采用选择同一产品的一体化方案或不同产品通过标准通信协议整合的集成方案。当采用集成方案时，不同厂家的两个子系统间的通信应事先经过充分试验、测试，验证其有效性与可靠性。应优先建设技术成熟、收益率高的智能技术模块；对于发展前景明显，但当前还未取得较丰富的成功实践经验的项目可先安排进行试点，采取积极稳妥、逐步推广应用的技术策略。

智能电厂应以可靠的智能装置、控制系统和信息系统为基础，其建设基本技术原则包括：

1. 实效性

对建设智能电厂应用的技术要进行认真评估，讲求实效，经得起实践验证，确实对电厂安全、可靠、经济、环保运行发挥显著作用。

2. 前瞻性

智能电厂建设，特别是数字化物理载体建设要有前瞻性，防止因物理载体建设而限制了各种智能技术的进一步开发和应用。

3. 安全性

智能电厂建设要确保设备安全，严格执行相关法律、行政法规、国家标准和行业标准。

4. 控制要求

设备应具有自适应能力、故障自检自愈能力、冗错能力和高度的自学习能力，满足可观测、可控制及互操作能力要求。

5. 运行水平

智能电厂可靠性、经济性、负荷调节性能和环保运行水平应优于传统电厂，应满足生产过程无人干预和少人值守要求，实现决策智能化，并提供丰富的可视化手段。

6. 评判标准

以功能和性能评价为主，可采用常规技术实现，鼓励成熟新技术的应用。

7. 全过程

智能化系统应覆盖电厂生产运行全过程，以及检修维护和经营管理的主要过程。

8. 管理创新

智能电厂建设要把发展智能技术和管理创新紧密结合，要根据智能技术的发展适时创新管理模式，更新管理理念。只有这样，智能技术才能按新的管理模式健康发展，充分发挥作用，真正取得实效。

9. 信息安全

智能电厂的核心要求是实现本质安全的智能发电技术，信息安全是最基础和需要始终保持高度关注的建设内容。信息安全应作为智能电厂的基础设施全局实施，评估新技术引入后给智能电厂带来的安全隐患。智能电厂按照"横向隔离、纵向加密"的安全策略，建立基于主动防御的信息安全策略。

二、智能电厂规划方法

智能电厂规划涉及发电企业全业务架构的分析和梳理，相比传统信息化规划更具融合性和创新性。

（一）企业架构概念

企业架构（Enterprise Architecture，EA）理论是二十世纪七八十年代随着信息化技术的发展而提出的。信息化技术的迅速发展，导致企业逐渐开始面临"系统"复杂度升高并越来越难以进行管理、业务和信息技术之间的关系越来越紧密但却越来越不同步两个问题。这两个问题的本质可以概括为"复杂"，问题的解决需要落实到"复杂度管理"。在本质上，企业架构理论正是将企业或组织看作为复杂的客观对象，并对其在各个领域（战略决策、业务、数据、应用、技术和项目实施）中的复杂度进行有效管理，从而辅助企业健康发展。解决"复杂度问题"，就需要以企业架构理论为指导，在企业或组织中建立完备并且准确的企业架构，也正是以此为契机，企业架构的理论及应用得到了长足的发展。

在这几十年的发展过程中，已经衍生出很多种不同的企业架构方面的理论体系，而且很多国际大型企业和政府在反复摸索中创建了符合各自特点的企业架构。企业架构框架理论作为构建企业架构的方法论和工具集也已在业界得到广泛的普及。

（二）Zachman 模型

1987 年，Zachman 提出了企业架构模型，该模型按照"5W1H"，即 What（数据）、Where（网络）、Who（角色）、When（时间）、Why（动机）、How（功能）6 个维度，结合目标范围、业务模型、信息系统模型、技术模型、详细展现、功能系统 6 个层次，将企业架构分成 36 个组成部分，描述了一个完整的企业架构需要考虑的内容，如表 2-1 所示。

表 2-1　　　　　　　　　　　　Zachman 模型简介

项目	数据（What）	网络（Where）	角色（Who）	时间（When）	动机（Why）	功能（How）
目标范围	列出对业务至关重要的元素	列出与业务运营有关的地域分布要求	列出对业务重要的组织部门	列出对业务重要的事件及时间周期	列出企业目标、战略	列出业务执行的流程
业务模型	实体关系图[包括 N 元（N-ary）关系、归因关系]	物流网络（节点和链接）	基于角色的组织层次图，包括相关技能规定、安全保障问题	业务主进度表	业务计划	业务流程模型（物理数据流程图）
信息系统模型	数据模型（聚合体、完全规格化）	分布系统架构	人机界面架构（角色、数据、入口）	相依关系图、数据实体生命历程（流程结构）	业务标准模型	关键数据流程图、应用架构

项目	数据 （What）	网络 （Where）	角色 （Who）	时间 （When）	动机 （Why）	功能 （How）
技术模型	数据架构（数据库中的表格列表及属性）、遗产数据图	系统架构（硬件、软件类型）	用户界面（系统如何工作）、安全设计	"控制流"图（控制结构）	业务标准设计	系统设计：结构图、伪代码
详细展现	数据设计（反向规格化）、物理存储器设计	网络架构	屏显、安全机构（不同种类数据源的开放设定）	时间、周期定义	程序逻辑的角色说明	详细程序设计
功能系统	转化后的数据	通信设备	受训的人员	企业业务	强制标准	可执行程序

Zachman 模型虽然没有明确提出企业架构这个概念，但是已经包含了企业架构关注的一些主要内容，如流程模型、数据、角色组织等，既然没有提出企业架构的概念，自然也就没有包含构建方法，因此，Zachman 模型应该算是企业架构的启蒙，同时，它也表明了这一工具或技术的最佳使用场景——面向复杂系统构建企业架构。

（三）TOGAF 架构理论

目前在业界存在多种企业架构框架理论，例如开放组体系结构框架（The Open Group Architecture Framework，TOGAF）是其中最重要的，也是目前影响最大的企业架构框架理论便是 TOGAF。

TOGAF 架构体系自 1995 年基于信息管理技术架构框架（Technical Architecture Framework for Information Management，TAFIM）发布了第一版 TOGAF，经过长时间的修订更新，至 2009 年已更新至 TOGAF9。当前，TOGAF 架构体系已被 80% 的福布斯 50 强公司使用，并得到 HP 公司、IBM 公司、Kingdee 公司、Oracle 公司、SAP 公司等国际领先 IT 企业的高度认同和积极推动。在中国企业架构实践中，TOGAF 认可度超过了 50%，TOGAF 架构如图 2-1 所示。

TOGAF 架构包含业务、应用、数据、技术四种架构。其中，业务架构定义企业策略、管理、组织和关键业务流程；应用架构为待配置的个人应用系统提供一个蓝图，包括业务之间的交互、关系以及组织核心的业务流程；数据架构描述组织逻辑的、物理的数据资产和数据管理资源的结构；技术架构描述了支持核心部署和关键任务应用的软件基础设施。

（四）模型驱动的企业架构

为了解决软件开发中出现的种种问题，全球最大的软件工业标准化组织国际对象管理组织（Object Management Group，OMG）在 2001 年 7 月提出了模型驱动架构

（Model Driven Architecture，MDA）。MDA 是一种基于诸如统一建模语言（Unified Modeling Language，UML）、可扩展标记语言（Extensible Markup Language，XML）和公共对象请求代理体系结构（Common Object Request Broker Architecture，CORBA）等一系列业界开放标准的框架。因此，它具备软件设计和模型的可视化、存储和交换的功能。

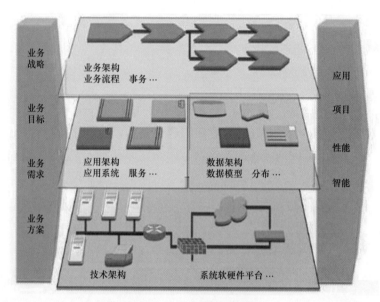

图 2-1　　TOGAF 架构

MDA 能够创建出机器可读和高度抽象的模型。这些模型独立于实现技术，以标准化的方式储存。MDA 把建模语言用做一种编程语言，而不仅仅是设计语言。MDA 是为应对业务和技术的快速变化提出的一种开放、中立的系统开发方法和一组建模语言标准的集合，其最终目的是构建可执行模型，实现软件的工厂化生产。MDA 是软件开发模式从以代码为中心向以模型为中心转变的里程碑，被面向对象技术界预言为未来最重要的方法学。

模型驱动架构是以模型为核心并由模型映射驱动开发的过程。MDA 环境下的系统开发方式就是在开发活动中通过创建各种模型精确描述不同的问题域，并利用模型转换来驱动包括分析、设计和实现等在内的整个软件开发过程。

（五）智能电厂规划方法应用

针对智能电厂规划设计有别于传统信息化规划设计的融合性与创新性特点，数字化 / 智能化电厂总体规划设计需要有机结合传统的模型驱动的企业架构与价值驱动的新技术应用规划两种方法论，在确保工作方法科学合理的基础上，实现"广度优先、深度迭代"的敏捷规划（Agile Planning）。

1.两种规划方法论

（1）经典的模型驱动的企业架构方法论如图 2-2 所示，适用于常规的信息化规划。规划设计过程以企业整体业务架构为出发点（业务架构不考虑是否信息化/数字化/智能化，从纯业务角度看该企业需要做的事情，如：无论是否信息化/数字化/智能化，发电企业都是要做发电业务的），分业务与技术两条驱动主线分别设计信息系统的应用/数据架构以及支撑信息系统的总体技术架构，两条主线的输出共同规范化指导并约束系统实施具体方案的落地实现。

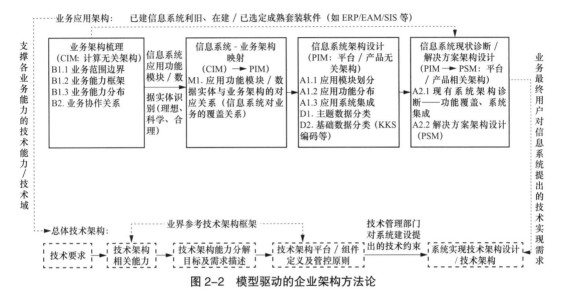

图 2-2 模型驱动的企业架构方法论

1）业务主线：从各项业务的业务能力入手，应用模型驱动架构方法（MDA）与严谨的架构建模方法/工具，如 IDEF0（ICAM DEFinition method）、过程/数据矩阵（U/C 矩阵）等，推导出与业务相匹配的信息系统目标架构（含应用功能、数据结构与系统集成）。

业务主线依次包括三类架构模型的推导生成，分别为：

a.计算无关模型，即业务能力架构（Computation-Independent Model，CIM）：从业务最终用户/业务架构师角度，定义业务能力需求。

b.平台/产品无关信息系统模型，即信息系统架构（Platform/Product Independent Model，PIM，不考虑特定系统平台/产品）：从系统分析师角度，定义系统功能需求。

c.平台/产品相关信息系统模型，即解决方案架构（Platform/Product Specific Model，PSM，考虑特定系统平台/产品）：从系统开发者角度，定义具体落地实现的系统建设方案。

需要说明的是：对于企业决策者已确定采用客制化开发（Custom Build）策略建设信息系统来说，严格按照 CIM—>PIM—>PSM 的推导过程是必须的；而对于采用成熟套装软件配置开发（Package Solution）策略建设信息系统来说（企业在决定上 ERP 之前就已确定要选用市场成熟商品化套件产品，如 Oracle/SAP/ 用友 / 金蝶等），则没有必要再推导生成 PIM，直接由 CIM 推导生成 PSM 即可。

2）技术主线：从支撑各项业务的 IT 技术能力入手，参考业界最佳实践并结合企业实际情况设计出总体技术架构，定义各信息系统建设需统一考虑的公共技术平台 / 组件以及使用这些平台 / 组件必须遵循的管控原则。

（2）在经典的模型驱动企业架构方法论基础之上，叠加价值驱动的新技术应用规划方法论，如图 2-3 所示，可适用于创新性的数字化 / 智能化规划。新技术应用规划设计过程依然以企业整体业务架构为出发点：

1）依托新技术应用在业务能力架构（CIM）上构想未来数字化 / 智能化业务场景，识别出具创新性并且能够带来较高价值的业务能力（CIM'）。

2）针对识别出的数字化 / 智能化重点业务能力，结合信息系统架构（PIM）设计平台 / 产品无关的数字化 / 智能化系统架构（PIM'）。

3）再结合具体平台 / 产品相关的信息化解决方案架构（PSM）与相关新技术产品 / 解决方案市场调研的结果，形成平台 / 产品无关的数字化 / 智能化系统解决方案架构（PSM'）。

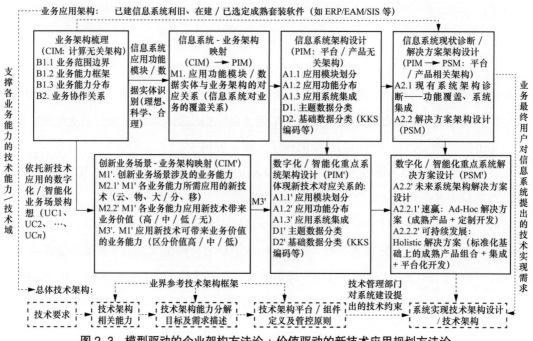

图 2-3 模型驱动的企业架构方法论 + 价值驱动的新技术应用规划方法论

2. 规划方法论特点

归纳起来，智能电厂规划工作将两种规划方法论有机结合，形成创新的面向两化深度融合的数字化 / 智能化规划方法论，其特点包括：

（1）承接已有信息化规划成果，将其作为智能化规划设计的重要输入与主要约束。

（2）突出智能化亮点与重点，体现数字化 / 智能化的价值创新。

（3）形成的落地实施方案有机融合约束与创新，并匹配市场成熟产品 / 解决方案，实现理想与现实的平衡。

3. 三套架构模型设计的主要目的及需要回答的问题

智能电厂规划涉及的内容范围包括总体设计、现状分析、实施路线三部分，围绕规划设计方法论定义的三套架构模型（CIM、PIM、PSM）展开工作。

（1）业务能力架构（CIM）。

1）主要目的：明确智能化重点业务能力需求。

2）需要回答的问题：从业务角度来看（业务架构师 / 业务最终用户视角，不考虑系统实现）。

a. 智能电厂涵盖哪些业务（能力 / 功能）模块？业务模块之间的关联关系是什么？——火力发电厂业务架构（不考虑信息化 / 数字化 / 智能化，从纯业务角度看火力发电企业需要做的业务有哪些？）。

b. 数字化 / 智能化新技术可以应用于哪些业务模块？各业务模块应用数字化 / 智能化新技术后能够带来多大业务价值？——数字化重点业务能力 / 业务功能（应用智能化新技术带来价值高的业务模块有哪些？）。

c. 数字化 / 智能化环境下能够催生什么样的新型业务运营模式？在新型业务运行模式下总部和电厂的业务分工是怎样的？——智能化新型业务运营模式。

（2）信息系统架构（PIM）。

1）主要目的：定义智能化应用功能需求。

2）需要回答的问题：从系统实现角度来看（系统设计师 / 系统开发人员视角，不考虑具体产品）。

a. 能够全面支撑 CIM 的合理的应用系统 / 子系统 / 功能模块划分是什么？系统 / 子系统 / 功能模块之间的关联关系是什么？

b. 哪些是传统的自动化、信息化建设内容？哪些是新的数字化 / 智能化建设内容？

c. 哪些是总部部署功能？哪些是电厂部署功能？

（3）解决方案架构（PSM）。

1）主要目的：形成具体落地实现方案。

2）需要回答的问题：从系统实现角度来看（系统设计师／系统开发人员视角，考虑具体产品，含既成事实的存量系统、在建系统、新建系统及系统集成）。

a. 现有系统（在用／在建／已规划）与 PIM 对应关系是怎样的？

b. 未来系统（未规划）相关市场成熟产品／解决方案与 PIM 对应关系是怎样的？

c. 综合现有系统与未来系统，形成的既保护现有投资又满足智能化新需求的合理并且可落地实施的系统架构是怎样的？

需要指出的是，解决方案架构（PSM）的设计实质上已经超出规划范围，原因是具体落地实施方案涉及产品选型，需要与厂商进行多轮交流及正式的采购招投标。

三、智能电厂全生命期各阶段任务

1. 设计阶段

三维数字化系统是以三维模型为数据集成的载体，数字化的三维模型结构以及三维模型编码技术是实现三维模型数字化的核心。应积极利用三维数字化设计技术，实现三维模型数字化。同时优化设计方案，合理配置先进检测设备、基于工业以太网或现场总线协议的控制系统，以及优化配置监测控制、监管和管理信息系统。统一文档资料、图纸规范，方便归档与交流。根据 GB/T 50549《电厂标识系统编码标准》要求，细化设备编码。

2. 制造阶段

利用三维图纸等数字化设计资料进行制造，智能电厂中的各部件、设备制造都应依据 GB/T 50549《电厂标识系统编码标准》进行分类与管理，制造厂家宜提供零件与设备的三维图形。完成现场检测及控制设备的生产、实时控制技术、厂级优化系统、集团级控制技术的软硬件开发。

3. 基建阶段

应充分利用先进的管理系统，实现各基建单位之间的统筹管理。这期间数据主要为设计单位、各设备供货厂家、施工单位、监理单位、调试单位等提交的各类纸质或电子文档，为保证基建期间数据的有效利用，需要相应的数字化处理流程，在保证数据完整、正确的同时，实现文档数据的数字化。利用三维建模技术实现设备安装、土建工程进度可视化，提高工程管理水平。完成各类现场软、硬件设备的安装及调试，实现相关控制与优化功能。根据相关技术标准，实现数字化移交。

4. 运营阶段

针对电厂实时监控、智能优化、资产管理等电厂运行维护系统供应商提供的接口数据类型，开发数据接口，将运行期不同类型、不同格式、不同来源的数据进行筛选分解，按照数字化系统要求的统一格式进行本地化处理，实现运行期生产运行维护数据的数字化及运行效益的最大化，提高火力发电厂运行可靠性。

5.退役阶段

智能电厂在现有管理信息系统各模块的基础上，充分依据长期历史数据分析，确定合理、经济的退役时间，为企业的决策提供依据。将各层级投运的软、硬件设备长年投运及检修的数据及资料进行分类整理，为后续系统的开发与完善、设备的再利用，积累经验及数据。

第二节　总体架构

借鉴"工业4.0"参考架构模型（Reference Architectural Model Industrie, RAMI 4.0）和中国智能制造系统架构，智能电厂参考架构如图2-4所示。

智能电厂参考架构由生命周期、系统层级和智能功能三个维度构成。各个维度描述如下：

一、生命周期维度

生命周期维度表示的是电厂资产从诞生到消亡的全生命周期阶段。参考ISO 15926《工业自动化系统与集成——生命周期中数据集成的工业流程工厂（包括石油和天然气生产厂）》（Industrial automation systems and integration——Integration of life-cycle data for process plants including oil and gas production facilities）中工业流程的生命周期，生命周期是由设计、

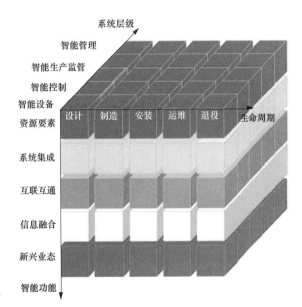

图2-4　智能电厂参考架构

制造、安装、运维、退役等一系列相互联系的价值创造活动组成的链式集合。其中，设计包括产品设计、流程设计、工程设计等活动过程；安装除包括传统意义上的设备、管道等工程安装外，还包括调试、试运行等活动过程；运维是指电厂正式投入商业运行后的全部运行、维护、检修等活动过程；退役是指电厂永久退出运行、拆除和场地复原等活动过程。应确保各个活动阶段所产生数据的无缝移交、管理和利用。

二、系统层级维度

系统层级主要包括四个层级的体系架构,由低到高分别是智能设备层、智能控制层、智能生产监管层、智能管理层。

1. 智能设备层(Intelligent Field Equipment)

智能电厂应对大量的现场测控设备实施现代化信息管理,完整、实时监测现场设备的运行数据与状态,执行机构应动作及时、准确,实现自动校准,大幅度减少调校、维护工作量。

智能设备层主要包括现场总线设备、智能检测仪表与智能执行机构,以及先进检测设备,如在线分析仪表、炉内检测设备、软测量技术应用、视频监控与智能安防系统、无线设备网络、智能巡检机器人、可穿戴检测系统等先进检测技术与智能测控设备。

2. 智能控制层(Intelligent Control)

智能控制层是智能电厂控制的核心,实现生产过程的数据集中处理、在线优化,是安全等级最高的系统。

智能控制层主要包括智能诊断与优化运行并实现控制系统安全防护,如机组自启停控制技术、全程节能优化技术、燃烧在线优化技术、冷端优化技术、适应智能电网的网源协调控制技术及环保设施控制优化技术等。

3. 智能生产监管层(Intelligent Supervision)

智能生产监管层汇集、融合全厂生产过程与管理的数据与信息,实现厂级负荷优化调度与燃料的优化配置、生产过程的寻优指导,并实时监控生产成本。

智能生产监管层主要包括优化调度、状态分析与实时监控,如厂级负荷优化调度技术、数字化煤场技术、全负荷过程优化指导、设备状态监测与故障预警、生产全区域的实时监控、可视化互动和定位、在线仿真技术、竞价上网分析报价系统等。

4. 智能管理层(Intelligent Management)

智能管理层汇集全局生产过程与管理的信息与数据,利用互联网与大数据技术,打破地域界限,实时监控生产全过程,实现智能决策,提高整体运营的经济性。

智能管理层主要包括智能管理与辅助决策,如集团安全生产监控系统、辅助决策与管理、专家诊断、网络信息安全、智能物流、智能仓储、运营数据深度挖掘等。

三、智能功能维度

智能功能包括资源要素、系统集成、互联互通、信息融合和新兴业态等五层。

1. 资源要素

资源要素既包括设计施工图纸、工艺文件、材料、设备、工艺系统等物理实体，也包括燃料、电力、蒸汽、压缩空气等能源，还可包括物理实体的计算机模型等。此外，人员也可视为资源的一个组成部分。

2. 系统集成

系统集成是指通过软件、网络等信息技术实现人员、原材料、能源、设备等各种电厂资源的全方位交互集成。由小到大实现从智能装备到智能生产单元、数字化车间、智能车间，乃至智能电厂系统的集成。涉及集成模式、现场控制执行层的集成、信息管理系统的集成、电厂内部纵向集成、电厂与外部系统（集团、电网、监管部门等）端到端集成等活动。

3. 互联互通

互联互通是指通过有线、无线等通信技术，实现发电设备及关联设备之间、设备与控制系统之间、人员之间、上下游企业之间的互联互通，从而构成设备（包括材料）、计算机和人员之间的互联互通。

4. 信息融合

信息融合是指在系统集成和通信的基础上，对工业数据进行分析、处理与融合，利用云计算、大数据等新一代信息技术，在保障信息安全的前提下，建设私有云平台等，实现信息协同共享。信息融合包括数据融合平台、数据清洗、数据质量提升、数据安全、车间数据融合、电厂数据融合、企业数据融合、虚拟现实和物理世界融合等活动。

5. 新兴业态

新兴业态是基于人工智能等新一代信息技术实现不同产业间企业内部价值链和外部产业链整合所形成的新型产业形态，包括电厂电力竞价交易、远程运行维护、远程预测性分析和诊断、工业云等服务型生产模式。

第三节　信息编码

一、概述

编码是智能电厂一体化数据平台中数据存储和读取的基础，也是将不同阶段、不同工程对象、不同功能模块间数据信息进行互通和融合的纽带。编码系统应根据编码制度规范要求，制定满足电厂企业建设、运营、管理需求的编码体系及应用规范，确保编码在规划、施工、运行、维护和其他工程阶段的应用效果。

应根据 GB/T 50549《电厂标识系统编码标准》、各发电集团编码标准等国家和企业标准，完成电站的电厂标识系统编码、设备编码、物资编码及固定资产编码的梳理和编制，并形成电厂标识系统编码、设备编码、物资编码、固定资产编码的相互映射。

通常管理系统所需的基础数据包括动态数据和静态数据两类。动态数据是指每笔业务发生时产生的事务处理信息，如销售订单、采购订单、生成指令等；静态数据是指开展业务活动所需要的基础数据，如物料基本信息、用户、供应商数据、财务的科目体系等。

智能电厂所涉及电厂标识系统编码、设备编码、物资编码和固定资产编码四类编码属于静态基础数据，是电力企业设备资产管理的核心内容。

编码是全厂设备的唯一标识，为了实现智能电厂信息系统的有效运行，必须建立有效的数据交换机制，建立统一的关键词词库。关键词词库是联系各类数据的纽带，可以保证数据的完整性、唯一性、一致性、可交换性、可互访性。

二、电厂标识系统编码

电厂标识系统（KKS）编码起源于德国，是根据标识对象的功能、工艺和安装位置等特征，来明确标识电厂中的系统和设备及其组件的一种代码，它作为一套与电厂运行命名系统相对应的体系存在，其最核心的作用是通过与设备运行命名形成相互校验和相互"备份"，从而确保信息在收集、加工和传递过程中的准确性和一致性。编码系统是对设备命名的有效补充。通过电厂编码的编制，将会对电厂设备的工艺组成进行详细的分解和汇总，整理成为清册并形成设备树，为电厂摸清家底、规整设备台账打下基础，从而让电厂的设备达到层次化、标准化管理。

KKS 编码作为发电厂设备标识系统具备发展和应用时间长、管理规范、国际认知度高、编码体系科学严谨、便于计算机处理、扩充性好等特点，已成为国际上使用最广泛、应用最成功的发电厂设备标识系统，也是国内各火力发电企业采用最多、应用最广的设备编码系统。

KKS 编码编制方法简述如下。

1. 引用标准

KKS 编码遵循以下标准和规范：

（1）德国技术委员会（VGB）推行的最新版本（第四版）。

（2）GB/T 50549《电厂标识系统编码标准》。

（3）DIN 德国工业标准。

（4）IEC 国际电工技术协会。

（5）ISO 国际标准化组织。

2. KKS 编码的结构与标识

KKS 编码由工艺相关标识、安装点标识、位置标识组成，根据不同的专业、系统类别和设备类别进行编码。

（1）工艺相关标识：描述标识对象所在系统的工艺特征。

（2）安装点标识：描述电气和仪控设备在盘柜中的安装位置（坐标）特征。

（3）位置标识：描述设备所在建（构）筑标识物中的位置以及建（构）筑标识物本身的特征。

具体的 KKS 编码由上面三类编码中的工艺相关标识、安装点标识、位置标识之一单独组成，或由其中两者或三者组合而成。三种代码类型用相同的标识方法分成 4 或 3 层，其名称与格式见表 2-2~ 表 2-5。

表 2-2　　　　　　　　　　　　电厂标识系统

分层层次	0	1	2	3
工艺相关标识	全厂	系统组代码	设备组代码	元件组代码
安装点标识	全厂	安装单元代码	安装空间代码	
位置标识	全厂	建（构）筑物代码	房间代码	

表 2-3　　　　　　　　　　　　工艺相关标识格式

分层序号	0	1			2			3	
工艺相关标识	全厂	系统组代码			设备组代码			元件组代码	
数据字符代号	（G）	F0	F1F2F3	FN	A1A2	AN	（A3）	B1B2	BN
数据字符类型	A 或 N	N	AAA	NN	AA	NNN	A	AA	NN

表 2-4　　　　　　　　　　　　安装点标识格式

分层序号	0	1			2		
安装点标识	全厂	安装单元代码			安装空间代码		
数据字符代号	（G）	F0	F1F2F3	FN	A1A2	AN	（A3）
数据字符类型	A 或 N	N	AAA	NN	AA	NNN	A

表 2-5　　　　　　　　　　　　位置标识格式

分层序号	0	1			2		
位置标识	全厂	建（构）筑物代码			房间代码		
数据字符代号	（G）	F0	F1F2F3	FN	A1A2	AN	（A3）
数据字符类型	A 或 N	N	AAA	NN	AA	NNN	A

3. 编码技术要求

KKS 编码系统对全厂建筑物、系统、设备及部件、组件进行编码，编码系统符合以下要求：

（1）唯一性：无重码，代码无二义性。

（2）合理性：代码结构与分类体系应相适应。

（3）扩充性：编码应留有余地，当新信息类别或以后信息需要时，便于发展扩充。

（4）通用性：代码的结构、类型和格式必须统一、标准化、协议化。

（5）科学性：从编码系统中对象内在的本质关系进行信息分类。

（6）系统性：将编码按一定的排序予以系统化，形成科学的分类体系。

（7）实用性：易理解、易记、易区别。

（8）纯代码性：KKS 编码中的系统、设备、元件、建筑等码是纯代码，不是任何语言的缩写，与语言无关，便于分类和查询。

KKS 编码对全厂所有系统、设备及其部件、组件采用统一的独一无二的编码，方便与电厂管理信息系统（MIS）、厂级监控信息系统（SIS）以及相关信息化管理协调一致，有利于各部门及时查询系统、设备和备品备件的存储及使用情况，实现与电厂 MIS 系统中设备管理软件子系统的兼容性。

KKS 主要用来标识电厂中的系统分类、装置类型、安装位置、装置的各个部分、各个设备以及设备的各个部件和组件；用于电站及相关工艺统一标识并有足够的容量和细目来标识所有系统、部件和建筑物，有足够的扩充容量适应新的技术。

整个 KKS 编码贯穿项目的设计、安装、施工、调试、运行、维护和废物处理各个环节。适用于机械、土建、电气、热工等各个专业。设备 KKS 编码是土建、主机（锅炉、汽轮机、燃气轮机、发电机等）、电气、燃料、化学、水工、暖通、消防、仪表和控制等电厂各专业间联系的纽带。将来自不同制造商的设备及其系统纳入统一的标识系统范围。

KKS 编码适用于计算机处理方面的应用，满足 MIS、SIS、ERP（Enterprise Resource Planning）和其他电站工程软件的应用要求。

KKS 编码的字母数字代码，分解符号和电气元器件代码的格式参照 DIN 标准和 IEC 标准，热控设备、测量回路参照 DIN 标准和 ISO 标准。

4. 编码范围和深度

KKS 编码包括电厂生产、运行、管理等所有涉及需要编码的专业，主要包括以下部分但不限于此。

KKS 编码需要涵盖全厂全专业，如土建建筑、结构、热机、化学、锅炉、电气、热工、给排水、电缆桥架、暖通等各专业设备/设施及其零部件以及消防、门禁、视频监控。

KKS 编码应满足后续运行维护管理阶段所需要的颗粒度需求。

利用基建期数字化电厂建设生成的 KKS 编码体系校验各方提供的图纸资料的信息准确性和完整性。KKS 编码实施工作内容见表 2-6。

表 2-6　　　　　　　　　　　　　KKS 编码实施工作内容

分项	实施范围	实施深度	目标	交付物
编码准备 KKS	工艺设备 KKS 编码校验 管道 KKS 编码校验 电气、仪表设备 KKS 编码校验 电气、仪表点 KKS 编码校验 土建房屋 KKS 编码校验 监控 KKS 编码校验 门禁 KKS 编码校验 消防 KKS 编码校验	买方根据项目实施情况提供平台系统实施所需的设备、设施 KKS 编码。 卖方根据买方要求，协助买方完成 KKS 编码的编制工作。 各专业设备、设施 KKS 编码要求达到单个设备、设施、单个管道级别。 KKS 编码应达到平台系统的管理的最小设备、设施层次	根据电厂提供的 KKS 编码对需要完成的二/三维模型进行编码校审；系统平台按照 KKS 设施为管理主线	电厂设施 KKS 编码；根据提供的编码规则，完成 KKS 编码的定义

KKS 编码编制内容包括但不限于表 2-7 的内容。

表 2-7　　　　　　　　　　　　　KKS 编码编制内容

编制内容	内容描述	依据
设备 KKS 编码	各专业（化水、热机、给排水、暖通等专业）设备 KKS 编码，包含单个设备及子设备关键组件	GB/T 50549《电厂标识系统编码标准》
管道 KKS 编码	各专业（化水、热机、给排水、暖通等专业）系统管道 KKS 编码包含系统、管道分支、阀门等管道在线管件	
电气设备 KKS 编码	电气设备 KKS 编码包含单个设备、大型设备（如变压器等）包含子设备及设备关键组件	
电缆桥架 KKS 编码	包括强弱电托盘	
暖通风管 KKS 编码	包括送风和回风风道、风口等	
仪表 KKS 编码	仪表 KKS 编码包含单个设备及仪表	
土建房屋 KKS 编码	包括各厂房建筑结构、沟道等	
监控 KKS 编码	包括各厂房监控系统编码	
门禁 KKS 编码	包括各厂房门禁系统编码	
消防 KKS 编码	包括全厂区消防系统编码	

三、设备编码

根据电力行业和电力企业资产管理系统的发展要求，以实现发电企业数字化建设为目标，在发电企业资产管理系统中，以 KKS 编码体系为纽带，通过设备基础数据库建立全厂设备的逻辑系统，从设备、设备位置和设备类型三维角度建立电厂全部设备的整体实物系统，并以 KKS 编码形成的逻辑系统为框架建立各类设备管理台账，对资产进行复合定义，建立起设备信息的多层树状结构，可以快速查询和显示设备、资产、检修、异动等信息，以便及时采取措施，保障安全生产，使设备、资产管理达到自动化、信息化。因此，设备编码一般是由"大类+中类+小类+流水号"组成，在对设备进行可靠性评估以及设备维护和检修管理时，编制一份合理而明了的编号系统，实现设备全生命周期管理、跟踪。物理设备是从物理角度划分的单个技术对象，是物理存在的设备或部件，是电厂资产的组成单位，是独立的维护单元，被维修、测试、检查的技术对象。当需要管理单台设备的技术参数、失效、维护、移动、成本、评估和统计运行时间等信息的时候，就需要在系统内维护物理设备记录。物理设备和逻辑位置是分配和被分配，也就是安装和拆卸的关系。在物理设备记录信息里面，可以查看该设备目前的安装地点，并可查询到历史安装和拆卸记录。

在电厂资产管理系统中，检修工作以工单为载体，统一调配任务和资源等，工单信息是通过设备位置（通过 KKS 编码体现）和设备台账相关联，另外，预防性维护调度、设备可靠性分析等信息也都是通过设备编码体系和设备台账相关联，因此设备编码体系是设备台账的纽带。

四、固定资产编码

固定资产是指电站财务、综合等部门管理的，对使用时间超过 12 个月的、价值达到一定标准的非货币性资产，包括房屋、建筑物、机器、机械、运输工具以及其他与生产经营活动有关的设备、器具、工具等；固定资产编码是对固定资产进行分类，并按一定规则形成的编号。

固定资产编码是根据各企业财务管理的需要，对资产类别的编码。

固定资产编码一般用于固定资产的相关处理流程。如固定资产台账的建立/资产盘查、折旧、报废处置等。

五、物资编码

物资编码是将物资按其分类内容进行有序编排，并用简明文字、符号或数字来代替物资的名称、类别。通过对物资的编码可以应用计算机进行高效率管理并可实现整个仓储作业的标准化管理，并且通过物资编码和设备编码、电厂标识系统编码、固定资产编码之间的对应关联，可以连接现地设备和仓储设备之间的纽带，减少电站停工待料现象的发生。物资编码一般用于采购管理和库存管理过程。

六、四码关联

表 2-8 总结了设备管理"四码"的功能和特点。

表 2-8 "四码"功能表

序号	编码类型	特点	备注
1	标识系统编码	（1）逻辑设备，描述设备位置。 （2）描述生产系统中设备功能。 （3）以工艺流程为依据，分机组、系统、设备、部件	区分到个体
2	设备编码	（1）物理设备，描述实体设备。 （2）体现物理属性，可以通过顺序号进行唯一性描述，也可以通过设备分类进行精细化描述。 （3）描述到设备	区分到个体
3	固定资产编码	（1）资产管理编码。 （2）按资产类型划分，具体到单个资产	区分到个体
4	物资编码	（1）物资管理编码。 （2）库存物资编码，按类别进行划分	区分到类

在同一个时间点，四种编码关联于同样的设备实体，反映该实体的不同属性。以 1 号调速器压油泵为例，"1 号调速器压油泵"描述的是该设备当前运行的功能位置信息，其对应的标识系统编码为 10MEX30 AP001；而根据该设备的工作原理，按照机械工程中的常规设备分类，该设备为一台螺杆泵，属于机械设备/泵类/螺杆泵的分类，在电厂内的编号为 2，即设备编码为 02010002；在采购时，根据其技术品牌、型号等参数要求，确定其物资编码为 0217050001（随机的流水编号），采购人员根据同样的物资编码即可以从市场上购买到同一品牌型号的泵以备替换；同时，由于其符合固定资产的价值和使用期限要求，根据固定资产分类目录，取资产目录编码为 02.0206.02.04.003，建立固定资产卡片并登记管理。

电厂的设备管理需要建立四种编码之间的相互映射关联，目的是通过四种编码关联信息，从任意维度即可获得、追溯其余三个维度的信息，即可从功能位置，检索到安装在此位置的实体设备，关联出此设备的设备类型及检修策略，同时可关联出此设备所需检修的材料或备品备件，同时也可查阅此设备的固定资产残值，以及检修成本的归集。

编码类型和关联图如图 2-5 所示。

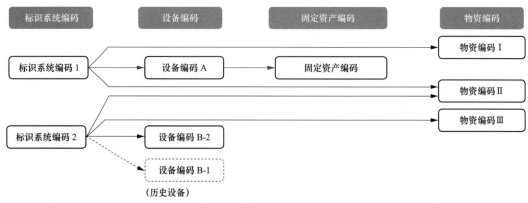

图 2-5　编码类型和关联图

建立四种编码关联时，需要理清编码之间的逻辑关系，比如：KKS 编码描述的系统中某一逻辑位置的设备，当前该位置正在使用的设备对应有唯一的设备编码和固定资产编码；该 KKS 编码对应逻辑位置可用的备件类型如果有两类，即对应的物资编码会有两个，物资编码只区分到类，这两类下所有的设备都可以替换的该逻辑位置；当该 KKS 编码的设备故障时，可以被替换为另一台设备，这样该 KKS 编码对应的设备编码和固定资产编码也相应变化，而原来的设备就成为该位置的历史设备。通过这样的逻辑梳理可以在系统中形成一张四种编码关联表，并由系统动态地进行管理，智能电厂各功能模块可以通过这张表方便地检索到设备其他维度的信息，从而构建统一的设备管理平台。

第四节　网络安全

智能电厂系统具有多功能、多用户、资源共享、分布式处理的特点，涉及电厂业务的方方面面，对网络安全的需求较高，其安全设计也因此较为复杂。

一、网络安全形势

国家法律法规对加强网络安全工作提出了更高要求。近两年，《中华人民共和国密码法》《中华人民共和国数据安全法》"网络安全等级保护 2.0 标准体系"和关键信息基础设施安全保护相关制度等法律法规陆续颁布施行，对数字化转型背景下的云安全、数据安全、工控安全和密码应用等工作和能力提出了新要求。国务院国资委发布新版《中央企业负责人经营业绩考核办法》，增加了对网络安全事件的考核要求，对国有企业的网络安全工作提出了更高要求。

网络安全保障成为企业数字化转型的重要挑战。数字化转型将会极大地改进原有生产和经营方式，信息技术与业务发展的深度融合将凸显网络安全风险的实质性影响，网络安全风险已延伸至生产和经营的方方面面，将会直接影响业务运营，进而影响生产安全、社会安全，甚至国家安全。

新一代信息技术创新应用带来新的网络安全风险。5G、云计算、大数据、物联网、人工智能等新一代信息技术的创新应用给国有企业带来巨大的创新红利，同时引起企业IT环境的变化，云安全、数据安全、工控安全等诸多新的安全风险随之而来。此外，大数据、人工智能等新一代信息技术也被广泛用于网络攻击中，大大增加了网络安全防护难度。

近年来，国内外已发生多起针对工业控制系统的网络攻击，攻击手段也更加专业化、组织化和精确化。2015年，国家信息安全漏洞共享平台（CNVD）共收录工控漏洞125个，发现多个国内外工控厂商的多款产品普遍存在缓冲区溢出、缺乏访问控制机制、弱口令、目录遍历等漏洞风险，可被攻击者利用实现远程访问。2015年12月，因遭到网络攻击，乌克兰境内近三分之一的地区发生断电事故。此次网络攻击利用了一款名为"黑暗力量"的恶意程序，获得了对发电系统的远程控制能力，导致电力系统长时间停电。

当前网络安全面临的主要威胁包括：

1. 黑客的恶意攻击

黑客（Hack）对于大家来说可能并不陌生，由于黑客技术逐渐被越来越多的人掌握和发展，目前世界上有20多万个黑客网站，这些站点都介绍一些攻击方法和攻击软件的使用以及系统的一些漏洞，因而任何网络系统、站点都有遭受黑客攻击的可能。尤其是现在还缺乏针对网络犯罪卓有成效的反击和跟踪手段，使得黑客们善于隐蔽，攻击"杀伤力"强，这是网络安全的主要威胁。它们采用的攻击和破坏方式多种多样，对没有网络安全防护设备（或防护级别较低）的网站和系统进行攻击和破坏，这给网络的安全防护带来了严峻的挑战。

2. 网络自身和管理存在欠缺

因特网的共享性和开放性使网上信息安全存在先天不足，因为其赖以生存的TCP/IP协议，缺乏相应的安全机制，而且因特网最初的设计考虑是该网不会因局部故障而影响信息的传输，基本没有考虑安全问题，因此它在安全防范、服务质量、带宽和方便性等方面存在滞后和不适应性。网络系统的严格管理是企业、组织及政府部门和用户免受攻击的重要措施。事实上，很多企业、机构及用户的网站或系统都疏于这方面的管理，没有制定严格的管理制度。据美国信息技术协会（Information Technology Association of America，ITAA）的调查显示，美国 90% 的 IT 企业对黑客攻击准备不足。目前美国 75%~85% 的网站都抵挡不住黑客的攻击，约有 75% 的企业网上信息失窃。

3. 因软件设计的漏洞或"后门"而产生的问题

常用的操作系统，无论是 Windows 还是 UNIX 几乎都存在或多或少的安全漏洞，众多的各类服务器、浏览器、一些桌面软件等都被发现过存在安全隐患。大家熟悉的一些病毒都是利用软件系统的漏洞给用户造成巨大损失。可以说任何一个软件系统都可能会因为程序员的一个疏忽、设计中的一个缺陷等原因而存在漏洞，不可能完美无缺。这也是网络安全的主要威胁之一。例如，"熊猫烧香"病毒，就是我国一名黑客针对微软 Windows 操作系统安全漏洞设计的计算机病毒，依靠互联网迅速蔓延开来，数以万计的计算机不幸先后"中招"，并且它已产生众多变种，还没有人准确统计出该病毒在国内殃及的计算机的数量，它对社会造成的各种损失更是难以估计。感染了此病毒的计算机，又会通过互联网自动扫描，寻找其他感染目标，最终在这名黑客提供病毒源码的情况下，才终止了此种病毒的继续传播。

4. 恶意网站设置的陷阱

互联网世界的各类网站，有些网站恶意编制一些盗取他人信息的软件，并且可能隐藏在下载的信息中，只要登录或者下载网络的信息就会被其控制和感染病毒，计算机中的所有信息都会被自动盗走，该软件会长期存在于计算机中，操作者并不知情，如"木马"病毒。

5. 用户网络内部工作人员的不良行为引起的安全问题

网络内部用户的误操作、资源滥用和恶意行为也有可能对网络的安全造成巨大的威胁。由于管理制度不严，不能严格遵守行业内部关于信息安全的相关规定，容易引起一系列安全问题。2016 年 4 月 24 日，德国贡德雷明根核电站的计算机系统在安全检测中发现了恶意程序，随即关闭了发电厂。所幸此恶意程序感染的计算机 IT 系统没有涉及与核燃料交互的设备。由于 IT 系统未连接到互联网，所以应该是有人通过 USB 驱动设备意外将恶意程序带进来的。伊朗核设施被攻击的 Stuxnet 病毒通过其恶意传播组件广泛感染大量联网主机，并最终实现对目标 U 盘或便携式终端的感染。当被感染的 U 盘或便携式终端接入到工业控制网络中，Stuxnet 病毒就会在整个工控网络系统内部传播，如感染到上位机。注入在上位机中的 Stuxnet 病毒，向其植入恶意程序或直接发送控制指令，从而实现对生产设备的操控而导致物理损伤。当时伊朗纳坦兹铀浓缩基地至少有 3 万台计算机"中招"，1/5 的离心机瘫痪。

二、网络安全防范策略

电厂信息网络普遍存在安全意识不足、管理制度欠缺、网络系统存在安全风险等问题，而这些问题的存在无疑都会给电厂信息网络的可靠运行带来负面影响。因此，为了保证信息网络安全，电厂相关管理人员应该重视信息安全管理工作，从电厂的实际情况出发，采取切实有效的安全防范策略。

近些年来，国家在电力监控系统安全防护方面出台了许多政策，如《电力监控系统安全防护规定》（国家发展和改革委员会2014年第14号令）、国家能源局《关于印发电力监控系统安全防护总体方案等安全防护方案和评估规范的通知》（国能安全〔2015〕36号）以及"网络安全等级保护制度2.0标准体系"正式发布等，电厂也应严格按照电力监控系统安全防护的要求开展工作，比如成立组织机构、完善制度，实现"安全分区、网络专用、横向隔离、纵向认证"，开展安全加固、风险评估等工作。

（一）强化安全意识

火力发电厂应该做好相应的宣传工作，在企业内部定期开展信息网络安全知识讲座，使全体员工都能够认识到信息网络安全的重要性，强化安全责任意识，确保能够严格依照相关规范进行施工作业，对于涉及机密的信息，需要强化监管，避免随意流出，构建起一个信息网络安全防范的体系，确保各项工作的顺利开展。

（二）完善管理制度

一方面，应该对电厂信息网络的安全管理工作进行明确，做好分层管理，将复杂的信息网络划分为多个不同的层次，采取分级信息管理的模式，对每一级的负责人进行明确，落实安全责任，在降低安全管理难度的同时，也可以及时发现并处理信息网络中存在的安全隐患，切实保证信息网络安全；另一方面，应该完善区域化管理模式，针对不同等级的电厂，给予不同级别的信息访问权限，强化信息网络安全机制，对电厂的信息管理制度进行完善。

（三）落实防范措施

1. 物理层

在物理层，一方面应该做好设备的防盗防破坏工作，安排专人进行定期巡查，强化监管工作；另一方面，必须保证设备运行环境的安全。具体来讲，应该将信息网络设备放置在一个相对安全的环境中，做好电源保护；对于存储设备，需要进行妥善保管，防止出现数据的损坏或者信息的泄露；应该强化安全防护策略，完善网络本身的物理防御，设置主机防御和边界防御，利用防火墙对网络接入点进行保护。

2. 网络层

应该立足电厂信息网络的发展现状及存在问题，积极引进先进的安全技术，结合远程推送实现对于所有计算机客户端防病毒软件的安装。而在完善客户端后，还需要及时对病毒库进行更新，对防病毒软件进行升级，做好计算机病毒的查杀处理。在火力发电厂信息网络中，防病毒体系主要包括了三个不同的层次，分别是客户端防病毒、服务器防病毒以及网关防病毒，可以通过网络防病毒软件进行统一的管控。其中，客户端防病毒主要是通过病毒库的自动更新以及远程管控功能，帮助管理人员实现对局域网内部所有计算机的监控；服务器防病毒则是通过防病毒措施，对应用系统服务器进行保护，对宏病毒进行查杀；网关防病毒则是通过对病毒的检测和清除，为网络传输系统提供防护，避免计算机病毒或者恶意程序通过网关进入到内部信息网络。

3. 系统层

系统层的安全防范主要包括了系统漏洞扫描、计算机病毒防范以及黑客防范等。其中，计算机病毒的防范多是通过安装防病毒软件的方式，结合实时更新的病毒库，对已知病毒和未知病毒进行抵御；黑客的攻击是通过系统漏洞进行的，因此，反黑客与系统漏洞扫描是一致的。针对扫描出的安全漏洞，需要及时进行补丁的更新，并采取有效的补救措施，如果必要，对于一些比较重要的电力系统，还可以采取物理隔离措施。另外，应该重视对服务器系统日志的监测管理工作，系统日志能够对系统中发生的各种事件进行记录，通过系统日志，信息管理人员能够了解信息网络的安全性，判断错误发生的原因，或者对入侵者在攻击信息网络系统时留下的痕迹进行确认，及时对存在的问题进行解决，保证信息网络的安全。

三、网络安全规划要点

智能电厂系统规划应满足网络安全要求，应按照安全分区、网络专用、横向隔离、纵向认证、综合防护的原则设计。网络安全应作为智能电厂的基础设施全局实施，涵盖智能电厂采用计算机和网络技术的各业务系统。

各业务系统安全保护等级的定级应符合 GB 17859《计算机信息系统　安全保护等级划分准则》和 GB/T 22240《信息安全技术　网络安全等级保护定级指南》的规定。

各业务系统应根据所确定的安全保护等级，进行总体安全规划和安全设计，包括安全物理环境、安全通信网络、安全区域边界、安全计算环境以及安全管理中心的相关内容。

总体安全规划和安全设计应符合 GB/T 22239《信息安全技术 网络安全等级保护基本要求》和 GB/T 20271《信息安全技术 信息系统通用安全技术要求》的规定。

智能电厂的业务系统应划分为生产控制大区和管理信息大区。生产控制大区与管理信息大区、管理信息大区与互联网之间的边界应进行安全防护。

生产控制大区与管理信息大区之间应设置电力专用横向单向安全隔离装置；生产控制大区与电力调度数据网的纵向连接处应当设置电力专用纵向加密认证装置或者加密认证网关及相应设施。

生产控制大区和管理信息大区应根据网络安全防护设计要求部署相关的防护设备，选用经国家指定部门检测认证的，且不低于其对应安全等级的网络安全产品。

生产控制大区内个别业务系统或其功能模块需要使用公用通信网络、无线通信网络以及处于非可控状态下的网络设备与终端等进行通信时，应设立安全接入区。安全接入区与生产控制大区中其他部分的连接处应设置电力专用横向单向安全隔离装置。

机组监控系统与辅助车间监控系统的网络安全应符合 GB/T 33009《工业自动化和控制系统网络安全 集散控制系统（DCS）》（所有部分）或 GB/T 33008.1《工业自动化和控制系统网络安全 可编程序控制器（PLC） 第 1 部分：系统要求》的有关规定。监控系统可配置网络安全监测平台。

管理信息系统应符合 DL/T 5456《火力发电厂信息系统设计技术规定》的相关规定。管理信息系统可建立企业级的网络安全监测平台。

表 2-9 阐明了电厂系统安全规划的层次划分、各层次规划时重点考虑的内容，以及各项内容采取的不同安全措施或方法。

表 2-9　　　　　　　　不同安全层次安全规划的主要内容和方法

安全层次	项目	内容	可采取的安全措施或遵循标准
物理层	系统环境	计算机机房	按照 GB 50174《数据中心设计规范》的规定规划设计
		配电间	
		系统的防雷接地	
		抗电磁干扰	
		出入门控制	门禁管理系统
	系统网络	网络线路	1∶1 冗余设计
		网络结构	虚拟局域网（VLAN）划分
		网络连接	硬件防火墙/软件防火墙/单向隔离装置/路由器
	硬件设备配置	核心交换机	冗余全双工配置
		服务器	服务器集群/服务器虚拟化集群/双机冗余/服务器独立冗余磁盘阵列（RAID）技术

安全层次	项目	内容	可采取的安全措施或遵循标准
网络操作系统层	系统选择	系统自身安全机制	安全审计机制／恶意代码防护机制／备份与故障恢复机制／应急处理机制／身份鉴别机制／自主访问控制机制／标记与强制访问控制机制／存储和传输数据保密性保护（含剩余信息保护）机制／存储和传输数据完整性保护机制
	入侵检测	防范黑客、木马	配备入侵检测系统（IDS）／入侵防御系统（IPS）
	系统修复	备份还原	系统自身备份功能／软件复制／网络备份
数据库管理层	数据库选择	数据库自身安全机制	安全审计机制／恶意代码防护机制／备份与故障恢复机制／应急处理机制／身份鉴别机制／自主访问控制机制／标记与强制访问控制机制／存储和传输数据保密性保护（含剩余信息保护）机制／存储和传输数据完整性保护机制
	数据安全	数据存储	磁带／光盘塔／光盘库／光盘镜像服务器／直接外置存储（DAS）／网络附件存储（NAS）／区域网络存储（SAN）／分级存储／虚拟存储
		数据备份	备份支撑软件（备份策略支持）／磁带机／LAN-FREE 备份／SERVER-LESS 备份／异地灾难备份
应用系统层	软件开发（购置）	软件自身安全机制	身份鉴别／权限管理／访问控制／安全审计／剩余信息保护／通信完整性／通信保密性／软件容错／资源控制
	系统修复	备份还原	软件复制／网络备份

第三章 BIM 技术及应用

第一节 概述

建筑信息模型（Building Information Modeling，BIM）是在建筑工程及设施全生命期内，对其物理和功能特性进行数字化表达，并依此设计、施工、运营的过程和结果的总称。随着 BIM 技术在建筑行业的推广和逐步成熟，其在工程领域的发展将势在必行。BIM 技术在火力发电厂的应用可以涵盖设计、施工、交付、运行维护的电厂全生命周期，形成了数字化设计、三维可视化建造、数字化移交、三维可视化运行维护四个主要应用。

一、BIM 技术概况

从 20 世纪中期开始，建筑业就开始开展 BIM 研究。1975 年，被誉为"BIM 之父"的 Chuck Eastman 教授提出未来将会出现可以对建筑物进行智能模拟的计算机系统，并将这种系统命名为"Building Description System"。1986 年，美国学者 Robert Aish 提出了"Building Modeling"的概念，这一概念与现在广泛接受的 BIM 概念非常接近，随后不久，BIM 被提出。受计算机硬件与软件水平限制，20 世纪后期 BIM 还主要局限于实验室的研究。进入 21 世纪，随着计算机软硬件水平的发展，对 BIM 的研究和应用取得了长足的进展。近年来，国际上 BIM 研究成果众多，有侧重 BIM 技术问题的研究，也有偏向 BIM 非技术问题的研究。显然，BIM 不仅是基于项目信息集成的技术，也是项目全生命周期的管理工具，涉及业主、设计师、承包商、分包商和供应商等建筑信息模型所有使用者，有助于解决工程建设过程中行业结构割裂、信息流失、浪费严重等问题，提升工程建设生产效率。

国际上的 BIM 标准主要包括三方面内容：数据格式（Industry Foundation Classes，IFC）标准，国际字典框架（International Framework for Dictionaries，IFD）标准和信息交付手册（Information Delivery Manual，IDM）标准。2004 年美国编制了基于 IFC 的《国家 BIM 标准》（National Building Information Model Standard，NBIMS），规定了基于 IFC 数据格式的建筑信息模型在不同行业之间信息交互的要求，实现信息化促进商业进程的目的。2010 年新加坡建筑建设局制定了 BIM 推广 5 年计划，强制地于 2015 年执行电子化递交建筑、结构、设备的审批图。英国多家设计 / 施工企业共同成立了"AEC（UK）BIM 标准"项目委员会，并制定了"AEC（UK）BIM Standard"，作为推荐性的行业标准。

在国内，2010 年 10 月建设部发布了关于做好《建筑业 10 项新技术（2010）推广应用的通知》，提出要推广使用 BIM 技术辅助施工管理。2011 年 5 月，住房和城乡建设部发布了《2011—2015 年建筑业信息化纲要》，把 BIM 作为支撑建筑行业产业升级的核心技术重点发展。2012 年 1 月，住建部印发了"关于 2012 年工程建设行业标准规范制定修订计划的通知"，标志着中国 BIM 标准制定工作的正式启动。我国的 BIM 标准化进程平均落后发达国家 6 年以上，从住建部已经颁布的标准内容看，都偏向民用建筑行业，工业尤其是电厂 BIM 建设更是没有出台任何标准，而且对于编码标准，电厂有专门编码标识规则，无法完全套用民用建筑编码标准。

BIM 标准化情况表见表 3-1。

表 3-1 　　　　　　　　　　　　BIM 标准化情况表

BIM 标准类型	标准名称	标准编号	发布单位	发布时间
国外标准	National BIM Standard United States Version3		美国	2012 年
	AEC(UK) Standard for Autodesk Revit(1.0)		英国	2010 年 4 月
	New Zealand BIM Handbook		新西兰	2014 年 3 月
	Singapore BIM Guide		新加坡	2012 年 5 月
国家标准	建筑信息模型应用统一标准	GB/T 51212—2016	住房和城乡建设部	2016 年 12 月
	建筑信息模型施工应用标准	GB/T 51235—2017	住房和城乡建设部	2017 年 5 月
	建筑信息模型分类和编码标准	GB/T 51269—2017	住房和城乡建设部	2017 年 10 月
	建筑信息模型设计交付标准	GB/T 51301—2018	住房和城乡建设部	2018 年 12 月
	制造工业工程设计信息模型应用标准	GB/T 51362—2019	住房和城乡建设部	2019 年 5 月
	建筑信息模型存储标准	GB/T 51447—2021	住房和城乡建设部	2021 年 9 月

BIM 标准类型	标准名称	标准编号	发布单位	发布时间
地方标准	民用建筑信息模型设计标准	DB11/T 1069—2014	北京市住建委	2013 年 2 月
	民用建筑信息模型深化设计建模细度标准	DB11/T 1610—2018	北京市住建委 北京市市场监管局	2018 年 12 月
	建筑信息模型应用标准	DG/TJ 08-2201—2016	上海市住建委	2016 年 4 月
	上海建筑信息模型技术应用指南（2017 版）		上海市住建委	2017 年 6 月
	四川建筑工程设计信息模型交付标准	DBJ51/T 047—2015	四川省住建厅	2015 年 12 月
	成都市民用建筑信息模型设计技术规定（2016 版）		成都市建委	2016 年
	建筑信息模型应用统一标准	DB13(J)/T 213—2016	河北省住建厅	2016 年 7 月
	BIM 实施管理标准	SZGWS 2015-BIM-01	深圳市建工署	2015 年 4 月
	江苏民用建筑信息模型设计应用标准	DGJ32/TJ 210—2016	江苏省住建厅	2016 年 9 月
行业标准	建筑装饰装修工程 BIM 实施标准	T/C BOA 3—2016	中装协	2016 年 9 月
	中国市政行业 BIM 实施指南		中勘协	2015 年 8 月
	城市轨道交通工程建筑信息模型建模指导意见		上海申通	2014 年 9 月
	建筑机电工程 BIM 构件库技术标准	CIAS11001：2015	中安协	2015 年 7 月
	建筑工程设计信息模型制图标准	JGJ/T 448—2018	住建部	2018 年 12 月
企业标准	中国中铁 BIM 应用实施指南		中国中铁	2016 年 1 月
	中建西北院 BIM 设计标准 1.0		中建西北院	2015 年 2 月
	工程施工 BIM 模型建模标准		中建一局	2016 年 5 月
	万达轻资产标准版 C 版设计阶段 BIM 技术标准		万达集团	2015 年 7 月

同时，在 BIM 技术二次开发及应用过程中先进信息技术发挥着引领作用，而要实现全生命周期内项目管理信息的全面整合、共享与互通，须依靠信息技术、互联网应用以及激光扫描等领域关键技术支撑。目前，模拟仿真（Simulation）、信息技术（Information

Technology）、增强现实技术（Augmented Reality）、点云（Point Cloud）等技术是 BIM 研究热点。模拟仿真与信息技术是 BIM 实现项目可视化的关键技术。增强现实技术通过虚拟信息投射到现实世界中，使得现实环境和虚拟建筑同步增加，增强可视化效果。点云技术是基于现实世界的建筑物，提取、转化为建筑信息模型，从而提升建筑物信息准确度。

二、BIM 技术发展趋势

总结 BIM 技术在近年来的应用，BIM 技术在工程管理和可视化技术方面取得了长足的进步，未来 BIM 技术将沿着技术集成的主线进一步发展。

1. 工程管理

工程管理包括项目管理、集成管理和协同管理。BIM 技术在为信息共享提供平台以更好地实现信息收集、传递与反馈的同时，还可在设计、施工和使用阶段实现成本节约、风险控制与效率提高，进而实现项目的全生命周期管理。集成管理是在系统论、信息论和控制论原理基础上，应用 BIM 技术在项目全过程、多目标与各参与方之间进行集成化管理，在节约时间与成本的同时还有助于提高项目管理的效率与效力。协同管理是通过资源集成、信息共享来促进项目全生命周期内各参与方之间的协同合作，应用 BIM 技术将有助于参与方在项目不同阶段提升信息处理、传输机共享能力，为提高精细化、协作化的管理水平提供支撑保障。

2. 可视化技术

可视化是 BIM 技术的主要功能，在可视化的基础上，衍生出碰撞检查和施工模拟等延伸应用。可视化模型是 BIM 技术实施的核心，应用数字化设计软件设计的搭载全数据的建筑信息模型，是施工进度可视化、运行维护可视化的基础。碰撞检查按类型可分为硬碰撞和软碰撞，还可按碰撞时间关系分为静态和动态碰撞，它利用碰撞检查软件对既有模型进行建筑、结构和设备专业管线等方面的错、漏、碰撞检查，并导出生成碰撞检查报告。基于全数据信息的建筑信息模型，还可进行施工模拟，将施工计划与 3D 模型相结合，用于动态模拟项目的计划过程以及生成不同阶段的状态模型，并可检查进度计划的时间参数、各工作的持续时间及其逻辑关系是否合理、准确，从而对施工进度计划进行检查和优化。

3. 技术集成

技术集成主线所涉及的内容主要包括 BIM 技术与云计算、射频识别（Radio Frequency Identification，RFID）与物联网等的深度融合。在项目的全生命周期中涉及海量数据，运用云计算对这些数据进行集成管理有助于实现协同、复杂计算、数据存储与处理，进而提升集成应用功能的便利性、准确性和智能性。BIM 技术与 RFID 的集成能够更好地进行信息采集、共享和反馈，实现施工实时定位与安全预警、构建数据管理、设备设施数据交互与更新等。BIM 技术与物联网的集成主要应用于产业化项目设计、构件生产、施工建造阶段的协同管理，施工进度动态控制、预警机制与安全运维管理等方面。

三、BIM 技术在电厂项目的应用目标

在电厂设计过程中采用 BIM 技术，通过数字化设计软件，搭建起具有完整设计数据的虚拟电厂信息模型，基于三维模型的直观可视化，能够在设计段完成碰撞检查、布置优化和精确的材料统计，减少因设计疏漏造成的二次设计及返工等成本损失。在建造过程中，最关键的两个因素则是时间和成本。做好施工的组织管理工作，理顺施工生产活动中各参与方之间的协作配合关系，落实责、权、利一致的原则，对于时间和成本的节约具有重要意义。传统建设项目管理模式的高消耗、低产能相对突出，管理模式缺乏信息化手段，存在上传下达执行力度欠缺、专业之间协调困难、量化把控手段薄弱等问题，随着 BIM 技术的发展，其在发电厂建造过程中的全面应用，能够辅助做好施工计划调整与设备进厂、材料采购等流程控制的联动，做好工程项目信息管理与现场安全管理的对接，做好施工进度优化和施工资源动态管理的协调，并将使业主方和施工方在项目建造时间和建造成本控制上获益，而建造时间的节省，也最终反映在建造成本的降低上。

1. 整体目标

整体目标是在发电厂的建设过程中合理运用 BIM 技术，以高度的数据集成作为手段，贯穿设计、采购、施工乃至运行维护，实现各阶段 BIM 可视化集成、动态更新、查询展示，以及 BIM 应用过程中的数据传递、共享和协同工作，最终实现合理有效地控制成本，提高施工效率，通过规范设计与施工阶段的数字化三维移交成果为后期运行维护、实现智能电厂建设打下扎实基础。

2. 设计目标

在电厂的整个生命周期中，数据的源头来自设计。以设计为龙头实现数字化可以为下游的采购、施工、运行维护提供更多的数据和技术支持，能更好地提高电厂创造价值的能力。因此，建设智能电厂的第一步是进行数字化设计，通过数字化设计形成的全方位电厂数据能为智能电厂奠定可视化及大数据应用的基础。

数字化设计形成的工程数据模型是智能电厂的基础，需要确保数据模型与真实电厂的一致性。因此，数字化设计不仅仅是建一个电厂的三维模型，而是要基于设计本源，结合最新的设计手段，重新梳理设计流、管理流和数据流，建立一整套以数据为核心的

数字化设计体系。与传统设计相比，数字化设计的创新点主要体现在如下几个方面：

（1）设计手段创新：用最新的计算机技术和互联网技术，对传统设计过程进行全方位改造，从二维设计转为三维设计。

（2）设计产品创新：按需定制全新的图纸样式，提供三维仿真模拟产品，提供虚拟现实体验。

（3）管理手段创新：实现对生产数据的全面管理，可追溯、可控制、可预测。按新的生产需要，重组组织架构及进行专业分工。

（4）生产模式创新：提出平台级的全新设计模式，具备数据集成与三维协同功能，坚持"以数据为核心"的原则。

发电厂采用数字化设计，可以通过三维可视化解决碰撞，减少因设计造成的施工返工，通过精细化设计实现精确材料统计，大幅节约现场的施工工程量，同时三维可视化成果需要满足施工阶段的三维交底要求，以及满足可视化运维的基础数据条件，形成覆盖全厂全专业的三维可视化设计成果。

3. 施工目标

依托三维可视化施工模拟辅助发电厂施工管理，可以帮助做好施工规划、质量管控和风险管控。

具体工作目标分以下几个方面。

（1）利用可视化三维设计成果实现发电厂的全厂施工模拟展示，通过按计划提前模拟，找出施工计划中冲突点进行讨论。通过模拟制定相应解决方案，确定最佳施工方案，从而降低施工难度，缩短施工周期。

（2）模拟施工过程中的重难点环节，通过直观易懂的三维仿真，给出可行的施工解决方案，通过可视化的方式降低理解难度，提高施工各方互相沟通效率。

（3）通过施工计划间与实际施工的对比，分析计划与实际相关差距因素，辅助指导调整施工规划。从而提高施工效率，避免台班闲置、工人窝工等资源浪费的情况。

（4）快速算量，有效控制造价。应用BIM技术可以随时随地为造价管理者提供必要的工程量信息，计算机借助这些信息可以快速对各构件进行统计和计算，这样不仅避免了烦琐的人工操作，而且可以避免计算错误，减少工程量统计数据与设计方案之间的偏差。

4. 运行维护目标

运行维护目标可以分为两个阶段：

一是数字化电厂阶段：需要完成的是基础数据的累计和整合。基础数据的累计包括设计阶段与施工环节的工作成果，通过实施数字化设计，依托三维直观可视化效果提供更方便的操作，进行更快捷的信息获取，建立一套更高效、安全、友好的管理体系。并实现数据的互联互通，在电厂各独立运行的信息系统之上建立数据总线，统一存储、分析数据，为运维决策提供数据支撑。基于数据的累计和整合，打造一套基础的可视化运维管理系统。

二是智能电厂阶段：这一阶段需要完成的是对电厂设备的智能控制，属于数据控制阶段。通过将采集到的设计、运行数据与电厂实体对象（虚拟模型）进行关联，即可由系统自动分析判断是否需要对生产流程采取干预措施（如对某个设备开关进行启停等操作），后续结合人工智能技术的自我学习能力就能起到关键的作用，通过人工智能技术将大幅度提高计算机分析效率，可以更快、更准地做出判断并响应。现阶段的工作重点需要结合实际作业需求，为运维管控系统打造安全、协同、共享、高效的落地应用。

（1）安全：结合标准的信息化体系与安全制度，利用大数据和人工智能技术密切关注电厂数据变化，综合分析设备状态，实现故障预警和自动诊断，提前防范、控制各种风险，提高企业安全系数，降低事故风险。

（2）协同：通过整合企业信息流，对企业拥有的人力、资金、材料、设备、方法、时间等各项资源进行统筹，科学有效地管理人、财、物、产、供、销等具体业务，最大限度利用企业现有资源，取得最优经济效益。

（3）共享：通过将生产数据、指标数据、设备信息、缺陷信息等这些对电厂最重要的结构化数据进行采集，统一标准，实现厂内、厂间的数据共享与横向对标；深度数据统计与挖掘将为企业带来难以估量的价值。

（4）高效：通过打通"数据孤岛"、重复录入、系统与业务契合度不高等问题，强化业务的规范化管理并持续改进，减少电厂员工工作量的同时，为管理人员提供数据分析支持，帮助管理人员作出及时、准确、有效的决策。

四、BIM 技术的优势、问题及风险

BIM 技术的精髓就是将二维数据三维化，三维数据参数化、集成化，并在项目全生命周期内通过对可视化三维模型的深度利用提高工作效率，带动管理水平的提高，最终达到降低成本的目的。

（一）BIM 技术的优势

1. 设计环节

设计院采用 BIM 设计技术，实现数字化三维协同设计方式，各专业紧密配合，互相

促进，实现精确、精细化设计，压缩不必要的设计余量，从而降低了项目成本。设计院在施工图阶段，利用三维协同方式设计后，通过协同平台对主厂房布置、工艺荷载、留孔、埋件等进行精细化设计，通过数据接口实现结构模型精确的三维计算分析，实现主厂房的优化设计。

例如，某工程预估的主厂房 PHC600AB110 桩的桩数为 650 根，预估的厂区主要建筑物 PHC 桩位合计（除主厂房）为 1768 根。施工图阶段通过 BIM 技术主厂房实际使用的 PHC600AB110 桩的桩数为 545 根，节约桩数为 105 根，节省比例约为 16%；厂区主要建筑物实际使用的桩数为 1221 根，节约桩数为 641 根，节省比例约 34%。可以看到结构专业运用 BIM 设计技术后对工程量的优化是明显的。

又例如，某项目通过 BIM 软件进行精细化设计，满足了相关区域电缆通道容积率，避免了桥架构筑物与工艺设备、管道发生碰撞，结合电缆敷设图、工艺布置图、成套厂家设备安装图，通过三维建模定位确定了大部分电缆始端、终端定位，选取合适的桥架接入点，对桥架路径、敷设路径进行了优化。实现电缆长度的优化和长度计算的准确性。通过 BIM 软件自动敷设，最终输出得到电缆清册数据，经对比，相较初步设计主厂房区域各类电缆平均节省 40%~45%、全厂节省主要型号中压动力电力电缆 9km，节省比例为 45%。

2. 采购环节

在设备招标阶段，加入 BIM 技术应用要求，针对设备厂商进行 BIM 技术筛选，保证了设备厂商能够提供三维设备模型，为可视化运行维护创造了更好的条件。

在设计施工图阶段，运用 BIM 技术进行精细化设计，精确统计材料，通过与施工单位采购清单进行核对，判断采购合理性，从而控制材料成本。

3. 施工环节

（1）通过对施工过程的跟踪，及时反馈并更新施工状态信息，通过收集信息对比施工计划，更正计划并深化到五级进度计划。

（2）施工周例会及各种施工协调会上，基于三维可视化施工模拟，直观掌握最新进度，通过模型与现场的比对讨论施工问题、分配任务、调整后期计划，提高了沟通效率，加快了会议进程。

（3）提前通过施工方案模拟，发现问题，解决问题。

（4）通过现场执行 BIM 电缆定尺定盘精细化管理，主厂房实现节省约 10% 电缆工程量。

4. 运行维护环节

目前电力行业已经出现了多个智能运维的项目，这些电厂在智能运维方面做出了很多的创新，有可借鉴之处。但是大多数电厂运行维护阶段与设计、施工阶段的数据缺乏高效的集成，项目在策划前期没有考虑到设计阶段、施工阶段与运行维护阶段 BIM 应用的衔接性，导致在实现智能运维的过程中，投入了大量的精力对前期工作进行梳理、汇总与整合，如使用 3DMAX 等软件对模型进行翻建，由于翻建模型不包含设计阶段录入的设备属性数据，需要重新进行设备属性导入、二维设计成品与模型挂接等工作。采用 BIM 技术，从前期规划工作时就通盘考虑全局，对于设计阶段的数据无需做过多整理工作，设计院移交的三维模型附带所有设计参数，施工阶段模型基于设计模型完成深化，同样具备设计属性，只需搭建一个轻量化数据平台即可免去 70% 数据整理及建模的工作量，电厂尚未建成，便已有了具体方案，为智慧运维打下扎实基础。

（二）BIM 技术推广中的主要问题

1. 编制电力工程 BIM 应用标准

BIM 技术在建筑工程中的应用已相当成熟，在电厂建设中的应用还处于起步阶段，国内尚无统一的发电工程 BIM 标准。在现有 BIM 标准上，加快形成国内或行业统一的发电工程 BIM 标准，将有力地促进、推动电力行业 BIM 技术的发展。

2. 数字化设计的深度

设计院的数字化设计主要是面向工程安装设计，其设计深度是设备级，可以进行施工计划的模拟、调整和展示。但是为了实现 BIM 应用功能，则需要精细化程度更高的部件级数字化三维模型，从而为施工成本的预算和控制提供可视化、精细化的数据支撑，这需要在设计之初，与设计院就设计深度充分沟通。

3. 行业各方需积极推动 BIM 技术应用

在发电厂的建设过程中应用 BIM 技术，需要各个参与方的积极配合。作为业主方，是项目采用 BIM 技术的最大受益者，基于 BIM 技术的三维信息数据模型，不仅在施工建造过程中为施工计划和施工成本控制提供数据支持，其搭建的三维模型更可在运行维护阶段为管理提维，助力智能电厂转型。施工方作为项目的直接建造方，采用 BIM 技术对于施工组织规划和施工进度的动态把控将更加直观、及时，减少由于计划调整不及时导致的停工、窝工等时间损失，以及建造材料的浪费等。设计方采用 BIM 技术，能够从设计源头提高设计质量，基于 BIM 技术的数字化三维模型，能够实现碰撞检查、布置优化等功能。设计方搭建的具有完整设计数据的电厂三维模型，更可应用于后续的施工建造和运行维护阶段，从而为电厂全生命周期的信息化、数字化、智慧化建设提供有力的数据支撑。

4. BIM 技术应用过程中的产权归属

电厂在施工建造过程中采用 BIM 技术，需要加强建设方、设计方、设备供货方、施工方、运营方等各方的协同工作，在施工建造过程中对信息数据的使用必然牵扯到信息各方的利益。但相关法律条文的缺失导致 BIM 模型使用过程中的所有权和责任无法明确，对于数据的产权无法保护。并且目前没有适用于 BIM 技术的较为适用的合同文本。需要组织发布一份标准的应用于电力行业的 BIM 标准合同范本，明确项目整个过程中涉及的信息管理、信息安全、信息质量保证、第三方信息收集方式、信息模型的所有权等内容，减少因权责不清导致的项目内部摩擦，影响项目顺利推进。

5. 成本费用

根据中国勘察设计协会发布的《关于建筑设计服务成本要素信息统计分析情况的通报》，BIM 技术设计的附加系数在 0.2 ~ 0.5 之间，发电厂的 BIM 技术应用也有相似的情况。BIM 技术所要求的大量软件、硬件也会产生额外的采购成本，模型数据的创建、维护和不断更新需要技术人员人力投入，增加了人力成本。

（三）BIM 技术的应用风险

电力行业 BIM 技术的应用还处于起步阶段，参考国内外 BIM 技术的应用经验，对其在电厂全生命周期中的应用风险进行分析，主要有技术缺陷、成本费用和管理协调几方面。

1. 技术缺陷

BIM 技术在应用中产生的风险一部分原因是因为 BIM 技术本身的缺陷。BIM 软件数量多，但兼容性不理想，在模型进行转换时出现无法转换、数据丢失等情况。此外，出图不规范造成建模效率的降低，加大了后续的施工难度。

2. 管理协调

BIM 技术要求信息高度集成，各单位、各专业交叉作业多，需要相互协调的工作量很大。如果依然采用现有的工作模式，各专业各自作业，那么即便是采用 BIM 技术，依然可能出现模型数据错误，出图不精确等情况。同时，模型不断更新，每次修改需要得到项目参与各方的同意，需要大量的管理协调工作。

BIM 技术应用最大和最终的受益者是建设方，建设方应积极推动使用 BIM 技术，协调各参与方对 BIM 应用过程的相互配合，并提供足够的资金支持。总承包方、设计方和施工方应加强 BIM 技术人才的储备和培训。唯有各方协同配合，才能更大程度获得 BIM 技术所带来的长期效益。

第二节　数字化设计

一、数字化设计概况

（一）数字化设计发展历程

20 世纪 60 年代，欧美国家率先在石化行业进行了数字化设计技术的研究工作，实现了三维空间布置设计，在单台计算机上解决了物体间的碰撞检查问题。20 世纪 90 年代以来，随着信息网络技术的快速发展，数字化设计技术实现了基于数据库的多专业协同设计，并率先在欧美航天、石化、核电、火电、冶金等行业获得应用，我国的核电、火电也在这一时期引进和应用了该技术。

建设智能电厂的第一步是进行数字化设计，通过数字化设计形成的全方位电厂数据能为智能电厂奠定可视化及大数据应用的基础。传统的 CAD 二维设计，造成大量信息固化在图纸和说明上，从而形成大量离散数据，在不同设计阶段中信息只能由人进行辨识和再分析，基础数据量大，冗余度高，缺乏数据信息完整性和延续性。随着发电行业的变化，如管理无人值班化、业务流程重组化、设备管控一体化等，传统的二维设计已无法满足发电厂数字化转型的需求，早在 20 世纪末、21 世纪初，国内的电力设计院已逐步推广使用数字化设计技术，经过 20 余年的使用、磨合及二次开发，数字化设计逐渐向平台化发展。总体来说，国内外数字化设计都经历了电子化、三维化、数据化三个发展阶段。

1. 电子化

20 世纪 90 年代开始，随着电子计算机的普及，电厂设计逐渐由手工制图向计算机 CAD 制图转变，电子化有效提高了图纸绘制的标准化和复用效率。

2. 三维化

2000 年前后，国内逐渐引进了 Intergraph（鹰图公司）的 PDS（Plant Design Systems）软件和 AVEVA（剑维软件公司）的 PDMS（Plant Design Management System）软件，电厂设计实现了在设计过程二维到三维的转化，可直接利用设计软件建成三维模型，通过三维模型的空间布置有效解决了设计碰撞问题，设计过程也较为直观。

3. 数据化

近年来，随着数字技术在各行业的推广应用，数字化电厂的概念逐渐深入人心，数据化彻底将设计的核心从"制图"转变为"数据"，设计依托三维、管控等系统性软件构架成的数字化设计平台完成，图纸仅是数据模型的一种表达方式。

（二）数字化电厂

数字化电厂广义来说，就是以数据为核心，从电厂的设计到运行全生命周期过程中，实施完整的数字化设计、数字化采购、数字化施工以及数字化移交的发电厂。数字化电厂的基本要求包括：

（1）电厂对象数字化。包括数字化的三维模型、数字化参数。对电厂内所有设备、管道、电缆等进行完整建模，搭建出与物理电厂相一致的数字双胞胎模型，模型携带大量设计参数，并在后续运行维护阶段可实现实时运行参数的展示。

（2）设备运行数字化。包括设备状态及二次元件的数字化。各种采集设备可以将采集到的数据通过网络传送到上级设备和网络。

（3）过程控制数字化。包括 DCS、PLC 等生产过程控制系统的数字化。系统将采集到的现场数据进行加工处理，根据预先设定好的控制规则和动作顺序进行操作，并提示操作人员。

（4）事务处理数字化。即各种业务处理和运行操作的数字化。

（5）生产管理数字化。对各种基础数据进行综合加工，生成各方面管理需要的信息。可以将现场的数据和相应的过程控制信息传送到统一操作平台上，并进行自主分析，为电厂生产管理的高效、最优提供数据支撑。

（6）经营决策数字化。对各种管理信息的挖掘和分析生成经营决策信息。

智能电厂是数字化电厂的延伸，数字化电厂是智能电厂的基础。目前，国内电力行业正处在从数字化电厂向智能电厂转变的过程中。只有进行持续、深入、完整的数字化设计，通过集成的数据模型实现虚拟电厂与物理电厂的融合，再结合物联网、大数据、虚拟现实（Virtual Reality，VR）、增强现实（Augmented Reality，AR）、建筑信息模型（BIM）、云平台等技术，才能逐步实现发电厂向智能电厂的转型。

（三）数字化设计的优势和价值

为打造数字化电厂，并进一步向智能电厂转变，首先需要设计源头对发电厂进行完整的数字化设计，搭建与物理电厂一致的数字三维模型，为后续的智慧化、可视化应用提供基础保障。同时，电厂的数字化设计是发电厂工程降低造价、优化设计有效的技术手段。由于竞价上网竞争激烈等因素，发电工程项目建设方迫切要求在满足安全可靠的前提下，降低工程造价，提升项目的经济性和竞争力。因此设计单位已经在传统的设计范围内，千方百计地降低工程造价，取得了一定的效益。但是，也带来一些不利的后果，比如过度简化系统和设施、压缩厂房尺寸，将给电厂日后的管理、运行、维护带来额外的成本投入等。

应用数字化设计手段，能够提供精准的电厂模型、精确的材料统计，最大限度地实现工厂模块化制作，大幅节约现场的施工工程量，减少现场碰撞返工，缩短工程建设安装周期，并减少现场小管线管材、支吊架、电缆桥架及电缆电线和其他安装材料的浪费，以此作为优化设计的延伸，降低工程造价、缩短建设周期，为发电工程项目建设方赢得可观收益。不仅如此，数字化电厂的移交和运用，也将为提升电厂在整个生命周期里的整体效益提供高度集成化的信息数据支持中心。

显然，相比于传统的二维设计，数字化设计提高了设计数据的准确性、集成性和复用性，其独具的数字化、模型化、可视化、信息化和智能化的特点，为数字化电厂乃至智慧化电厂的建设提供了基础。数字化设计在计算机端建造起了一座与物理电厂相一致的数字孪生电厂，其提供的完整三维信息模型，涵盖了设计阶段的所有原始设计信息。以数字化设计为基础的智能电厂，在施工建造和运行维护阶段将比同类电厂具备明显的优势。

数字化设计是电厂全生命周期的要求，设计过程生产的所有数据，比电厂全生命周期的施工、运维等阶段更具价值。数字化设计不仅可以提升设计手段，在为电厂建设方提供常规二维设计成品的同时，还提供了一个可以支撑工程全生命周期应用的三维数字化设计成果，包括工程信息、全厂三维模型信息、所有设备设施属性信息及关联设计图纸资料。业主可以利用电厂数字化设计成果指导采购、施工、运维、检修、改造和退役等。

数字化设计技术在电厂全生命周期中主要创造的价值如下：

1. 设计阶段优化布置方案

在设计过程中采用全数字化设计，全专业参与到数字化三维建模中，能够及时准确地发现设计过程中可能存在的碰撞、安全净距不满足要求等问题，及时在模型内进行布置、调整，提高设计院施工图的成品质量，减少因设计疏漏造成的现场施工反复，节约施工成本。

2. 采购阶段细化材料清单

数字化采购是建立在数字化设计基础上的，数字化设计能够提供精确、细化的材料清单，所需材料规格都在电厂数字化三维模型里一键生成，保证了材料统计的准确性和精确性，降低因材料量统计粗糙带来的多次采购和成本浪费。

3. 建造阶段指导难点安装

将电厂数字化设计的主要成果——电厂三维信息模型应用于施工建造阶段，利用数字化成果精细化、可视化和信息化的特点，可以实现4D施工管理和施工仿真模拟，对施工计划的调整在模型内进行直观的展示和对比，对施工中的重点、难点提出三维模拟解决方案，为施工管理的决策做数据支持，提高施工建造阶段各方的沟通效率和施工管理水平。

4. 运行维护阶段提高智能化水平

电厂建设完成后，通过数字化移交，将工程数字化设计信息、施工信息、竣工信息、监理信息等联同三维模型一起移交给业主，业主可以将完整的数字化成果应用到电厂后续的运行维护中，辅助运行维护检修和电厂改造，提高电厂的数字化、智慧化管理水平；同时在电厂改造阶段，数字化三维模型展示的地下隐蔽工程将使地下管线一目了然，减少因人员变更、二维图纸信息冗繁带来的地下管线信息不全，从而导致反复开挖的施工成本损失。

二、数字化设计软件

数字化设计软件按设计深度可划分为设备级设计软件和部件级设计软件。设计院主要使用设备级的数字化设计软件，其设计成果主要面向工程安装设计。设备制造厂主要使用部件级的数字化设计软件，其更加精细化的设计成果能够直接指导部件的智能制造，同时可输出满足电厂工程安装设计深度的设备三维模型，参与到数字化电厂的整体设计中来。下面将按设计深度的不同，对主流的数字化设计软件进行简要介绍。

（一）面向工程安装设计的设备级数字化设计软件

1. PDMS（Plant Design Management System）

PDMS 软件是 AVEVA 公司（剑维软件公司，现属于施耐德电气）的产品，其前身是管道设计软件，自从 1977 年第一个 PDMS 商业版本发布以来，PDMS 就成为大型、复杂工厂设计项目的首选设计软件系统之一。PDMS 主要功能特点如下：

（1）全比例三维实体建模，而且以所见即所得方式建模。

（2）通过网络实现多专业实时协同设计、真实的现场环境，多个专业可以协同设计以建立一个详细的 3D 数字工厂模型，每个设计者在设计过程中都可以随时查看其他设计者正在干什么。

（3）交互设计过程中，实时三维碰撞检查，PDMS 能自动地在元件和各专业设计之间进行碰撞检查，在整体上保证设计结果的准确性。

（4）拥有独立的数据库结构，元件和设备信息全部可以存储在参数化的元件库和设备库中，不依赖第三方数据库。

（5）开放的开发环境，利用可编程宏语言，可与通用数据库连接，其包含的 Auto Draft 程序将 PDMS 与 AutoCAD 接口连接，可方便地将两者的图纸互相转换，PDMS 输出的图形符合传统的工业标准。

2. SP 3D（SmartPlant 3D）

SmartPlant 3D 是美国鹰图公司推出的新一代、面向数据、规则驱动的设计软件。它打破了传统的设计技术带给工厂设计过程的局限。它的目标不仅局限于如何帮助设计方完成工厂设计，还能进行一定程度的优化设计，同时可缩短设计周期。

（1）易用性。SmartPlant 3D 的易用性减少了学习周期。由于大大减少了完成每个任务所需使用的击键次数及移动鼠标次数，因此加快了设计速度。

（2）缩短设计周期。SmartPlant 3D 是专门为工厂详细设计而开发的。它可以减少设计过程中的重复性工作，使需要大量人力的手工校验工作自动化，从而缩短了项目的设计周期。

（3）并行设计。SmartPlant 3D 的并行设计功能及数据的重复使用功能，允许设计方更加容易并有效地在全球范围内管理及执行项目。

（4）保存有价值的工厂工程信息。SmartPlant 3D 整体性地保存了由设计院生成的工厂工程数据，这为工厂在改造及升级时，重复使用这些工程数据创造了良好的条件。

（5）企业范围内的工厂工程数据集成。SmartPlant 3D 可与诸如 INtools（仪表工程设计）及 SmartPlant P&ID（工艺流程图设计）等软件通过工程数据框架（The Enginerring Framework，TEF）集成，可在整个企业内部建立一个优化的设计工作流程。

（6）保存工程设计知识。在这个充满竞争的经济世界里，获得新的及现有的工程设计知识，将它们保存起来并在需要的时候重复使用这些数据，是一个企业成功的关键因素。SmartPlant 3D 可以帮助保存公司的设计知识，保护工厂的信息资产。

3. AutoPlant

AutoPlant 是由美国 BENTLEY 公司（原属美国 REBIS 公司，为 Autocad 平台全球第一大开发商）出品，运行在 AutoCAD 2000—2008 平台上的工厂设计软件。该软件可在真实的三维环境下进行设计，模型建立过程智能性强，符合设计人员思维习惯。建模完成后，可对模型进行碰撞检查和实时漫游，最大程度地减少设计中的错、漏、碰、缺现象，并可迅速地生成平面图、立体图、剖面图，全自动地生成单管图和精确的材料统计表等设计资料。AutoPlant 工程设计软件主要功能如下：

（1）执行三维干扰分析。对于三维管道、结构、设备、电气和暖通使用自动进行碰撞检测，显著提高准确性。使用 Bentley Navigator（AutoPlant 提供可视化的项目设计检视以及分析协同工具）软件审查碰撞检测，并在施工之间解决碰撞问题。

（2）设计三维工厂物理模型。借助三维模型保证精确性和速度，缩短施工时间并消除现场返工。

（3）生成工厂项目交付成果。利用可配置的材料清单自动生成详细工程图，从而消除手动统计。为管道、支撑、设备和仪表清单生成报告。

（4）管理工厂设计数据。通过项目数据库，可与其他工厂设计管理应用程序无缝集成。使用一个数据库环境支持整个项目团队的工厂设计数据。

（5）管理工厂项目文档和可交付成果。高效管理工厂设计数据和可交付成果，其中包括等角图、平剖图、管道和仪表图、三维模型和施工可交付成果。使用 ProjectWise，可在整个项目团队中共享文档。

（6）执行协作式工厂设计工程。互操作性确保项目团队成员可随时快速查找、共享和使用工厂设计数据和施工可交付成果。协作环境允许用户签出、更新并签入模型组件。

4. Revit

Revit 是 Autodesk 公司一套系列软件的名称。Revit 系列软件是为建筑信息模型构建的，可帮助建筑设计师设计、建造和维护质量更好、能效更高的建筑。Revit 根据不同的专业族群又分为三个模块，建筑专业使用的 Architecture、结构专业使用的 Structure、管线专业使用的 MEP，是目前我国建筑业 BIM 体系中使用最广泛的软件之一。其具有以下优点：

（1）使用 Revit 可以导出各建筑部件的三维设计尺寸和体积数据，为概预算提供资料，资料的准确程度同建模的精确度成正比。

（2）Revit 可协同建筑、结构、设备等各专业，具有带材质输入到 3DMAX 的渲染、云渲染、碰撞分析、绿色建筑分析等功能。

（3）Revit 具有强大的联动功能，平面、立面、剖面、明细表双向关联，一处修改，处处更新，自动避免不协同的错误。用 Revit 建模生成的平面图、立面图可完全相互对应，图面质量受人的因素影响较小。

（二）面向智能制造的部件级数字化设计软件

1. CATIA

CATIA 是法国达索公司的数字化产品开发解决方案软件。作为产品全生命周期管理（Product Lifecycle Management，PLM）协同解决方案的一个重要组成部分，它可以通过建模帮助制造厂商设计产品，并支持从项目前阶段、具体的设计、分析、模拟、组装到维护在内的全部工业设计流程。CATIA 系列产品在汽车、航空航天、船舶制造、厂房设计（主要是钢构厂房）、建筑、电力与电子、消费品和通用机械制造八大领域里提供 3D设计和模拟解决方案。

2. Solidworks

SolidWorks 最早是由美国 Solidworks 公司于 1995 年推出的第一套 Solidworks 三维机械设计软件，是世界上第一个基于 Windows 开发的三维 CAD 系统，它能够提供不同的设计方案、减少设计过程中的错误以及提高产品质量。1997 年被达索系统收购，专门负责研发与销售机械设计软件的视窗产品，定位占领中小企业的市场。

Solidworks 具有以下优势：

（1）采用"全动感"的用户界面。动态控标用不同的颜色及说明提醒设计者目前的操作，可以使设计者清楚现在做什么；标注可以使设计者在图形区域就给定特征的有关参数；鼠标确认以及丰富的右键菜单使得设计零件非常容易；建立特征时，无论鼠标在什么位置，都可以快速确定特征建立。

（2）灵活的草图绘制和检查功能。草图绘制状态和特征定义状态有明显的区分标志，设计者可以很容易清楚自己的操作状态。绘制草图过程中的动态反馈和推理可以自动添加几何约束，使得绘图时非常清楚和简单；图中采用不同的颜色显示草图的不同状态；并且随时检查草图的合理性。

（3）强大的特征建立能力和零件与装配的控制功能。强大的基于特征的实体建模功能。通过拉伸、旋转、薄壁特征、高级抽壳、特征阵列以及打孔等操作来实现零件的设计。利用零件和装配体的配置不仅可以利用现有的设计，建立企业的产品库，方便系列产品的设计；配置的应用涉及零件、装配和工程图；使用装配体轻化，可以快速、高效地处理大型装配，提高系统性能；采用动画式的装配和动态查看模式，可查看装配体运动。

（4）快速生成符合国家标准规范的工程图。使用 RapidDraft 工程图技术，可以将工程图与三维模型单独进行操作，以加快工程图的操作，但仍然保持与三维模型的相关性；可以为三维模型自动产生工程图，包括视图、尺寸和标注；交替位置视图能够方便地显示零部件不同的位置，在同一视图中生成装配的多种不同位置的视图，以便了解运动的顺序。

3. UG

UG（Unigraphics NX）是 Siemens PLM Software 公司的一个产品开发解决方案软件，它为用户的产品设计及加工过程提供了数字化造型和验证手段。UG 针对用户的虚拟产品设计和工艺设计的需求，提供了经过实践验证的解决方案。其主要特点如下：

（1）具有统一的数据库，实现了 CAD/CAE/CAM 各模块之间的无数据交换的自由切换，可实施并行工程。

（2）采用复合建模技术，可将实体建模、曲面建模、线框建模、显示几何建模与参数化建模融为一体。

（3）用基于特征（如凸台、型腔、槽沟、倒角等）的建模和编辑方法作为实体造型基础，形象直观，类似于工程师传统的设计办法，并能用参数驱动。

（4）曲面设计以非均匀有理 B 样条（Non-Uniform Rational B-Spline）为基础，可用多种方法生成复杂的曲面，特别适合于汽车外形设计、汽轮机叶片设计等复杂曲面造型。

（5）出图功能强，可十分方便地从三维实体模型直接生成二维工程图，能按相关 ISO 标准和国家标准标注尺寸、形位公差并进行汉字说明等，能直接对实体做旋转剖、阶梯剖和轴测图挖切，生成各种剖视图，增强了绘制工程图的实用性。

（6）提供了界面良好的二次开发工具 GRIP（Graphical Interactive Programming）和 UFUNC（User Function），并能通过高级语言接口，使 UG 的图形功能与高级语言的计算功能紧密结合起来。

4. Solid Edge

Solid Edge 最早是 Intergraph 公司于 1995 年开发的一个设计软件，后几经变迁，最终于 2007 年成为 Siemens PLM Software 公司旗下的三维 CAD 软件，采用 Siemens PLM Software 公司自己拥有专利的 Parasolid 作为软件核心，将普及型 CAD 系统与实体造型引擎结合在一起，是基于 Windows 平台、功能强大且易用的三维 CAD 软件。其主要特点如下：

（1）快速、灵活的产品建模。Solid Edge 是基于 Siemens PLM Software 自己拥有的 Parasolid 和 D-Cubed 技术而开发。为了提高建模灵活性的终极体验，Solid Edge 提供的 Direct Editing（直接编辑）功能，可以编辑复杂的参数化模型，而无需依赖历史树，从而简化了设计过程。Solid Edge 采用的 Rapid Blue 技术突破了传统的基于历史的曲面编辑方法，只需很少几步，设计者就能编辑复杂曲面，实时地修改设计并得到想要的设计结果。

（2）强大的大装配管理。用户需要创建的产品往往由超过十万的零件组成。要交互式地处理如此庞大的装配，所使用的工具必须要有最优的性能。Solid Edge 引入"简化装配"这一概念，可以使性能最大化并且不会限制用户交互。通过创新性的功能选项，用户可以先导航整个装配树结构，然后排除干扰，将暂时不需关心的零部件"隐形"，从而将注意力放在工作零部件上。

（3）针对专业应用的设计模块。针对很多专门的设计需求，例如钣金设计、焊接件设计等，Solid Edge 提供了定制、集成的指令和环境来提高设计生产力。全面定制的设计模块包括钢结构设计、焊接件设计、管道系统、线束设计、模具设计、标准零件库以及照片级艺术效果渲染。

（4）经过检验的二维制图功能。Solid Edge 提供了二维制图功能，包括制图设计、详细设计、图表注释和尺寸控制能力，它们都会根据用户选定的机械制图标准自动处理。Solid Edge 可根据三维模型自动创建和更新图纸，迅速创建标准视图和辅助视图，包括截面视图、局部放大视图、断面视图、ISO 视图等。

（5）动画和动态文档。Solid Edge 能够提供运动仿真工具用于评估原型，提供高级功能用于显示装配、拆装顺序，并且提供一个高级的渲染环境创建逼真的情景。

（6）切实帮助企业进阶三维。用户从二维 AutoCAD 升级到 Solid Edge 时可以平滑过渡，新环境提供与原有系统一致、熟悉的界面和感觉，同时确保一致性以及数据的完整性。

（7）内置有限元分析软件。Solid Edge 内置有限元分析软件 Femap Express，使设计师可以快速、准确地分析和验证零件，在确保产品质量的同时降低成本。

（8）内置产品数据管理。Solid Edge 内置工作组级别的产品数据管理软件 Insight，能够把数据管理功能和基于网络的协同功能无缝集成在单一工具中，方便用户使用和统一管理。

（9）支持供应链协同。Solid Edge 通过对 JT 格式数据（西门子 PLM 软件开发的轻量级 3D 模型格式）的支持来满足供应链上下游需要交换设计数据的需求。Solid Edge 可以输出 JT 格式数据，同时使用 JT 格式数据可以直接打开来自其他软件系统的单个部件或者整个装配的文件。

5. Tekla Stuctures

Tekla Stuctures 软件最早由 1966 年成立于波兰的 Teknillinen laskenta 公司所开发。Tekla Stuctures 是一个钢结构详图设计软件，它是通过先创建三维模型以后自动生成钢结构详图和各种报表来达到方便视图的功能，使其在钢结构详细设计方面相对有较大优势。

（1）钢结构三维模型绘制便利。

（2）参数化节点设计便利且精细。

（3）图纸集成于三维模且出图效率高。

（4）零件、构件的定义及编号简易实用。

（5）报表的生成简便。

（6）模型和图纸的变更及更新便利。

三、数字化设计实施规划

（一）数字化设计基本流程

要全面实现数字化电厂，进而实现智能电厂建设，首要是进行电厂的完全数字化设计，其生成的数字化三维模型可以指导后续的智能建造和智能运维，从而实现对电厂全生命周期的服务、追踪。下面将主要从设计源头，即设计院的数字化设计流程进行梳理。国内设计院主要采用 PDMS 和 SP 3D 两款软件进行三维设计。电厂的三维数字化设计流程如图 3-1 所示。

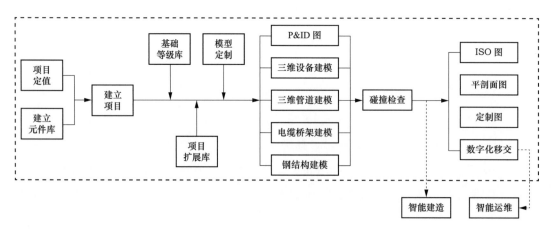

图 3-1　三维数字化设计流程图

在数字化设计平台上建立项目后，根据项目采用的设计标准，导入等级库和扩展库，并根据设计需求进行特殊的模型定制。通过数字化的设计手段完成 P&ID 图和三维建模（包括设备建模、管道建模、电缆桥架建模、钢结构建模等），模型搭建完整后，通过碰撞检查和模型的直观可视完成布置优化，最终根据项目需求生成轴测图（Isometric，ISO 图）、平剖面图、定制图等。数字化三维设计的成果，同时还可应用于智能建造和智能运维。结合强大的数字化三维设计平台，为现代工程项目管理从粗放被动型向精细主动型转变提供了平台支撑。

（二）数字化设计实施规划

1. 建立统一的数据管理平台

传统的设计管理没有统一的平台，且主要关注点在设计成品的管理，对于设计过程中资料的确认与共享、校对过程中的版本控制等均通过纸质文件或电子邮件方式进行，无法进行有效的流程管控与保存。设计过程中的原始数据和中间数据也都分散在各专业设计人员手中，对电厂来说在日后运营、维护中无法收集到所有具有价值的数据。另外，传统设计管理可以提供的成品仅限于纸质文件形式的图纸或报表，主要针对的是电厂的建造施工，从运营和维护角度来说这些图纸查询困难，可读性差。建立统一的数据管理平台，实现对设计数据、设计文档和设计流程的数字化管理，使数据和过程有机融合，为后续的数字化移交和智慧化建造、运维提供数据基础。

（1）设计数据管理。在电厂设计各专业中有上下游之分，上游设计专业的设计结果是下游设计专业的设计依据。建立统一的设计数据管理平台，接收上游设计专业发布的设计数据，经过校对确认，再由下游设计专业从平台上收取，有效避免数据二次录入带来的错误，减少专业间配合工作，提高设计效率。部分对电厂运营维护有利用价值但不会反应在施工图成品上的设计原始数据信息，作为模型属性或数据表形式由平台存储管理，通过移交为运营维护提供帮助。

（2）设计文档管理。实行严谨的文档管理，不仅对各类成品设计图纸和报表统一管理，而且将文档范围扩大到设计初的原始资料和设计过程中的中间文件，各类提资文件通过数据管理平台进行验证和分发，不仅可以省去传统提资过程中纸质资料的打印和人工分发，而且保障了版本的唯一性和可追溯性。

目前，对应主要采用的数字化三维设计软件 PDMS 和 SP 3D，在数据管理平台的选择上，主要有 AVEVA NET 和 SPF（SmartPlant Foundation) 文档管理系统。

AVEVA NET 是 AVEVA 数字化工厂整体解决方案的数据平台，其基础功能是将模型、文档有机地整合在一起并且为用户提供一个查询、检索和信息协同的界面，与 PDMS 具有良好的数据集成功能，其主要应用于数据移交阶段。

SPF 文档管理系统不仅与自身 SmartPlant 系列软件（如 SP P&ID、SP 3D 等）具有良好的数据集成功能，而且有着开放的接口设计，通过定制能够兼容其他常用应用软件的文件及数据，结合版本控制功能，形成数字化设计统一的数据管理平台。SPF 同时具有严谨的文档管理能力，能够记录文档修改过程中的各个版本，结合校审、分发、检索等功能，形成数字化设计统一的文档管理平台。SPF 作为数字化设计过程中的数据和文档统一管理平台，为数字化移交打下了良好的基础。SPF 集成常用软件如图 3-2 所示，SPF 文档管理目录如图 3-3 所示。

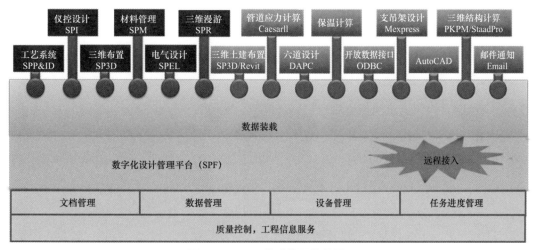

图 3-2　SPF 集成常用软件图示

2. 采用统一的电厂标识系统编码

用统一的设计管理平台实现数据和文档管理，其基础就是需要对设计的对象进行统一的电厂标识系统编码，以便建立起系统设备与相关文档及模型间的联系，使存储的数据、文档、模型不再孤立，而是可以相互联系。根据 GB/T 50549《电厂标识系统编码标准》，电厂内每一个被标识对象的标识应符合全厂唯一的原则，标识系统分为工艺相关标识、安装点标识和位置标识三种类型，根据标识对象的功能、工艺和安装位置等特征，明确标识电厂中系统和设备组件，以及其安装点和安装位置，并对实施过程中需要定义的内容做进一步约定，使电厂的标识更加规范、统一，形成一个能够贯穿电厂整个生命周期（规划设计、施工、安装、调试、运行、维护）的编码体系，为设计后的数字化移交、智慧化建造、智慧化运维奠定统一标识基础。

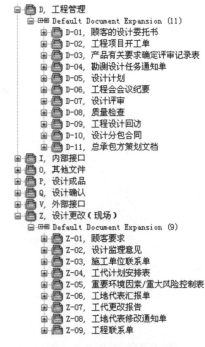

图 3-3 SPF 文档管理目录

3. 数字化工艺系统设计

传统工艺系统设计制图工具采用 AutoCAD，图例图符和技术信息均没有数据支持，比如向仪控专业提资采用纸质文件形式，需要在图纸之外，附加许多说明文件，同时仪控专业在进行设计前存在人工读取的过程，配合效率低，易产生人为疏漏。工艺专业出版系统流程图（Process Flow Diagram），仪控专业出版 P&ID 图（Piping & Instrument Diagram），工艺部分内容有重复，这种应该表达一致的重复部分在两个专业的成品图纸中时常发现表达偏差，在现场造成不良影响。如果工艺专业和仪控专业联合出一套系统流程图，这其中的人工配合过程更加烦琐复杂，管理难度更高。工艺专业内部也没有将系统设计和布置设计明确分工，布置设计在缺乏管道工艺参数及选型数据下开展工作，造成返工改动量大，质量校核点难以控制，影响工程进度。

SmartPlant P&ID 是数字化工艺系统设计制图工具，能生成带数据的图形文件，是数据和图纸的综合表达，在设计过程中使用 P&ID 数字化设计软件，能够解决传统设计模式下数据读取反复和协同设计不畅两大问题。数字化工艺系统设计作为设计数据的源头和核心，相对传统设计，数字化设计对设计范围与设计深度做了进一步提升。

（1）工艺专业全覆盖。电厂所有工艺专业，包括汽轮机、锅炉、运煤、除灰、化学、水工，都统一使用 P&ID 设计工具，为此，需建立完整的全厂工艺专业电厂编码系统，整合全厂工艺专业图例图符，定制统一的图纸模板，规定全厂工艺设计对象的命名和数据表达方式，在满足数字化设计软件需求的同时，提高设计图面质量。

（2）工艺数据范围扩大。数字化工艺系统设计所涉及的数据量，除了设计对象本身具备的工艺特性，如设备、管道、管件和仪表编码、阀门型号、管道材料、管道规格、工艺介质、设计和运行参数、管道试验条件、保温属性、仪表类型等，还要兼顾其他相关模块对系统模块数据输出的要求，比如布置模块所要求的对应管道、管件三维模型库的选型信息，以及电控模块仪表设备选性所要求的多种运行工况参数及运行条件等，工艺设计工程师的专业技术水平得到最大程度的拓展和延伸，完整的工程数据在电厂施工、运行和检修整个生命周期中将发挥巨大作用。

（3）提资流程优化和简化。P&ID 是基于数据的图纸设计，在设计管理平台上，只需发布完成校审流程后的图纸，相关设计模块便可通过接收功能自动获取图纸和相关数据，开展后续设计，避免人工读写错误，接口清晰，责任明确，大大提高设计质量。

（4）工艺仪控联合设计新模式。以 SmartPlant 系列软件为例，工艺系统工程师在 SmartPlant P&ID 中承担基础的仪表测点设计，通过数据管理平台的提资发布，仪控工程师在 SmartPlant Instrument 中接收到相关数据输入，开展后续设计，并将设计结果生成仪表索引表，导回至 SmartPlant P&ID，自动完善仪表属性以及图面表达，并由 SmartPlant P&ID 最终输出成品 P&ID 图纸。

（5）设备数据科学管理。设备选型设计是工艺系统设计的一个重要内容，也是电厂在运行、维护、检修的整个生命周期内充分关注的对象。数字化工艺系统设计从提高自身设计水平和服务业主的前提出发，重视和发展对设备基础数据的研究和管理，期望在数据交付后能对电厂的安全、经济运行，以及设备的维护和检修、备品备件方面发挥作用。

（6）数据与成品的一致性。数字化工艺系统设计提出的成品要求是图纸及报表均由数据库直接生成，不允许任何图面手工修改，保证向电厂交付的是一个与实际电厂完全一致的精确的数据模型。成品流程图和管线表如图 3-4、表 3-2 所示。

4. 三维布置设计

国内设计院进行三维设计手段的研究与应用已有二十多年的历程，20 世纪 90 年代末开始，华东电力设计院开始采用 Intergraph 公司的 PDS（Plant Design System）三维工厂设计系统进行三维空间的管道布置，并应用于伊朗 SAHAND 火力发电厂工程（2×325MW）等。到 21 世纪初，各家设计院在 PDS 的应用基础上，分别引进 Intergraph 公司的 SmartPlant 3D 软件和 AVEVA 公司的 PDMS 软件进行三维布置设计。PDMS 和 SmartPlant

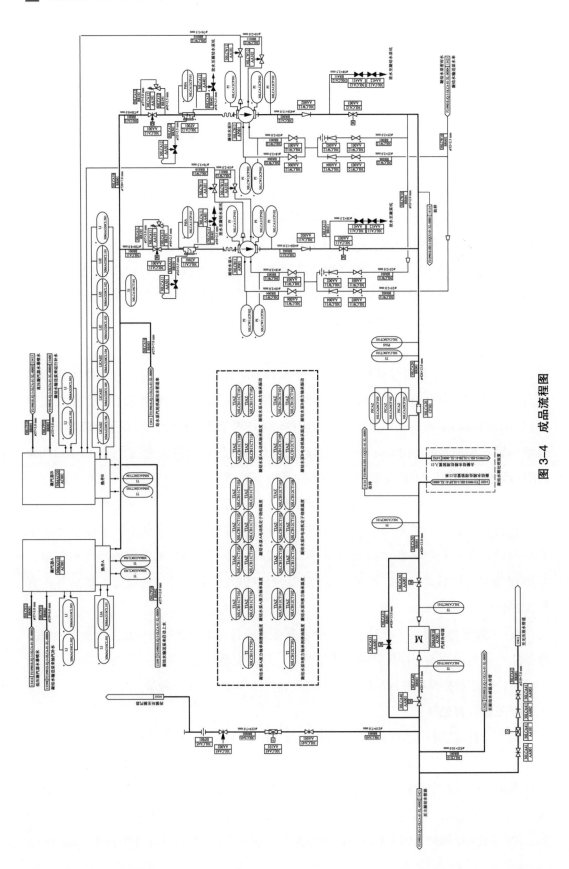

图 3—4 成品流程图

表 3-2

管线表

序号	电厂标识编码	管道名称	最大工作压力（MPa，绝对压力）	最大工作温度（℃）	设计压力（MPa，表压）	设计温度（℃）	公称压力 PN(MPa)	外（内）径管 OD 或 ID	公称通径 DN（mm）	管径（mm）	壁厚（mm）	材料	标准
1	30LCA10BR001	热井出口管道	0.01	31.8	0.34	50	1	OD	700	720	8	Q235-A	SY/T 5037
2	30LCA11BR001	凝结水泵 A 入口管道	0.01	31.8	0.34	50	1	OD	700	720	8	Q235-A	SY/T 5037
3	30LCA11BR002	凝结水泵 A 出口管道	3.8	32	5.2	165.2	6.4	OD	400	426	13	20	GB 3087
4	30LCA11BR191	凝结水泵 A 入口管安全阀管道	0.01	31.8	0.34	50	2.5	OD	40	45	2.5	20	GB 3087
5	30LCA11BR192	凝结水泵 A 入口管安全阀管道	0.01	31.8	0.34	50	2.5	OD	50	57	3	20	GB 3087
6	30LCA11BR401	凝结水泵 A 滤网放水管道	0.01	31.8	0.34	50	2.5	OD	32	38	2.5	20	GB 3087
7	30LCA11BR411	凝结水泵 A 出口管道放水管道	3.8	32	5.2	165.2	6.4	OD	32	38	2.5	20	GB 3087
8	30LCA11BR501	凝结水泵 A 滤网放气管道	0.01	31.8	0.34	50	2.5	OD	25	32	2.5	20	GB 3087
9	30LCA12BR001	凝结水泵 B 入口管道	0.01	31.8	0.34	50	1	OD	700	720	8	Q235-A	SY/T 5037
10	30LCA12BR002	凝结水泵 B 出口管道	3.8	32	5.2	165.2	6.4	OD	400	426	13	20	GB 3087
11	30LCA12BR191	凝结水泵 B 入口管安全阀管道	0.01	31.8	0.34	50	2.5	OD	40	45	2.5	20	GB 3087

续表

序号	电厂标识编码	管道名称	最大工作压力（MPa，绝对压力）	最大工作温度（℃）	设计压力（MPa，表压）	设计温度（℃）	公称压力 PN(MPa)	外（内）径管 OD或ID	公称通径 DN（mm）	管径（mm）	壁厚（mm）	材料	标准
12	30LCA12BR192	凝结水泵B入口管安全阀管道	0.01	31.8	0.34	50	2.5	OD	50	57	3	20	GB 3087
13	30LCA12BR401	凝结水泵B滤网放水管道	0.01	31.8	0.34	50	2.5	OD	32	38	2.5	20	GB 3087
14	30LCA12BR411	凝结水泵B出口管道放水管道	3.8	32	5.2	165.2	6.4	OD	32	38	2.5	20	GB 3087
15	30LCA12BR501	凝结水泵B滤网放气管道	0.01	31.8	0.34	50	2.5	OD	25	32	2.5	20	GB 3087
16	30LCA16BR003	给水泵汽轮机凝结水至汽轮机凝汽器管道	0.01	31.8	0.34	50	2.5	OD	250	273	7	20	GB 3087
17	30LCA20BR001	凝结水泵出口精处理管道	3.8	32	5.2	165.2	6.4	OD	400	426	13	20	GB 3087
18	30LCA20BR501	凝结水泵出口精处理管道放气管道	3.8	32	5.2	165.2	6.4	OD	20	25	2	20	GB 3087
19	30LCA30BR001	汽封冷却器入口管道	3.8	32	5.2	165.2	6.4	OD	400	426	13	20	GB 3087
20	30LCA30BR501	汽封冷却器入口管道放气管道	3.8	32	5.2	165.2	6.4	OD	20	25	2	20	GB 3087

注 1.SY/T 5037《普通流体输送管道用埋弧焊钢管》。
2.GB 3087《低中压锅炉用无缝钢管》。

3D 相比于 PDS，具有设计操作界面更友好、三维模型可视化效果更好、碰撞检查更智能、数据库维护更简便、设计协同性更好等优势，并在火电工程及核电工程的设计中全面采用。特别是对于解决布置检碰问题，通过三维设计不仅能够彻底消除管道、设备、支吊架、电缆桥架、土建结构之间的硬碰撞问题，还能够解决诸如保温空间、热态位移空间、运行和检修维护空间等软碰撞问题。

结合三维设计平台特点，需对传统工艺专业中与布置相关的工作进行整合，并对整合后的布置设计内容、设计流程进行梳理，形成一整套系统的、严密的工作流程以及数据流程，从而保证设计工作的有序、数据传递的精准以及设计效率的提高，最终实现高质量的成品输出。

与传统设计相比，数字化的三维布置设计特点主要体现在以下几个方面：

（1）三维布置设计范围的扩大。全面的数字化三维布置设计不再局限于部分专业，而是将范围扩大，全面覆盖包括汽轮机、锅炉、运煤、除灰、化学、水工、土建、电气以及仪表等专业。同时，三维模型除了包含设计院设计部分，还包含制造厂模型，三维布置范围涵盖全厂所有建（构）筑物以及其他空间区域。这样，布置设计考虑将更全面、更系统，全局性更强，能够最大程度地利用空间、优化净空，使布置设计更合理。

（2）三维布置设计精度的提高。三维布置设计范围的扩大为进一步提高设计精度创造了条件。以往由安装单位在安装后期根据现场情况进行的小口径管道布置，现在可以提前至设计阶段进行，可以更有效地提高规划性，使小口径管道布置更合理。通过三维布置设计，还能够更精确地完成电缆敷设，使电缆桥架的充满度更高，减少桥架材料以及空间的浪费。

（3）碰撞问题的有效控制。随着三维布置设计范围的扩大、精细化程度的提高，三维模型更能真实反映建成后的电厂，以往只有在施工阶段才能反映的碰撞问题，在设计的第一时间就能够反映出来。通过在三维漫游软件中进行碰撞检查，结合自动生成的碰撞报告，将碰撞问题控制在设计阶段，从而减少

图 3-5　碰撞检查标记

在施工阶段返工的可能性，加快施工进度，减少材料浪费，如图 3-5、图 3-6 所示。

（4）上下游设计数据的一致性。在数字化三维布置设计中，工艺管道的布置设计依据来源于工艺系统设计，通过数据管理平台，工艺系统设计将其成果数据传递给工艺管

道布置设计，布置设计人员无需进行人工录入、比对，从根本上避免了因设计中间环节而产生的数据不一致，提高输入数据的准确性，有效保证了设计的质量，减少了因设计疏漏造成的返工成本。

（5）提资方式的优化。经过对软件的二次开发，实现与土建专业的三维化配合。布置设计人员在三维环境中直接进行提资，在提资过程中能充分直观地看到周围的布置情况，有效提高提资准确性，如图3-7所示。

图 3-6　碰撞报告

提资模型不仅包括对象的空间位置、尺寸大小，还含有其受力情况的数据信息，土建专业可在此提资模型基础上通过抽取报表等方法直接用来进行后续选型设计。这样的数据传递没有人工介入，从而能够保证数据准确，减少设计错误产生的可能性。

（6）完善的数据库支持，规范化的图面定制。建立完备的标准模型库，在此基础上建立特殊模型的参数化储备，使得新增的非标准模型库建立更快速，减少设计前期准备工作时间，提高设计效率。此外，还可定制各类图纸的出图规则，在满足各个工艺专业对图面的特殊要求前提下，统一出图风格，使图面表达更规范、更清晰。

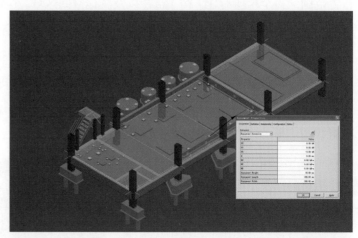

图 3-7　SmartPlant 3D 中埋件提资模型截图（对话框为埋件属性）

（7）全新的出图方式。无论是管道轴测图还是平剖面图均在三维模型设计完成的基础上由软件自动生成，所有模型所带数据属性都来自模型数据库，严格保证图纸与模型的一致性，如图3-8所示，保证数字化移交成品和现场实际的一致性。

（8）完整的三维数字化电厂模型。经过数字化三维布置设计后形成的三维模型，不再仅仅是外观漫游层面的模型，而是带有数据属性的模型，其背后拥有一个完整的模型数据库，除了外形、定位信息之外，其技术属性数据也一一对应，是一个与真实电厂高度匹配的真正的数字化电厂。不仅可以通过它进行施工交底，更能够为数字化施工模拟

序号	名称	规格	标号或型号	材料	数量
1	无缝钢管	OD273×8.5	GB3087	20	10.5m
2	无缝热压弯头90°	PN4.0(MPa),DN250	E4.OC12SO	20	3
3	无缝热压弯头45°	PN4.0(MPa),DN250	E4.OC12SO	20	1
4	支吊架	垂直单弹簧支架			1
5	支吊架	水平单拉杆刚性吊架			1
6	支吊架	水平单拉杆弹簧吊架			1

附注：

1. 图中相对坐标采用建构筑物坐标系，单位均为mm，XY 向为与其相邻的轴网距离，Z向相对于该建构筑物0m标高。
2. 图中绝对坐标采用总平面坐标系，单位均为mm，AB向为总平面AB轴绝对值，Z向采用 1985 国家高程系。

总平面坐标系	建构筑物坐标系		
设计压力：	1.62	MPa(g)	
设计温度：	204.9	℃	
水压试验：	1.38	MPa(g)	
运行压力：	1.38	MPa(g)	
运行温度：	191.5	℃	

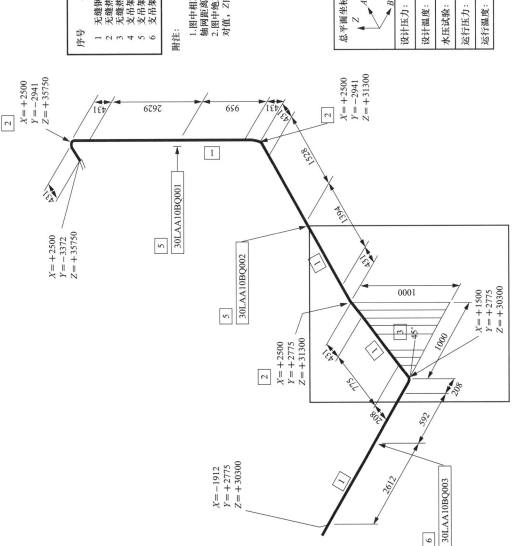

图 3-8　管道轴测图

提供条件，提高施工质量，如图 3-9、图 3-10 所示。

图 3-9　三维模型效果（一）

图 3-10　三维模型效果（二）

5. 土建设计

电厂土建设计包括总图、建筑、结构等专业。在传统设计模式中，由于专业特点各不相同，各专业使用的设计软件及其产生的数据格式各不相同，因此传统设计过程中产生的设计资料只能通过纸质文件的形式来传递，数据的再利用率极低。同时各专业设计相对较独立，设计成品无法在第一时间协调统一，相对来讲，难免使各专业设计成品或多或少存在一些矛盾和差错。

电厂土建数字化设计采用基于 BIM 技术的集成设计系统，加强了土建各专业的设计过程交互。设计资料及各专业设计成品等设计过程产生的数据，全部在统一的软件平台上实现数据级传递，各专业可以根据自己设计的需要，灵活地从数据库中定制规则，抽取满足各自设计要求的设计资料，并通过各种检索手段，实时地调用、查看相关专业的设计成品，同时可以直接利用这些数据，根据专业特点，进行下游的专业设计，尽可能地减少资料交换，减少因资料交换及重复劳动产生的设计矛盾和差错，提高设计效率和成品的质量。

通过统一的数据管理平台，打通与专业数字化设计软件间的数据接口，实现对整个土建设计的全过程数字化管理。加强设计人员权限的控制，明确各级设计人员的职责；保障各类设计数据的数字化传递，并对整个设计过程进行监督和控制；同时，高效地管理电厂数字化设计过程中建立的土建模块数据库，为实现电厂土建数字化移交奠定基础。以下以 SP 3D 软件进行各专业设计说明：

（1）总图设计。总图专业采用的 CIVIL 3D 软件进行方案及施工图设计，可与建筑、结构的 REVIT 设计平台实现数据级的互通，也可与 SP 3D 三维设计平台无缝衔接。在完成传统总平面规划布置设计的同时，可以完成工程场地的竖向规划布置，进行场地土石方平衡的多方案比较，快速地计算出工程土石方的挖填方量，尽可能优化总图的平面及竖向布置设计，从源头上控制整个工程的造价，如图 3-11 所示。

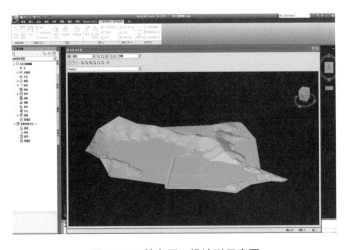

图 3-11　某电厂三维地形示意图

（2）建筑设计。建筑、上下水、照明及暖通专业采用 REVIT 平台进行建筑设计。通过对建筑及相关专业的整合、调整，形成了完整的电厂大建筑的协同设计能力。所有建筑物内相关的设计数据在 REVIT 平台上的无缝传递，使所有相关的设计人员在设计过程中的第一时间接收到最新、最准确的数据，以此为基础，完成各自专业的设计，如图 3-12 所示。解决了传统电厂土建设计过程中，上下水、电气、暖通设计相对滞后，与建筑图纸矛盾，现场返工较多的问题。通过 REVIT 平台建立的建筑模型信息和中心模型文件的建立，所有相关专业在设计的同时就能发现设计过程中的碰撞及错误，使各专业的设计优化过程在建模及设计的过程中就可以完成，同时完成材料的统计，进一步实现电厂优化设计，控制造价。

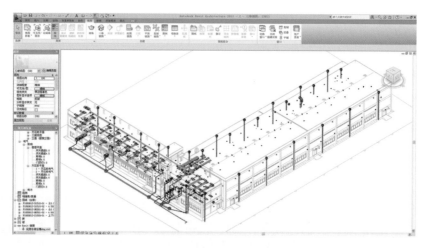

图 3-12　化水车间建筑及水、电、暖协同设计示意图

（3）结构设计。结构专业涵盖了传统设计中的土建结构和水工结构专业。并通过 REVIT 软件平台实现与建筑的统一设计，同时通过 SP 3D 平台实现与工艺布置模块的协同设计。通过对上游设计数据资料的直接利用，减少了传统结构设计过程中的重复劳动，提高了结构设计成品与设计资料的一致性，优化了设计成品的表现形式，减少了结构设计人员的劳动力，使他们能够投入更多的精力到结构方案的比较、

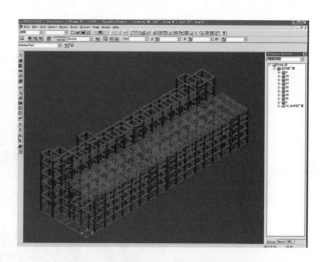

图 3-13　某电厂主厂房三维结构模型

优化结构选型等工作当中去，力求做到结构受力明确，安全可靠，为电厂实现安全、平稳运行提供基础性的保障。同时通过结构优化设计以及对设计过程中材料统计数据的实时控制和调整，进一步提高电厂建（构）筑物的经济性，图 3-13 所示为某电厂主厂房三维结构模型。

6. 土建与工艺布置的协同设计

在电厂数字化设计过程中，以一体化三维设计平台为基础，通过设计模型、数据的数字化传递，各相关专业的所有设计资料、成品都将整合到统一的三维设计平台当中，共同建立一个完整的电厂数字化三维模型及相对应的设计数据库。相关专业都基于这个三维模型以及数据库中保存的各种设计资料来完成整个设计过程，并在设计最终成品完成前，进行全专业的碰撞检查，进一步提高设计成品的一致性，提高设计质量。这种基

于三维模型的协同设计模式完全颠覆了传统的工艺布置与土建设计的二维设计模式。

（1）提资方式的转变。传统设计中，工艺专业在完成自身的布置设计后，需要通过书面的形式，对土建设计模块提出具体的设计要求。这个提资过程需要各工艺专业在二维软件设计中表达详细的定位、荷载大小及具体设计要求。而土建专业在设计过程中，对于工艺专业提供的资料需要进行二次加工，无法直接利用工艺提供的资料数据，增加了土建设计人员的重复劳动，同时增加了成品出错的概率。

通过一体化设计平台的运用，工艺专业在进行三维设计的同时，根据设备、管道的布置情况，可以直接在三维模型中完成向土建专业提资的工作，主要包括完成埋件、留孔、荷载、支墩、行车轨道等资料数据。这些数据直接以数据库的方式存放在工程服务器上，因此工艺专业已不需要再向土建专业提供书面资料。通过 SPF 的集成管理及在 SP 3D 中的定制，土建专业可以根据自身的设计需要，方便地从数据库中调用设计资料，并且可以直接把这些数据资料作为自身设计成品的一部分。同时，土建专业根据设计资料以及自身深入设计的结果，不断调整并更新三维模型及数据库中结构数据，为布置专业进入详细设计提供参考。

（2）设计模式的转变。提资方式的转变直接改变了传统的设计模式。土建设计人员将不再局限于复制、拷贝工艺专业的二维设计资料，而是利用工艺专业提供的数据资料直接进入三维开始土建设计。同时，通过建立埋件数据库、构件数据库等设计基础性数据库；通过针对工艺提资模板、土建埋件选型程序、构件设计选型程序的开发，在三维设计环境中真正实现多专业的协同设计，如图 3-14、图 3-15 所示。

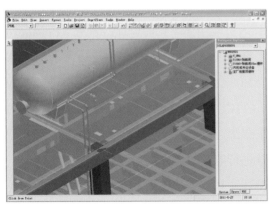
图 3-14　三维协同设计示意图

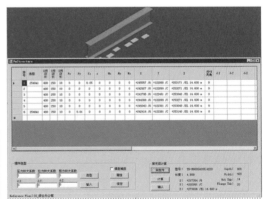
图 3-15　土建埋件、钢梁选型设计示意图

（3）出图方式的转变。根据建立的模拟电厂数字化三维模型及其相对应的数据库，不再需要人工绘制施工图，而是直接定制抽图规则，分别抽取布置及土建模块的专业设计成品。图纸、清册、计算书等设计成品都只是数据库的一种表达形式，可以根据现场

的实际需求，灵活地定制出图模板，满足现场施工、安装的需要。同时，将多专业协同设计而产生的数据库文件作为数字化移交的一部分，为电厂实现信息化运行和管理及今后的各项改造工程，提供重要的技术支撑。

7. 电气设计

（1）电气一次接线设计。电气一次接线设计使用 SPEL（SmartPlant Electrical）软件完成，SPEL 主要完成电气厂用电一次接线设计和直流 /UPS 接线图设计。

传统设计中，电气厂用电设计遇到的困难主要是提出相应供电要求的专业多，需要供电的设备对象多、供电对象的地点分散、供电对象的控制要求不尽相同、供电对象的数量及容量经常随系统设计修改和厂家配套情况发生变化、供电需求提出的时间节点不同步且难以把握，而且所有这些可能不断变化的供电需求信息在传统设计中，都是靠专业间人为地传递纸质资料或电子邮件的形式来完成，因此常常出现资料交接及配合上的不同步，影响电气接线设计的准确性和及时性，影响电气设备的订货采购和现场施工，甚至经常发生要求开关柜厂在现场修改开关柜供电及控制回路的情况。

基于 SPF 强大的数据集成和管理能力，电气厂用电一次接线的设计输入条件得以从工艺系统设计的成果那里以数据库操作的形式继承。工艺系统设计得出的用电负荷基本信息和相关的供电及控制要求都可以通过工艺系统设计模块即时发布，电控设计模块即时提取。使得传统设计中相对孤立的电气设计融入整个电厂数字化设计平台中，实现了对上游工艺系统专业的数据继承和共享，确保了数据的唯一性、有效性和实时性，减少了数据的重复和浪费，缩短了电气厂用电接线设计的时间周期，给电气开关柜的订货采购、加工成套带来了便利。

同时，SPEL 中的典型回路方案可以让设计人员应用标准化的设计，避免了传统设计中由于人为因素，相同的供电对象和相同的供电条件却使用了不同的供电方案和电缆截面等不合理情况。

运用 SPEL 完成电气厂用电接线设计后，还可以生成包含电缆起 / 终点但不带长度的电缆清册。这些电缆信息也集成在整个 SPF 平台中，其起 / 终点都有确切的意义，在 SP 3D 中都可以找到唯一正确的定位，便于 SP 3D 进行电缆的计算机敷设。

因此，在数字化设计平台上的电气接线设计，其上下游工序都有了有效衔接，本身的设计过程也高度可控，可以大大提高设计效率、减少设计差错，给设备采购和现场施工带来方便。

另外，为了使电气设备同样适应电厂全生命周期的管理 / 运行 / 维护需要，还可以延伸主要电气设备的相关属性。从设计之初就考虑加入了那些不是设计必须，却可能是电厂今后运行维护所关心的重要设备属性。表 3-3 所示的大型电动机属性表，就是专门定制的，可以导入数据中心，供电厂今后查询使用。

表 3-3　　　　　　　　　　　　定制的电动机属性表

数字化工程设计	工程号			专业	
	采购号				
工程名称	规范书号				
	版本号	日期	升版原因	负责人	页数

电动机通用信息					
电动机型号		制造厂		电动机所属系统	
电动机名称		电动机 KKS 编码			
驱动对象设备		驱动对象设备 KKS 码			
工艺负荷重要性		危险区域等级			

电动机性能参数							
额定功率		电源种类		额定频率		相数	
轴功率		额定电压		额定电流		相线排列	
极数		绝缘等级		电动机类别		工作制	
转速				允许堵转时间		运行系数	
启动电压下限（标幺值）			堵转电流 / 额定电流倍数				
转向（从联轴器方向看）			加速时间及启动时间（额定负载下）				
100% 额定负荷时的效率			100% 额定负荷时的功率因数				
75% 额定负荷时的效率			75% 额定负荷时功率因数				
50% 额定负荷时的效率			50% 额定负荷时功率因数				
接线盒位置			安装方式				
防护等级			重量				
外形尺寸 mm（$L \times W \times H$）							

电动机附属信息			
差动保护用电流互感器变比		定子测温元件型号	
差动保护用电流互感器精度等级		定子测温元件数量	
差动保护用电流互感器二次侧额定容量		轴承测温元件型号	
加热器 KKS 位号		轴承测温元件数量	
电动机本体加热器额定电压		冷却方式	
电动机本体加热器额定功率			
电动机运行方式说明（几用几备、控制地点、联锁要求等）			
备注			

（2）电控布置设计。电控布置设计使用 SP 3D 软件完成，SP 3D 可以完成全部有物理形状的电控设备的布置及安装设计。另外，SP 3D 中包含的电缆桥架布置及电缆敷设模块还可用于相关的电缆及其构筑物系统的设计。

传统设计中，由于种种原因，时常会发生电缆桥架布置及电缆敷设设计不尽合理的情况。其主要有如下表现：电缆桥架和工艺设备的管道 / 支吊架发生局部相互挤占和碰撞；电缆桥架的充满度不可控，某些层数的电缆桥架利用率不高，某些电缆桥架里的电缆十分拥挤；对电缆的人工敷设设计常常发生电缆长度计算统计方面的偏差，影响到电缆的采购和现场施工。

在数字化设计平台上，上述问题都得以最大限度地避免。

首先，SP 3D 的协同设计环境为参与布置的各个专业提供"所见即所得"的真实布置设计环境，配合碰撞检查功能，可以完全避免电缆桥架和工艺设备的管道 / 支吊架发生局部相互挤占和碰撞的情况。

其次，电缆的起 / 终点在 SP 3D 环境中实际存在，可提前预览，未经敷设的电缆可以先显示为红色直线连接，类似于汽车导航仪中当前位置和目的地之间有红色直线标记，这样可以直观地反映出电缆的大致走向及各个方向上电缆的密集程度，为电缆桥架的选型和布置提供可靠的参考依据，做到按电缆的密集程度有效规划电缆通道的截面，从而极大地节省了电缆桥架的不必要浪费，如图 3-16 所示。

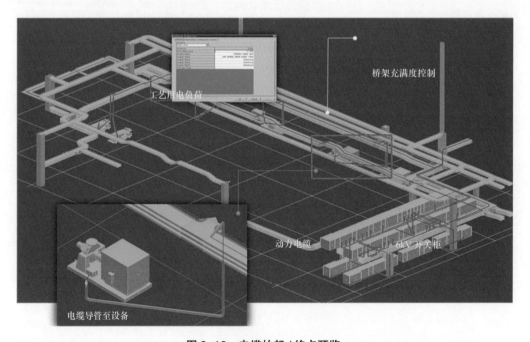

图 3-16　电缆的起 / 终点预览

再次，SP 3D 完成电缆构筑物布置设计后，可以生成电缆构筑物节点图，包含电缆构筑物的三维拓扑结构，结合由 SPEL 生成的不带电缆长度的电缆清册，导入外挂电缆自动布线程序，精确计算电缆的长度。

电缆自动布线程序在进行电缆的计算机敷设时，本身就可以将电缆桥架充满度作为控制条件，在自动布线完成后，还可以反向查询每个节点上的电缆流量，如有必要，可对电缆桥架的截面做出调整，进一步优化电缆构筑物的设计，节约电缆桥架的使用量。

8. 仪控设计

仪表和控制设计采用的 SmartPlant Instrumentation（SPI）软件是基于公共数据库及规则驱动的设计软件。通过表格输入和报告工具生成设计图形，涵盖了仪表和控制应用的整个领域。软件主要包括管理、仪表索引、工艺数据、仪表规格书、接线、回路图、尺寸标注、计算、安装、标定、维护等设计模块。使用 SPI 可以进行仪表工程设计，生成设计文档，也可进行施工管理和仪表的运行维护。同时 SPI 可以与工艺流程图软件 SmartPlant P&ID（SP P&ID）和电气软件 SmartPlant Electrical（SPEL）进行数据交换，减少设计过程中资料交换的数量及错误，提高设计效率和质量。

（1）仪表设备设计。系统设计在 P&ID 图中标注仪表符号，完成测点布置。SPI 结合 P&ID 图、系统设计说明（SDD）以及主辅机设备技术协议和资料（包括控制要求、设计参数和控制接口等），提出测点布置的修改意见和建议，反馈给工艺系统设计人员。SPI 完善各测点的有关属性，重新导入 SP P&ID，最终完成 P&ID 图，实现工艺和控制同一张图纸出版的目的，避免以往不同专业设计图纸出现不一致的问题。

工艺参数直接随工艺管道和工艺设备从 SP P&ID 发布传递到 SPI，不仅能够清楚区分每个仪表测点和阀门控制对象的安装位置，保证设计过程中参数的正确性和一致性，而且可以通过利用这些参数生成统一的仪表规格书实现仪表设备的规范招标，如表 3-4 所示。

表 3-4　　　　　　　　　　　　　仪表规格书

基本数据	01	设备编号	设备名称		
	02	说明			
	03	P&ID 图号			
	04	管道编号	设备编号		
	05				
工艺参数	06	工艺介质		水	
	07	工作压力 最大	正常	MPa（绝对压力）	MPa（绝对压力）
	08	工作温度 最大	正常	℃	℃
	09	管道尺寸	材质	mm	
	10				
仪表数据	11	测量原理			

	12	仪表量程 低限	高限	MPa（表压）	MPa（表压）
仪表数据	13	信号输出			
	14	测量元件材质	填充液		
	15	结构件类型	材质		
	16	排液 / 排气阀材质			
	17	外材材质			
	18	电气接口	过程接口		
	19	防护等级	防爆等级		
	20				
附 件	21	安装支架			
	22	就地指示			
订 货	23	供货厂家			
	24	型号			

备注：

（2）控制系统设计。根据仪表设备的招标情况、工艺设备的控制要求以及成套控制装置、设备的输入输出接口信号编制完整的 DCS/PLC 控制系统输入输出（I/O）清单，以实现控制所需 I/O 的合理配置，满足 DCS/PLC 控制系统的招标采购。

根据 DCS 制造厂家提供的 I/O 分配资料，在 SPI 中创建控制系统完整的硬件配置，可以方便快捷地查询机柜、机架、插槽、卡件、通道和端子等的详细信息。通过建立控制系统标签与卡件通道的一一对应关系，实现 I/O 的分配工作，如图 3–17 所示。

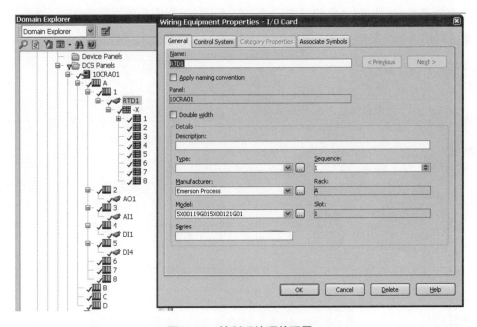

图 3–17　控制系统硬件配置

（3）控制接线设计。控制接线设计主要设计仪表和盘、台、柜、盒等控制设备的接线。在 SPI 中任何仪表和控制设备的接线都以接线端子为基础。任何仪表和设备只要有编号和相应的接线端子，通过端子和端子的连接，就能实现接线的设计。根据不同的设备和控制对象，针对性地设置和选择适当的接线类型，SPI 能够自动完成电缆的接线，显示传递的控制信号。

在 SPI 中可以创建工程通用电缆库，方便设计人员调用，更重要的是能够统一选型，尽可能地减少工程的电缆种类，如图 3-18 所示。

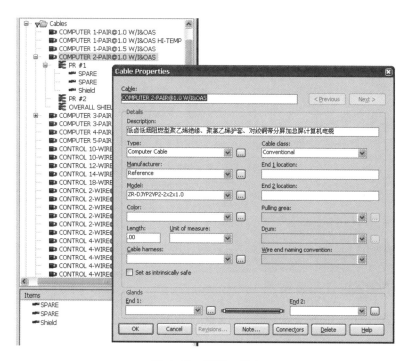

图 3-18　通用电缆库

9. 材料管理

随着电厂建设项目的规模越来越大，内容越来越复杂，要求越来越高，涉及面越来越广。一些设计院逐步从提供单一设计服务转型成为以设计为主导的总承包（EPC）模式的工程公司。而针对其中的采购、施工管理等新的工作领域，需要结合设计院的自身优势建设相应的材料管理平台。

（1）材料管理目标。结合设计优势，在设计时就对材料进行编码管理，建立完备的材料生命周期库，并服务于三维设计，使产生的材料表可直接用于汇总采购，节省了材料表与实际采购单中的物品对应的步骤。整个材料采购管理系统以计划和控制为主线，让施工图设计、物流、资金流、信息流、控制流畅通，并形成一个完整的闭环反馈系统。

（2）工程采购集成。与设计资源紧密结合，可以按事先定义好的规则将工程材料分解，修订管理，可以根据设计变更情况制定相应的补充定购或修改订单。例如，将工程信息分解到采购信息时，工程分解规则可以按地上、地下或者施工标段来划分，材料类型按阀门、管件、电缆等分类，并且可以给它们加上属性，如所需到达现场的时间、是否需要预装或现场组装等。这样就可以根据工程师和采购人员传递的信息来量化材料需求，并且可以根据设计变更快速修改和更新订单计划。

（3）材料供应链管理。提供了供应商的信息管理，如供应商的资质、能力、评价等，并以此约束订单的产生。对订单进行计划管理，设定生产、发货、运输、到货等时间点，来预先制定催交、运输、检验、预制管理，保证货物及时到位。

（4）现场管理。提供多种方式的材料接收，如根据发货单接收、根据装船等各种交通工具的发票直接接收。可以建立多个虚拟仓库，如主仓库、分包商仓库等，以此可以对材料的采购及材料发放做出预测和预留。

10. 数字化电厂移交

数字化设计最终将向建设方移交一个数字化电厂。只有从设计开始继承和积累信息，才能建设出一个完整的数字化电厂，数字化电厂的设计宗旨是为电厂的全生命周期服务。数据以电子化方式存储于统一的管理平台中，它包含三维实体模型，智能关联的文档，设计图纸，原始信息，移交业主后可以加载施工、竣工、运行维护信息及实时控制信息等。它和实际的物理电厂是一一对应，完全一致的，这些数据都具有高附加利用价值。

（三）数字化设计实施案例

1. 大唐淮北虎山发电厂上大压小（2×660MW 机组）工程

工程规模：大型坑口电站，该工程建设 2×660MW 超临界燃煤发电机组，配套建设烟气脱硫、脱硝设施。

虎山项目是由华东电力设计院有限公司负责设计的全数字化电厂项目，其所采用的数字化设计方案是以数据为核心，依托软件平台实现电厂全专业、全过程的数字化设计与管理。采用软件为 Intergraph 公司智能工厂解决方案的 Smart Plant 全系列软件以及电厂各设计专业的专业设计软件。

（1）全面的数字化管理。采用 SPF 作为数字化设计管理平台，构建了任务管理、文档管理、设备管理及数据管理四大功能模块，并将华东电力设计院的质量管理体系融入各功能模块的应用流程中，在完成设计工作的同时得到高质量的成品。

（2）数据的集成设计。通过管理平台的数据管理模块完成数据验证与传递，实现 SP P&ID 与 SP 3D 的二、三维比对及工艺专业和仪控专业联合出一套 P&ID 流程图工作模式。

（3）布置的三维协同。通过 SP 3D 完成多专业协同布置，实现埋件、留孔、荷载、单轨吊等设计的三维提资配合，实现管道放坡、实体支吊架、重要小口径管道设计、次梁布置、电缆导管等精细化布置设计，并达到模型抽图数据零修改，确保模型的准确性。

（4）统一的信息服务。虎山项目所有设计任务策划、文档流转、数据传递及设计管理在统一的平台中进行，平台数据与设计进度同步并与真实电厂保持高度一致，并且最终完整、有序存储所有电厂设计过程中所涉及的数据。

华东电力设计院在虎山项目上采用数字化设计，提高了设计质量和设计精细度，创新了设计管理模式，解放了劳动生产力，为项目建设方赢得经济效益，据悉节省工程的建造/安装费用达1000万元以上。虎山项目的设计成果参加了首届中国电力工程数字化设计（EIM）大赛，取得火电组第一名的优异成绩。

2. 国家能源集团宿迁电厂2×660MW机组工程

工程规模：以"上大压小"的方式建设2×660MW超超临界二次再热机组。

宿迁项目同样是由华东电力设计院有限公司负责设计的全数字化电厂项目，该项目在虎山项目基础上，进一步着眼于由数字化设计向数字化工程转变，由内部各专业协同向施工方、业主、运维方协同转变，由提升数字化设计水平向倡导工程全生命周期应用转变。宿迁项目在精细、可视的电厂数字化三维模型基础上，基于现有的信息化、自动化技术，建立起一个三维可视化的管理平台，使电厂运行维护阶段向智能可视化运维管理升级。

宿迁项目数字化设计以数据为核心，基于完整的电厂三维模型，搭建一套三维可视化管理平台，实现数据聚合和管理提升，助力电厂从数字化向智能化转型。数据聚合，重点实现数据的互联互通，在电厂各独立运行的信息系统之上建立数据总线，统一追踪、存储、分析数据，为电厂生产的运维决策提供充分的数据支撑；基于数据的互联互通，并依托电厂三维模型的可视化，能够实现对管理提维，即将管理操作系统由现有二维管理体系提升到三维，在实现管理操作界面直观可视化的同时，使信息获取更快捷、更高效，从而建立起一套更高效、更安全、更友好的管理体系。

宿迁项目依托数字化设计平台实现了全面数字化设计及管理，全专业共同参与，全过程加以实施，覆盖包括汽轮机、锅炉、化水、水布、电气、热控、结构、建筑、总图、暖通等全专业，涉及设计、管理、印制、档案等部门，服务阶段包括初步设计、施工图设计、竣工图设计和运行维护阶段等。其中数字化三维协同设计是智能电厂数字工程平台的数据基础，其设计范围涵盖全厂。

（1）工艺系统设计。工艺系统设计是发电工程项目各种技术方案的开始，引领指导专业设计，最能体现设计院的核心技术和质量管理水平。宿迁项目系统设计不仅关注系统表象，更深入挖掘后台数据之间的关联，见图3-19，利用数字化设计手段，使工艺系统设计智能化，焕发出新的活力。

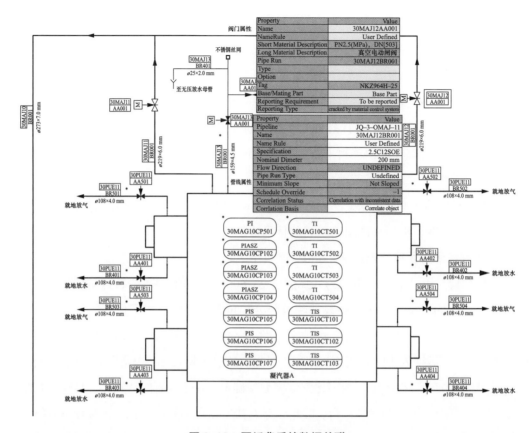

图 3-19   图纸背后的数据关联

工艺专业整合了各专业的图例图符，制定了统一的图纸模板。除了关注设计对象本身具备的工艺特性，还兼顾了其他相关专业对系统数据输出的要求。梳理了数据在各专业之间数据传递的关系、路径，并将其定制到数字化设计软件之中，使得下游工程师能够直接通过软件获取上游的设计输出，开展后续设计，避免了数据二次录入。工艺系统设计成品图纸与报表均由数据库直接生成，不允许任何图面手工修改，保证向电厂交付的是一个与实际电厂完全一致的数据模型。

（2）布置三维协同设计。宿迁工程采用全专业参与的数字化三维协同设计，各个专业在同一空间内进行提资和布置设计，不仅提高了资料传递的效率和准确率，同时能够通过三维空间内的碰撞检查功能，对可能存在的设计疏漏及时进行校正，减少现场返工，提高设计效率和设计质量。

在深度上，要求标准模型库中的数据真实有效、针对特殊模型的参数化对象灵活可调，所有模型所带的数据属性直接来源于数据库，并如实反映在成品图上。使得经过数字化三维布置设计后形成的三维模型，不仅仅具有准确的外形，其背后更蕴藏着所有的技术属性数据，将设计数据库可视化。三维模型与真实厂房如图 3-20 所示。

图 3-20   三维模型与真实厂房

第三节   三维可视化建造

一、BIM 技术在电厂施工建造阶段的应用

BIM 技术作为建筑物的物理与功能特性数字化表达工具，具有数字信息集成与共享优势，可为项目全生命周期内的各项决策提供可靠的依据。基于数字化设计的直接成果——电厂三维信息模型，将能够应用于电厂的施工建造阶段，结合 4D-BIM 和 5D-BIM 技术，为电厂提供直观可视化的施工计划变更、施工进度对比、施工难点方案比选以及成本造价实时监控，为电厂建造阶段的智慧化、精细化管理提供数据支撑。

BIM 技术在火力发电建设阶段的应用，可为工程建设带来如下的便利：

1. 可视化的施工管理

依托电厂的数字化三维模型，为施工现场提供了高效的可视化施工管理。数字化三维模型不是简单的实体模型，而是在模型中加载了各类数据信息，包括设计参数、材质、介质、保温、设备型号等，实现了虚拟距离测量、名称显示、属性查询等功能，管理人员可以快速而形象化地获取工程信息。

2. 可视化的采购管理

利用数字化的模型信息，为现场施工采购提供强有力的数据支撑，实现了模型与采购供货明细、合同文档等的热点关联和一体化管理。

3. 施工进度三维模拟

数字化三维模型结合时间轴，可以进行施工进度可视化模拟，不仅可以展示各个设施的施工状态,还可以对施工计划变更进行可视化对比,也能够对复杂施工进行方案模拟。

二、常用的应用类 BIM 软件

BIM 软件大致可分为核心建模软件、方案设计软件、与 BIM 接口的几何造型软件、结构分析软件、可视化软件、模型检查软件、深化设计软件、模型综合碰撞检查软件、造价管理软件、运营管理软件、发布和审核软件、可持续(绿色)分析软件、机电分析软件。

由于 BIM 技术在发电厂建设中的应用还处于起步阶段,所以应用于发电厂建设的 BIM 软件主要有建模类 BIM 软件和应用类 BIM 软件,其中建模软件是 BIM 的核心与基础,包括 Autodesk 公司的 Revit 系列软件、Bentley 公司的系列软件、Dassault 公司的 CATIA 软件、Intergraph 公司的 SP 3D 软件等,都是 BIM 核心建模软件,对相关软件的介绍详见本章第二节。应用类的 BIM 软件主要面向施工计划和工程造价,国外的软件厂商主要有 Innovaya 公司和 Solibri 公司,国内的软件厂商主要有鲁班软件有限公司和广联达科技股份有限公司。

(一)Innovaya 系列软件

Innovaya 公司是最早推出 BIM 施工软件的公司之一,支持 Autodesk 公司的 BIM 设计软件及 Sage Timberline 预算软件、Microsoft Project 项目管理软件及 Primavera 施工进度管理软件。基于 BIM 技术的 Innovaya 系列软件可以自动化并简化设计和项目管理的整个过程,有效改善设计方、施工方和业主之间的沟通,提高项目协调、团队沟通、施工计划、工程量估算和项目估算的生产率、效率和有效性。

Innovaya 的主要产品是 Visual Estimating 和 Visual 4D Simulation 两款软件。

Innovaya Visual Estimating 通过将对象从 Autodesk 和 Tekla 的 BIM 应用程序交付到 MC2 ICE 和 Sage Timberline 两款工程预算软件,来准确、快速、智能地执行成本估算,从而有效提高工程估算过程的效率。

Innovaya Visual 4D Simulation 将 BIM 对象与计划活动相关联,执行 4D 施工计划和可施工性分析。它能够有效地改善项目沟通、协调和施工组织计划,凭借其强大的 3D 引擎和易用的界面,Innovaya Visual 4D Simulation 可辅助构建优化的任务序列,从而节省项目时间,并利用传统的甘特图按时间演示假设的施工进展情景。

(二)Solibri 系列软件

Solibri 公司成立于 1999 年,并于 2015 年被 Nemetschek AG 公司收购,是 Nemetschek 产品组合的解决方案中对于设计和施工过程的重要延伸。Solibri 公司主要提供 BIM 质量保证和质量控制解决方案,其产品范围包括用于 BIM 验证、一致性测试、设计协调和验证、分析和代码控制的专业工具。Solibri 提供的质量保证解决方案改善了 BIM 模型，并使从设计到施工的整个工作流程更具生产效率和成本效益。

Solibri 系列软件的主要产品 Solibri Model Checker（SMC）可"检查"BIM 模型并实现 3D 可视化和虚拟检查功能，从而揭示任何构造碰撞和缺陷，其具有以下应用场景：

1. 高级碰撞检测与管理

根据严重性自动分析和分组碰撞，快速、轻松地查找相关问题，检查 BIM 文件的质量。

2. 缺陷检测

使用 SMC 及其逻辑推理规则来搜索模型中缺少的组件和材料。

3. 验证建筑与结构设计中的匹配元素

使用 SMC 来验证由不同设计团队制作模型的匹配关系，发现并定位缺陷和异常，避免现场返工。

4. 管理变更单或设计版本

管理和跟踪同一模型两个版本之间的更改，通过简单的可视化节省模型更改验证时间。

5. 即时 BIM 数据报表生成

SMC 保证了 BIM 模型的信息质量，提供多种适合的报表模板，并允许用户自定义。

（三）鲁班系列软件

鲁班软件有限公司成立于 2001 年，近 20 年一直专注于建造阶段 BIM 技术项目级、企业级解决方案研发和应用推广。鲁班软件已将工程级 BIM 应用延展到城市级 BIM 应用、住户级 BIM 应用（精装、家装 BIM）。鲁班软件基于核心 BIM 架构，搭建集团级、企业级、项目级 BIM 管理平台，适应不同用户（业主方、施工方、咨询方）的使用需求，同时也适用于各类型工程项目。鲁班 BIM 充分利用项目设计成果，导入 CAD 转化建模，高效转化 Revit 等设计 BIM 模型，快速分析数据和梳理技术问题，提升工程精细化管理。BIM 模型数据的兼容、数据的共享及系统的开放性，在打通发电厂全生命周期的数据衔接中显得尤为重要，鲁班软件支持与 IFC 标准文件的互导，鲁班万通可将多种建模软件输出的模型在鲁班平台中集成应用，BIM 系统上游可以接受 Revit、Tekla、Bentley 等满足 IFC 格式的主流 BIM 设计数据，下游可以导出 IFC、导出到 ERP、项目管理软件，为电厂信息化提供可应用的解决方案。

鲁班企业级 BIM 系统（Luban Builder）是一个以 BIM 技术为依托的工程基础数据平台，它将 BIM 技术应用到了建筑行业的项目管理全过程当中。在 Luban Builder 中，只要将创建完成的 BIM 模型上传到系统服务器，系统就会自动对文件进行解析，同时将海量的数据进行分类和整理，形成一个包含三维图形的多维度、多层次数据库。Luban Builder 以用户权限与客户端的形式实现对 BIM 模型数据的创建、修改与应用，满足企业内各岗位人员需求，提高项目管理效率。

鲁班 BIM 平台应用客户端包括 Luban iWorks、Luban Cooperation 和 Luban iWorks APP 等。其中 Luban iWorks APP 与移动应用紧密结合，适应建筑业移动办公特性强的特点。鲁班企业级 BIM 系统基于模型信息的集成，同时结合授权机制，在实现施工项目管理协同的同时，能够进行企业级的管控及项目级协同管理。

鲁班企业级 BIM 系统（Luban Builder）架构如图 3-21 所示。

图 3-21　鲁班企业级 BIM 系统（Luban Builder）架构

（四）广联达 BIM5D 软件

广联达科技股份有限公司成立于 1998 年。广联达 BIM5D 为工程项目提供一个可视化、可量化的协同管理平台，其以 BIM 平台为核心，集成土建、机电、钢构、幕墙等各专业模型，并以集成模型为载体，关联施工过程中的进度、合同、成本、质量、安全、图纸、物料等信息，利用 BIM 模型的形象直观、可计算分析的特性，为项目的进度、成本管控、物料管理等提供数据支撑，协助管理人员有效决策和精细管理，从而达到减少施工变更、缩短工期、控制成本、提升质量的目的。广联达 BIM5D 可以承接 Revit、tekla、MagiCAD、广联达算量及国际标准 IFC 等主流模型文件。

三、三维可视化建造实施方案

BIM 技术起源于建筑业，与建筑业相比，电力工程的施工现场由于生产环节多、地域分布广，现场环境各异以及工程个体间联系性强等特点，对项目的整体协调性有更高的要求。BIM 是一个由二维模型到三维模型的转变过程，也是传统施工中从被动"遇到问题，解决问题"到主动"发现问题，解决问题"的一个转变过程。BIM 技术具有信息完备性、信息关联性、信息一致性，以及可视化、协调性、模拟性、优化性和可出图性等特点。

（1）可视化。可视化即"所见即所得"。BIM 提供了可视化手段，通过软件帮助人们将以往图纸上单调的、线条式的表述，转化成为三维立体的实物图形展现出来。通过整体可视化过程，不仅可以生成总体的效果图及报表，还可以对项目设计、施工、运营各阶段中存在的问题进行清晰辨识，做到一目了然。

（2）协调性。利用 BIM 的协调性辅助可以在发电厂设计阶段对各专业的碰撞问题进行模拟，生成协调方案，避免问题出现后再去解决的被动局面。

（3）模拟性。BIM 的模拟性除了能够生成电厂模型外，还可以模拟出真实世界里不可操作的事物；4D 模拟（三维模型 + 时间）在施工阶段，可以根据施工组织计划来模拟实际施工，从而确定施工方案的合理性；5D 模拟（基于 4D 模型的造价控制）同样可以在施工阶段进行模拟，帮助建设方控制成本；在电厂设计阶段和后期运营阶段，可以利用 BIM 模拟日常紧急情况的处理方式，如火灾发生时人员的疏散模拟、地震发生时的人员逃生模拟，以及其他紧急状态下的应急处置模拟等。

（4）优化性。整个电厂建设都是一个不断优化的过程，从设计、施工和运营的全过程都需要优化。BIM 模型及其优化工具提供了项目方案的优化和特殊项目的设计优化，通过优化可使工期和造价得到改进。

（5）可出图性。结合软件，BIM 可以电厂进行可视化展示、协调、模拟、优化，在完成碰撞检查和设计修改，消除了相应错误后，可输出相关文档，如预埋套管图、综合管线图、平剖面图等。

将 BIM 技术应用于发电厂的施工建造阶段，能够进一步推动电力工程实现信息智能化，对电力工程中施工管理环节进行完善。华东电力设计院在多个火力发电项目中运用 BIM 技术助力智慧基建，取得了良好的效果。

（一）三维交底

在提供传统二维施工图成品的同时，在施工期间还可提供三维模型漫游，根据设计和施工进度定期更新带属性的三维设计模型，设计模型包含已出图部分和未出图部分，BIM 管理团队及施工单位基于三维模型进行技术交底，同时考虑现场施工浏览模型的便利性，可按需求发布移动端便携模型，以供现场查看。

移动模型的查看可提供两种方式：一种是 3D PDF 形式，使用移动端 3D PDF 阅读器 APP 打开，另一种是使用浏览器查看的轻量化全景模型，手机扫码即可浏览，方便快捷。

图 3-22、图 3-23 所示是华东电力设计院某项目的三维交底图，读者可以通过手机扫描图中的二维码进行三维模型的漫游。基于数字化设计的三维交底，使得施工方与设计方从基于二维图纸的沟通，转变为基于三维模型的沟通，更直观更高效。

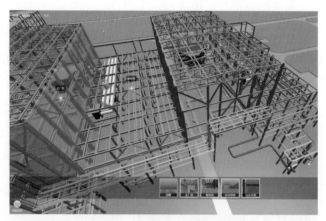

图 3-22　某项目全厂全景模型

图 3-23　某项目化水车间全景模型

（二）施工模拟

施工模拟工作主要为施工模型深化、全厂施工进度模拟、施工碰撞检查、施工进度对比分析及施工方案模拟验证等内容。

1. 施工模型深化

为保证模型真实度，合理地增加部分施工模型，如脚手架、塔式起重机、汽车起重机、履带式起重机、挖掘机、水泥泵车、土方车等大型施工设备，厂区模型区定位真实卫星地图。同时为了真实还原施工工序，针对设计模型进行二次深化设计。

图 3-24 所示为华东电力设计院某数字化设计项目主厂房外墙彩板分割，根据施工步骤，按柱网轴号对彩板进行了分割，以真实还原施工工序。

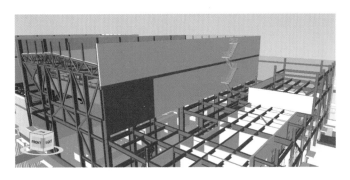

图 3-24 外墙彩板分割

2. 全厂施工进度模拟

获取了各家设计单位、设备厂家提供的设备模型,进一步将模型深化为施工模型(根据施工工艺分割楼板、墙体、混凝土结构等),增加施工设备并简单模拟其运行轨迹,基于施工计划关联模型完成进度模拟,全厂区域的施工模拟进度一般提前于施工进度至少一周时间,用于指导施工并提前发现问题,施工过程中跟踪现场进度并及时调整模拟,保证模拟的真实性。

图 3-25 所示是华东电力设计院某数字化设计项目的施工模拟过程,由左往右、从上往下依次为某项目主厂房、中央水泵房、化水车间以及全厂的施工过程模拟,读者可以通过手机扫描二维码观看。

(a) 机岛安装模拟

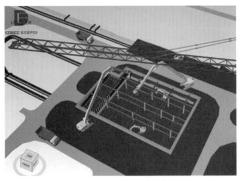

(b) 中央水泵房

图 3-25 各构筑物单体施工过程模拟(一)

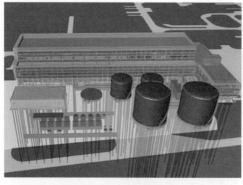

(c) 化水车间

(d) 全厂施工模拟

图 3-25　各构筑物单体施工过程模拟（二）

图 3-26~ 图 3-41 所示为该项目各建筑单体最终模拟成果。

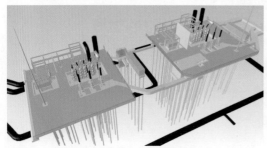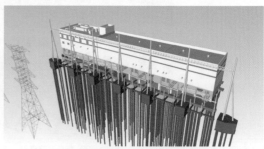

图 3-26　A 排外构筑物　　　　图 3-27　GIS 楼、继电器楼

图 3-28　厂外应急热源　　　　图 3-29　化水车间与室外区域

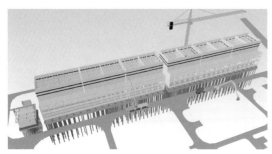

图 3-30 冷却塔与雨水泵房

图 3-31 启动锅炉房

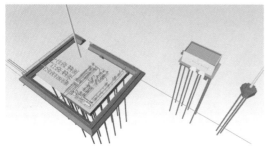

图 3-32 天然气计量仪表及调压站

图 3-33 消防站

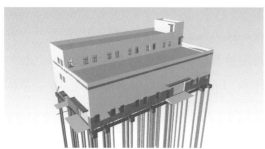

图 3-34 一般材料库

图 3-35 余热锅炉区域

图 3-36 原水区域

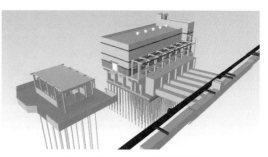

图 3-37 中央水泵房区域

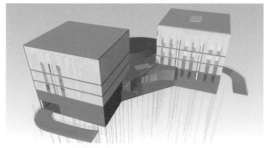

图 3-38　综合办公楼

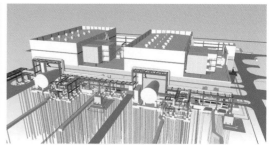

图 3-39　主厂房

图 3-40　全厂鸟瞰（一）

图 3-41　全厂鸟瞰（二）

3. 施工碰撞检查

通过模拟大型设备（重要部件）吊装轨迹，自动检测吊装路径中与现场模型是否存在碰撞，并生成碰撞检查报告，以验证吊装路径是否合理。华东电力设计院在某工程中运用 BIM 技术对发电机转子吊装的模拟如图 3-42 所示，读者可以通过手机扫描二维码观看动画演示。

图 3-42　发电机转子吊装模拟

4. 施工进度对比分析

在电厂已有三维模型中增设时间维度，可对整体电厂施工进度进行模拟分析，辅助电厂建设项目管理人员理解项目计划中要节点，为项目进度计划偏差的及时处理提供直观的支撑。同时，基于计划进度完成第一版施工模拟，现场跟踪并调整为实际进度，完成第二版施工模拟，以及基于两版计划进度的模拟，通过 BIM 技术实现相同时间段内多版模拟的同步对比，并生成差异报告，BIM 团队通过分析差异报告优化后续施工计划，缩短施工周期。图 3-43 所示为华东电力设计院某工程运用 BIM 技术获得的中央水泵房 3 月与 4 月施工计划进度对比报告。

ID	Name	New value	Old value
	持续时间		
	加氯间	133d	121d
	三、上部结构施工	85d	95d
	计划工期		
	三、上部结构施工	85d	95d
	加氯间	133d	121d
	计划开始		
	三、上部结构施工	9:00 2018/4/5	9:00 2018/3/25
ST00450	1.一层（至圈梁）钢筋模板混凝土	9:00 2018/4/5	9:00 2018/3/25
ST00460	2.两层（至牛腿）钢筋模板混凝土	9:00 2018/4/25	9:00 2018/4/14
ST00470	3.三层（至顶梁）钢筋模板混凝土	9:00 2018/5/10	9:00 2018/4/29
ST00480	4.钢结构屋面吊装	9:00 2018/6/10	9:00 2018/5/30
ST00490	5.屋面板施工	9:00 2018/6/16	9:00 2018/6/2
ST00790	1.1 中央水泵房一层柱	9:00 2018/4/13	9:00 2018/4/2
ST00800	1.2 中央水泵房一层梁	9:00 2018/4/20	9:00 2018/4/9
ST00810	1.3 泵房披屋一层柱	9:00 2018/4/11	9:00 2018/3/31
ST00820	1.4 泵房披屋一层梁	9:00 2018/4/16	9:00 2018/4/5
ST00830	1.1 中央水泵房二层柱	9:00 2018/4/27	9:00 2018/4/16
ST00840	1.2 中央水泵房二层梁	9:00 2018/5/4	9:00 2018/4/23
ST00850	1.3 泵房披屋二层柱	9:00 2018/4/25	9:00 2018/4/14
ST00860	3.1 中央水泵房三层柱	9:00 2018/5/12	9:00 2018/5/1
ST00870	3.2 中央水泵房三层梁	9:00 2018/5/19	9:00 2018/5/8
ST00880	3.3 泵房披屋二层框架梁	9:00 2018/5/10	9:00 2018/4/29
ST00890	3.4 泵房披屋轨道梁	9:00 2018/5/16	9:00 2018/5/5
ST00900	3.5 中央水泵房三层斜撑	9:00 2018/5/23	9:00 2018/5/12
ST00910	1.4 中央水泵房二层斜撑	9:00 2018/5/9	9:00 2018/4/28
ST00920	4.1 桁架吊装 1	9:00 2018/6/10	9:00 2018/5/30
ST00930	4.2 桁架吊装 2	13:00 2018/6/10	13:00 2018/5/30
ST00935	4.4 桁架次梁安装 1	13:00 2018/6/11	13:00 2018/5/31
ST00940	4.5 桁架吊装 3	9:00 2018/6/12	9:00 2018/6/1
ST00950	4.7 桁架吊装 4	9:00 2018/6/13	9:00 2018/6/2
ST00960	4.9 桁架吊装 5	9:00 2018/6/14	9:00 2018/6/3

图 3-43　中央水泵房施工计划进度对比报告

5. 施工方案模拟验证

对复杂施工场景进行方案模拟，为施工方提供可视化的重难点施工解决方案。华东电力设计院某数字化设计项目厂外应急锅炉由于施工进度原因（安装过快，设备到货推迟）造成了安装困难，通过模型吊装模拟，找出了最佳吊装方案，然后创建了吊装动画指导现场进行吊装。

应急锅炉吊装如图 3-44 所示，读者可以通过手机扫描图中二维码观看动画模拟。

图 3-44 应急锅炉吊装

（三）指导现场电缆敷设工作

指导并监督安装单位敷设电缆，严格按电缆清册所提供的电缆路径及电缆盘标牌上"定尺定盘"数据进行敷设，如按电缆设计所提供的路径无法敷设或数据与实际情况出现偏差时，及时与设计方进行沟通解决。

每日实行对电缆敷设记录的盘点，跟踪电缆敷设进度、每个环节电缆的实际用量、电缆库存量、电缆需求量。针对由于涉及变更、电缆敷设未按图纸及清册敷设、电缆通道现场调整等原因引起电缆长度变化、电缆根数增减等情况，进行统计、汇总、合理分配多余电缆使用途径及确认电缆二次采购方案。

华东电力设计院设计的某项目主厂房定尺定盘前后总电缆统计见表 3-5，某项目主厂房主要型号电缆定尺定盘前后统计见表 3-6。

表 3-5　　　　　　　　某项目主厂房定尺定盘前后总电缆统计

电缆长度（km）	1 号机动力电缆	1 号机控制电缆	2 号机动力电缆	2 号机控制电缆
施工图	37.8	102.5	20.8	49.6
定尺定盘	36.4	95.8	19.5	46

表 3-6　　　　　　　　某项目主厂房主要型号电缆定尺定盘前后统计

名称	型号	单位	施工图设计 1 号机	定尺定盘优化 1 号机	施工图设计 2 号机	定尺定盘优化 2 号机
中压动力电力电缆	YJV-6/6kV 型	km	7.7	6	5.5	5
低压电力电缆	YJV-0.6/1kV 型	km	44.1	41	24.5	22
控制电缆（包括屏蔽电缆）	KVV/DJYP2VP2 0.45/0.75kV 型	km	114.8	100	51	44

（四）采购指导工作

常规电厂建设大宗散材一般由电力建设单位或工程总承包商负责采购，最后按系统按区域进行统一结算，传统建设中面对此类情况，业主通常无法搞清楚建设相关材料的实际用量，或者需要安排人力全程跟踪。通过电厂的数字化设计，全厂的材料均可从模型中快速提取，并按系统、房间、区域、建筑、标段等条件进行快速统计，相关部门可以通过对电力建设单位提供的用量清单与模型导出的材料清单对比，评估采购是否合理。

（五）造价管理

基于 BIM 技术的造价控制是工程造价管理领域的新思维、新概念、新方法，它不仅解决了海量数据处理难题，而且是造价管理流程再造，从管理一个点扩展到一个大型"矩阵"。BIM 在提升工程造价水平、提高工程造价效率、实现工程造价信息化的过程中优势明显，BIM 技术对工程造价管理的价值主要有以下几点：

1. 提高了工程量计算的准确性和效率

BIM 是一个富含工程信息的数据库，可以真实地提供工程量计算所需要的物理和空间信息，借助这些信息，计算机可以快速对各种构件进行统计分析，从而大大减少根据图纸统计工程量带来的烦琐人工操作和潜在错误，在效率和准确性上得到显著提高。

2. 便于工程限额设计

基于 BIM 的自动化算量方法可以更快地计算工程量，及时地将设计方案的成本反馈给设计师，便于在设计的前期阶段对成本进行控制，有利于限额设计。

3. 提高工程造价分析能力

BIM 模型丰富的参数信息和多维度的业务信息能够辅助电厂项目不同阶段和不同业务的造价分析和控制能力，如项目招投标、进度款结算、经济签证、竣工结算和造价评估等。同时，在统一的三维模型数据库的支持下，在电厂项目全过程管理的过程中，能够以最少的时间实时实现任意维度的统计、分析和决策，保证了多维度成本分析的高效性和精准性，以及成本控制的有效性和针对性。

4. BIM 技术实现了造价全过程管理

目前，工程造价管理已经由单点应用阶段逐渐进入工程造价全过程管理阶段。从初步设计开始经施工图设计、施工、调试、投产、决算等的整个过程，基于 BIM 的全过程造价管理使各个阶段能够实现协同工作，解决了阶段割裂造成的专业割裂问题，避免了设计与造价控制环节脱节、设计与施工脱节、变更频繁等问题。

四、三维可视化建造应用案例

1. 上海申能奉贤热电工程

上海申能奉贤热电工程在上海化学工业区奉贤分区内建设 2 套"F"级（400MW 等级）燃气－蒸汽联合循环供热机组。华东电力设计院在整个项目建设过程中全程使用了 BIM 技术，以期合理、有效地控制工程成本，提高施工效率，实现绿色环保施工的理念，并为后期电厂全生命周期数据管控打下坚实基础。

该项目在设计阶段实行了全专业数字化设计，保证了设计范围内的工程数据与模型的完整性，在后续施工中可视化应用方面，基于电厂的数字三维模型，对电厂的施工阶段进行了全厂施工进度模拟、施工碰撞检查、施工进度对比分析以及施工方案模拟验证，为项目现场各方的有效、高效沟通与协作提供了数据支撑。该项目荣获 2020—2021 年度国家优质工程奖。

2. 大唐乌沙山发电厂露天条形煤场封闭工程

大唐乌沙山发电厂露天条形煤场封闭工程通过技术改造，可有效提高储煤能力、储煤质量，大幅降低煤尘外逸对环境的影响，减少输煤系统堵煤情况的发生，提高输煤设备系统的运行可靠性和安全性。

华东电力设计院通过组建 BIM 建模小组，将图纸进行二次深化，在施工前修正设计疏漏。在施工阶段，该项目实施了 5D 施工模拟，并结合吊车模拟漫游，优化施工方案，为精细化施工助力；通过私有云技术，将施工管控流程从线下转变成线上，有利于施工单位向数字化施工的转型。

第四节　数字化移交

数字化移交是全生命周期管理的数字化电厂的重要组成部分。它承接了建设期电厂的数据，为运行期电厂提供了重要指引。因此如何确定移交（范围、内容、形式、节点）以及移交平台是数字化移交的重要内容。

数字化移交不是文档加模型的简单组合，而是多个阶段的信息总成，也是一个质量控制的过程。数字化移交的前提是信息采集及处理的规范化、流程化、自动化，甚至是智能化。数字化设计是实现数字化移交的一种前提，它可以规范设计阶段的设计输入、数据传递、三维模型、设计成品以及设计管理的相关内容。同样在施工过程中，BIM 技术的应用可以带来规范化的施工数据等。通过数字化技术可以较好地完成数据采集、处理工作，若是使用人工采集、处理，将大大提高数据的成本与时间，从而降低数字化移交所带来的效率与性价比。

一、数字化移交概况

（一）应用现状

全球最大的咨询管理公司普华永道国际咨询管理公司曾经对工厂的运行维护做过统计，发现工厂运行费用的 70% 都与工厂的信息管理有关，这其中 80% 是技术性的，查询信息的时间占 60%，而在过期信息花费的比例为 25%。从这组数据可以看出，改进电厂信息管理工作，使之更加简捷、高效，能够降低电厂的运行成本。随着信息技术的不断提升，在电力工程领域中，数字化设计不断发展，设计数据不断集成，向用户端进行数据移交便成了一种必然。向施工方移交施工图阶段设计图纸，向业主方移交竣工图阶段设计图纸都是数据移交的表现。

国外大型工程公司在数字化移交技术方面已有多年的经验，形成了设计集成平台系统，几乎包含了所有专业，部分公司还拥有多套设计集成平台系统，可以根据用户的要求，选用不同的平台进行设计工作和数字化移交，也有公司准备采用云部署的方式来管理工程数据。国内数字化移交技术还在试点阶段，石化行业制定了 GB/T 51296《石油化工工程数字化交付标准》，电力行业制定了 GB/T 32575《发电工程数据移交》，为工程项目的数字化移交工作提供了一定的依据。数字化移交技术在石化行业、发电行业和变电行业已有了一些应用案例，具体如下。

1. 石化行业

新疆油田克拉美丽深冷提效项目作为中国石油第一个国内实现油气田地面工程建设全过程数字化移交的项目，通过数字化移交，使油田地面建设工程更加有效、规范、迅速、系统，同时通过数字化移交为各种生产系统（例如生产运行维护系统、管道完整性管理系统）提供基础数据，提高运行维护效率及生产安全，实现了数据从建设到运行维护的全生命周期流转和使用。

2. 发电行业

2010 年开始，华东电力设计院在大唐淮北虎山发电厂上大压小（2×660MW 机组）工程中使用了以数据为核心，依托软件平台实现电厂全专业、全过程的数字化设计与管理，两台机组分别于 2013 年 9 月、10 月投产。华东电力设计院使用 SmartPlant Review 软件作为移交平台将本工程数字化设计的成果向业主进行完整移交，业主由此对电厂的系统、设备和模型开展了后续的数据级管理和维护，积极探索实现两化融合的数字化电厂运行管理。

2015年底开始，华东电力设计院在国电宿迁2×660MW机组工程中进行数字化设计并采用达美盛的Ezwalker作为三维可视化平台的底层平台将该工程数字化设计的成果向业主进行移交，并对电厂的系统、设备和模型开展了后续的数据级管理和维护等方面的应用开发，布置实施了包括设备管理、管道管理、紫光系统对接、视频监控接入、人员定位、自动巡检等多个功能模块，为电厂提升了管理维度，提高了运行维护效率。

国电电力大连庄河发电有限责任公司2×600MW超临界机组工程使用数字化设计技术，并采用AVEVA公司的VNET软件作为数字化移交平台，将数字化设计成果向电厂移交，实现资料查阅、三维漫游、系统集成等功能。

3. 变电行业

2019年，华东电力设计院在国家电网有限公司首批全过程工程咨询试点项目中的江苏绮北220kV变电站与北京国电通网络技术有限公司、本特利（Bentley）公司协作，对三维模型移交过程中的数据转移方式进行分析和调整，顺利完成了设计模型向电网工程数字化管理应用平台的移交，移交过程中保证了三维模型所携带的实物ID等属性信息的完整性，通过实践为国网数据中心架构的搭建提供了有力的技术验证与支持。

西南电力设计院根据业主提出的"变电站全生命周期管理"的需求，在沙州750kV项目数字化设计中，通过建立数据信息三维模型并将工程数据整合到数字化移交平台中，实现设计、施工、运行过程中的协同工作和资源共享，为变电工程的全生命周期管理打下坚实的基础。

（二）存在问题

近来，越来越多的电厂项目使用数字化移交技术来建立建设期电厂数据集合，以此作为数字化电厂、智能电厂的数据基础。从目前而言，建设期的数字化移交通过三维模型的构建对建设期工程质量具有正向的复核和校验作用；运行期的数字化移交尚在探索过程中，一些电厂日常管理正渐渐与三维可视化结合，并通过数据模型来优化运行、指导设备维护。

数字化移交主要存在的问题包括。

1. 数字化移交内容标准化不足

发电工程基建期的移交内容主要集中在设计院和设备制造厂。电厂项目的设备制造厂数量多且数字化设计水平参差不齐，有些甚至不能提供三维模型，如何统一规范设计院各专业和设备制造厂的移交内容成为了非常重要的问题。虽然GB/T 32575《发电工程数据移交》以及T/CEPPEA 5001.1《电力工程数字化产品技术规范 火力发电厂部分》对数字化移交内容都做了相应要求，但设计院和设备制造厂熟悉和应用标准需要一定的过程，且发电项目数字化移交总体上处于起步和探索阶段，项目执行过程中仍急需更细致的数据标准来指导移交过程中的具体工作。

2. 数字化移交应用场景较少

电厂建设期，使用数字化移交来提高建设水平是数字化移交的一大应用。数字化移交主要通过三维碰撞检查、材料精细化统计以及设计图纸校验等具体工作，在施工或采购前发现问题，向设计院和施工单位及时通报，减少施工浪费和周期，从而提高工程建设质量和进度。

电厂运行期，建设期的数字化移交成果与电厂的信息系统、控制系统结合，完成数字化移交成果的再利用。目前阶段，数字化移交成果主要应用于全厂信息化模型三维可视化、高效信息查询、可视化操作培训等。在应用数字化移交成果的探索中，也逐渐涌现了一些与电厂现有业务深度结合的应用，如锅炉四管（水冷壁管、省煤器管、过热器管、再热器管）可视化金属监督等。但总体来说，数字化移交成果应用场景较少，数字化移交成果的价值尚未完全体现。

（三）发展趋势

电力行业各单位正在生产实践中采用越来越多的数字化手段来辅助生产，数字化移交作为构建电力行业数字化生产基础数据的重要手段，正在逐渐发挥其作用。数字化移交使发电厂获得了大量结构化数据，能为云计算、大数据、工业互联网等新一代信息通信新技术提供全面且准确的数据条件。新兴的数字孪生技术也需要基于大量的工业数据，通过系统建模仿真，在虚拟模型中将工厂物理实体和运作流程精准映射，对研发设计、生产制造、运维管理、产品服务等全生命周期业务过程进行动态模拟和改进优化，数字化移交对于构建电厂数字孪生模型也具有重要的意义。

数字化移交作为电厂数字化转型的一个重要组成部分，从来不是孤立的。数字化电厂需要人、财、物和新技术的不断协调发展，通过需求的不断演进，新技术与数字化电厂的结合将为数字化移交提出新的要求，也同时带来新的机遇。在如今数字化电厂建设标准不断提高的同时，数字化移交也将不断地为数字化电厂建设提供更强有力的基础数据平台。

二、数字化移交的总体流程及参与方职责

1. GB/T 51296 中的数字化交付流程

在 GB/T 51296《石油化工工程数字化交付标准》中，提出了较为明确的数字化移交的流程。

（1）确立移交的基础，如数据库设计，数字工厂的分解结构、编号规定、移交内容的规定等。

（2）根据这些交付基础确定移交方案，包括信息交付的目标、组织机构、工作范围以及职责，遵循的标准，采用的信息系统，交付内容、组织形式、存储方式以及交付形式，信息交付的进度计划，信息交付的工作流程。方案制定后，应当由业主审核确认。

（3）整合阶段的主要工作是对交付的内容进行收集、整理、转换以及关联。然后根据要求，形成正式的质量审核报告，提交给业主审核。

（4）审核通过后，按照移交方案约定的形式及进度进行移交并提供移交清单。

（5）业主按照移交清单进行验收，验收信息的完整性、准确性和一致性。验收的主要内容：模型无缺失且分类正确；模型编号满足规定；模型属性完整，必要信息无缺失；属性计量单位正确，属性值的数据类型正确；文档无缺失；文档命名和编号满足规定；模型与工厂分解结构、模型与文档之间的关联关系正确；数据、文档和模型符合方案规定。

信息交付流程如图 3-45 所示。

2. GB/T 32575 中的数字化交付流程

在 GB/T 32575《发电工程数据移交》中，发电工程数据移交分为四个阶段：

（1）制定移交策略。移交策略是工程项目整体信息策略的一部分，所制定的移交策略应符合业主 / 运行方的信息工作目标、方针和策略。

（2）确定移交需求。在识别需求的基础上，确定需要移交的数据、数据属性及数据格式等。

（3）制定移交方案。移交方案是工程项目整体信息方案的一部分，所制定的移交方案需要包含确认的移交需求和实施方法。

（4）实施移交方案。配备相应的资源，执行移交方案，包括检查、验收及评价等。

在移交策略的制定中需要充分考虑数据移交的总体目标、范围及内容、移交参与方的分工与指责、数据移交的各参与方的组织机构（业主方需要指定专人负责，参与方指派专人负责各自的

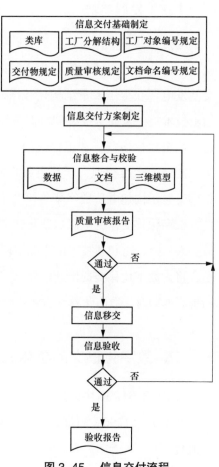

图 3-45　信息交付流程

移交工作）、移交计划以及数据移交的依据。

在确定移交需求中，充分识别电厂运行及维护阶段所有活动，包括常规操作、异常处理、维护以及扩建改造等所需的静态、动态数据。这需要大量运行维护工作的梳理总结并结合参与方的实际情况准确把握移交需求。

在制定移交方案中，主要规定了移交内容、信息颗粒度、数据级别、数据格式、移交方法、移交责任、移交时间、质量管理等几方面内容。

在实施移交方案中，主要涉及数据移交实施的管理以及电厂设施对象信息库的建立。

3. 华东电力设计院的移交流程

根据以上标准总体流程规划，华东电力设计院在实际工程操作中细化了移交的总体流程。

（1）提出数字化移交需求。业主提出需求，制定相应的需求报告。

（2）制定数字化移交方案。根据业主需求，制定数字化移交详细方案（包括移交范围、关联关系、数据库设计、移交平台等的详细规定和包括内容分工、移交流程、实施计划、人员职责、质量管理等的程序文件），并向业主提交相应审批方案。

（3）分解数字化移交内容并准备。移交方根据项目数字化移交方案，分解相应的任务交由各个有关专业或实施团队去收集、准备相应负责的移交内容。

（4）校验并提交数字化移交内容。有关专业或实施团队完成各自负责的移交内容的校验并将其提交至数字化移交平台。

（5）移交内容质量审核。由移交方生成详细的审核报告并进行内部审核。若审核不通过，则返回至相应的内容提交团队，根据要求进行完善，直至审核通过。

（6）模型、信息整合并提交审核。利用数字化移交平台相应工具对数字化移交内容进行整合；利用其数据处理接口工具，将数字化移交内容相互关联并存储于移交平台的数据库中；由移交方生成详细的审核报告并且将所有模型、文档、数据一并提交业主进行审核。若审核不通过，则返回至相应的前序步骤，根据要求进行完善，直至审核通过。

（7）数字化移交并验收。由移交方向业主移交所有审核过的数字化移交内容并通知需求方进行验收。此时验收应当以移交平台的功能为主，而其移交内容在相应步骤已完成。

数字化移交总体流程如图 3-46 所示。

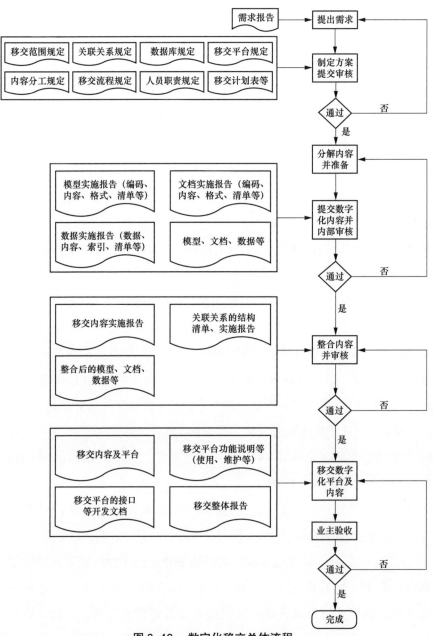

图 3-46　数字化移交总体流程

数字化移交总体流程主要有两方面的优点：

一是突出方案实施过程中的内部审核。从数据采集到数据整合很大程度上并非同一个团队，数据采集侧重于专业性更强，而数据整合侧重于管理能力更强。因此，在此环节中增加一个内容校验的过程会使数据的完整性得到加强。例如，设计院对与成品关系不大的设计数据的准确性把握是比较薄弱的。在建模与计算、系统与布置的流转过程中，通常这种数据会反复来回好几次，此时其版本控制可能完全在个体。假如个体没有完全按照规定去执行或者规定较难执行的情况下，完全会有设计数据错误的可能性。在这种情况下,增加移交内容的内部审核的环节是非常有必要的,也会大大提高业主审核的效率。

二是可以分步验收。对于数字化移交来说,移交的内容以及阶段都是可分的。对业主来说分步验收也是可以实现的。因此在此流程中,移交内容和移交平台的验收分开也是可行的。分步验收最大的好处就是将数字化移交的工作尽量平滑、顺畅,避免集中验收带来的大量工作以及庞大的数据量使验收工作陷入人力疲劳中,影响验收质量。

4. 数字化移交参与方职责

数字化移交参与方一般有业主、数字化移交总体院、各承包商以及数字化移交平台方等。

(1)业主方职责。业主方是数字化移交成果的最终用户,也是数字化移交的直接受益方。其主要职责包含:

1)提出数字化移交的需求;

2)审核数字化移交相关规定和程序文件;

3)组织数字化移交平台及内容的验收;

4)实施数字化移交平台的应用。

(2)数字化移交总体院职责。数字化移交总体院是数字化移交的总负责方,帮助业主实现数字化移交的需求和进度目标。其主要职责包含:

1)协助业主提出工程数字化移交的需求;

2)编制数字化移交的相关规定和程序文件;

3)协助业主进行数字化移交平台的软件、硬件采购;

4)编制工程相关招标文件中关于数字化移交的技术文件;

5)对承包商进行工程数字化移交的宣贯、澄清、答疑;

6)配合业主把控 30% 、60% 、90% 模型进度以及项目现场工程数字化交付前的项目工程数字化交付质量与进度,并进行纠偏;

7)协助业主组织数字化移交平台及内容的验收;

8)联络、组织、协调工程数字化移交工作。

(3)数字化移交平台方职责。数字化移交平台方是数字化移交的软件提供商,帮助业主建设数字化移交平台以及为其他参与方提供软件支持。其主要职责包含:

1)落实业主关于平台的需求,为业主提供数字化移交平台的安装、部署、测试、培训及二次开发;

2)配合业主制定并发布数字化移交总体方案以及标准;

3)协助各承包商完成数字化移交内容的整合及上载平台工作;

4)根据项目要求制定项目类库,并上载平台系统;

5)根据业主的数字化移交需求,完成平台的检验程序,检查承包商交付完整性、准确性、一致性，生成报告和报表；

6）负责对各承包商的数字化移交信息进行整合，最终完整交付业主。

（4）各承包商职责。承包商是数字化移交的主要实施方，承担数字化移交内容的制作、整理、上载平台、关联等工作。其主要职责包含：

1）提供数字化移交计划，并在项目过程中反馈数字化移交工作进度；

2）负责各类工程数字化移交计划、进度、内容，并对内容的质量负责，针对过程中的管控予以积极配合，及时改正；

3）负责合同范围内的数字化移交内容在数字化移交平台中的录入、整理、上载、关联等工作，并保证其完整性、准确性和一致性；

4）负责配合业主完成数字化移交审查与最终验收。

三、数字化移交编码体系与关联关系

1. 数字化移交编码体系

在 GB/T 51296《石油化工工程数字化交付标准》中，移交内容的结构为工厂分解结构（主要以工艺流程、空间布置划分）及其与工厂对象和文档的关联关系，如图 3-47、图 3-48 所示。移交内容主要以空间或者工艺系统进行拆分，拆分至以工厂对象为最小单位，而后进行文档、数据、模型的相互关联，形成一个具有关联关系的整体。

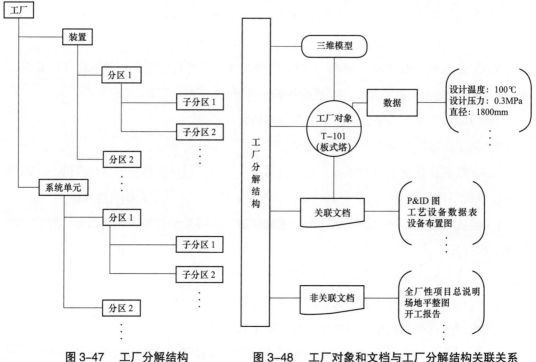

图 3-47　工厂分解结构　　　　图 3-48　工厂对象和文档与工厂分解结构关联关系

在 GB/T 32575《发电工程数据移交》中，数据移交内容包括文件（清单/清册、数据表、说明）、图纸/模型。其设施对象按照 GB/T 50549《电厂标识系统编码标准》进行分类，如图 3-49 所示。其中文档、模型、数据等作为信息对象，以 GB/T 50549 进行功能对象的组织分类，再将两者相互关联，组成完整的移交内容。

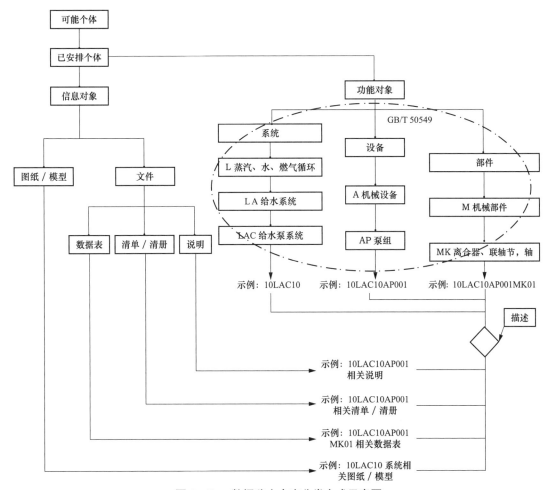

图 3-49　数据移交内容分类方式示意图

注：L、LA、LAC 为 GB/T 50549 定义的系统编码。

目前，电力行业数字化移交基本在编码上达成共识，即以 GB/T 50549《电厂标识系统编码标准》中的电厂标识系统编码为核心，多种工程编码相互关联的编码体系。

设计阶段的数字化移交以电厂标识系统编码为主，不关联其他工程编码。根据不同的需求，将功能对象划分为系统级、设备级和部件级。在数字化设计管理和实施都应用较为完善的情况下，通过数字化设计平台对设计阶段的移交内容进行管理，也可通过制作编码关系表格完成对移交内容的管理。在 T/CEPPEA 5001.1《电力工程数字化产品技术规范　火力发电厂部分》中，有相应的标准表格参考。

电厂整体数字化移交是将设计、施工、采购、建造、安装、调试、启动与试运行、验收交接、竣工与决算等建设过程中与电厂运行相关的内容进行移交。一般使用以电厂标识系统编码为核心，多种工程编码相互关联的编码体系对电厂设施对象进行管理。需要补充的是 GB/T 32575《发电工程数据移交》只规定了以电厂标识系统编码为主的数字化移交编码体系，并没有将其他编码明确纳入体系中来。但 T/CEPPEA 5001.1《电力工程数字化产品技术规范 火力发电厂部分》中明确了多种编码相互关联的编码体系。针对不同的业务，电厂标识系统编码无法完成所有的业务编码建设。因此，以电厂标识系统编码为核心，多种工程编码相互关联的编码体系是目前电厂整体数字化移交最主要的编码体系。相应的移交内容任务分解到各个具体的实施团队，有利于资料的收集和建设专业化的团队。

2. 数字化移交组成要素的关联关系

数字化移交的核心是形成各个数字化移交组成要素之间的关联关系，GB/T 32575《发电工程数据移交》中建议建立以 GB/T 50549《电厂标识系统编码标准》为核心的关联关系：

（1）图纸/模型中的图元以 KKS 编码为唯一主识别。

（2）制定结构化内容如数据表、清单、清册的文件命名规范，并建议以 KKS 编码为分割单位。例如，清册中若有两个相同的阀门（KKS 编码不一样），应将阀门分开统计，并以 KKS 编码为唯一主识别。

（3）制定非结构化内容如不可编辑文档、说明、图片、视频的文件命名规范，通过与 KKS 编码有对应关系的表格进行关联。

通过上述过程，基本能够实现以 KKS 编码为核心的关联关系。

目前也有多种编码体系的相互关联，这种需要将多编码体系中所涉及的数据进行规范化处理，使移交的数据在设计、采购、施工阶段具有唯一性，这种关联关系需要多编码体系的相互映射，才能有效完成。

四、数字化移交内容

（一）移交内容的分类

在 GB/T 51296《石油化工工程数字化交付标准》中，移交内容被分为数据、文档和三维模型三类。

1. 数据

数据一般以数据库或表单的形式进行移交。数据表的建立、管理、编码和命名要求和文档资料相同。表单宜采用编码作为唯一主键。

数据表的类型包含设备类、材料类、机械类、电气类、仪表控制类、土建类、工程量、采购类、管理类等类型。

（1）设备类数据表包含设备技术规范数据表、设备清单、设备统计清单和设备统计报表。

（2）材料类数据表包括材料清单、材料统计清单和材料统计报表。

（3）机械类数据表包括设备技术规范数据表、设备清单、设备统计清单、设备统计报表、材料清单、材料统计清单、材料统计报表、管线清单、阀门清单。

（4）电气类数据报表包括设备技术规范数据表、设备清单、设备统计清单、设备统计报表、材料统计清单、电缆联系清单、电缆清单、电缆统计汇总报表。

（5）仪表控制类数据表包括电缆联系清单、电缆清单、电缆统计汇总报表、材料统计清单、材料统计报表、仪表及设备清单、控制对象清单、I/O 清单等。

（6）土建类数据表包括总平面建（构）筑物清单、门窗统计清单、墙体材料统计清单、屋面材料统计清单、混凝土构件材料统计清单、钢结构型钢材料统计清单和建筑材料统计汇总报表。

（7）工程量数据表包括物资工程量原始清单和物资工程量计价清单。

（8）采购类数据表单包括设备请购单及其附件设备统计清单、材料请购单及其附件材料统计清单。

（9）管理类数据表包括计划 / 进度清单、资源需求计划清单、费用计划 / 实耗清单。

2. 文档

一个文档资料文件应只对应一个文件编码。文件名应采用文件编码命名，电子文件名的文字描述可标注在文档资料文件属性的标题信息栏中。

（1）文本文件。文本文件宜包括封面页、签署页和内容项。封面页、签署页和内容项应放在同一个文本文件中。

1）文本文件的封面页右上角应定义一个表格单元，单元格内填写该文本文件的文件编码。

2）文本文件的签署页应用表格定义签署栏。

3）文本文件的内容页应编制并标识顺序页码。

（2）图纸文件。图纸的绘制应采用工程规定的线型和字型。如需使用规定之外的线型或字型，应在图纸文件移交发布时，同时提供该线型或字体文件。

1）电子图纸的图框、图标、图幅及图纸比例应执行 DL/T 5028.1《电力工程制图标准　第 1 部分：一般规则部分》的规定。

2）电子图纸图标栏的内容数据信息应执行 DL/T 1108《电力工程项目编号及产品文件管理规定》的规定。

3）电子图纸的图幅信息、图面及标题栏中的内容信息应能够被计算机系统识别和提取。

（3）图像文件。

1）图像文件应通过设备获取或通过软件制作，保存为图像类通用格式。

2）图像文件分辨率应满足使用要求。

3）图像文件宜将主要信息标注在文件属性信息栏中。

（4）视频文件。

1）视频文件应通过设备获取或通过软件制作，保存为视频类通用格式。

2）工程项目宜规定统一的视频宽高比和分辨率。

3. 模型

目前，主要移交的模型是指三维模型，原则上还应当包括系统模型、各类计算模型等。以三维模型为例。

（1）三维模型的构建应基于 GB/T 18975《工业自动化系统与集成 流程工厂（包括石油和天然气生产设施）生命周期数据集成》（所有部分）规定的数据模型标准，按照特定结构组织，并具有内在逻辑和属性。

（2）三维模型分为三维设备模型和三维布置模型。

（3）三维模型应适时进行范围、深度和质量等情况的评审。三维模型的评审可在三维布置模型进行到 30%、60%、90% 三个阶段分别进行。

（4）三维设备模型的属性数据、接口属性数据以及安装数据可以通过从三维模型中提取相应的属性进行查证。

（5）三维布置模型的布置空间应分别建立全厂整体坐标系和建（构）筑物局部坐标系，并发布相应的建（构）筑物坐标清单。主厂房三维布置模型的坐标原点宜设在主厂房固定端轴线，A 列轴线、主厂房零米交点，并据此形成主厂房局部坐标系。

（6）通过抽取工艺三维布置模型清单、建（构）筑物三维布置模型清单进行三维布置模型质量查证，工艺三维模型清单以系统标识编码分列，建（构）筑物三维布置模型清单以建（构）筑物标识编码分列。

（7）三维布置模型可进行模型单元的标识编码查证、各种布置图与三维布置模型的一致性查证、属性数据查证、连接单元的连续性和匹配性查证、三维设备接口连接数据查证、二三维模型一致性检查、碰撞检查等内容。

4. 移交内容的关注度

在华东电力设计院实际的数字化移交事件过程中发现，业主对模型的关注度高于数据与文档。模型在可视化应用中占绝对的地位，很多重要的展示效果均与模型有关，总的来说模型精细度越高，可视化效果越好。电厂对数据、文档的需求虽然也同样重要，但是在数字化移交之前已有相应的软件支撑其查询的需求。而电厂的数字化移交很大程度上没有像成品管理如此严格，因此并不能保证其数据和文档的可靠性。

（二）移交内容的深度

数据、文档的深度与模型的精细度也是密切相关的。数据与模型的深度不匹配很容易导致后续应用实现的困难。如在实际数字化移交中，模型深度达到可供零件加工的深度，可能由于各种原因，其背后的数据未被移交，导致其相关应用需要大量工作将数据补充完整才能实施。综合 GB/T 51362《制造工业工程设计信息模型应用标准》以及 DB11/T 1069《民用建筑信息模型设计标准》也是比较明确地推荐了相应的模型与数据深度之间的关系。

1. 模型深度

在 GB/T 51362《制造工业工程设计信息模型应用标准》中，工程对象单元的几何图形深度应符合下列规定：

（1）GL100 等级：工程对象单元体量模型或符号模型建模，应包括基本占位轮廓、粗略尺寸、方位、总体高度或线条、面积和体积区域。

（2）GL200 等级：工程对象单元近似形状建模，应包括关键轮廓控制尺寸，以及其最大尺寸和最大活动范围。

（3）GL300 等级：工程对象单元基本组成部件形状建模，应具有准确的尺寸、可识别的通用类型形状特征，以及专业接口尺寸、位置和色彩。

（4）GL400 等级：工程对象单元安装组成部件特征形状建模，应具有准确的尺寸、可识别的具体选用产品形状特征，以及准确的专业接口尺寸、位置、色彩和纹理。

（5）GL500 等级：工程对象单元制造加工建模，应能准确表达完整细节，以及加工制造所需要的精确尺寸、形状、位置、定位尺寸和材质。

目前，通常设计院的设计深度能达到的模型几何深度在 GL300 等级，而专项深化设计和竣工移交需要委托设计院或专业机构进一步深化设计。动力专业各阶段模型几何图形深度等级见表 3-7。

表 3-7   动力专业各阶段模型几何图形深度等级

序号	工程对象单元		阶段				
			可行性研究	初步设计	施工图设计	专项深化设计	竣工移交
1	热力系统设备	锅炉	GL100	GL200	GL300	GL400	GL400
		换热设备	GL100	GL200	GL300	GL400	GL400
		凝结水回收装置	GL100	GL200	GL300	GL400	GL400
2	热气系统设备	煤气生产炉	GL100	GL200	GL300	GL400	GL400
		洗涤塔	GL100	GL200	GL300	GL400	GL400
		除焦油设备	GL100	GL200	GL300	GL400	GL400
		气体净化设备	GL100	GL200	GL300	GL400	GL400
		调压设备	GL100	GL200	GL300	GL400	GL400
3	气体系统设备	空气压缩机	GL100	GL200	GL300	GL400	GL400
		冷却器	GL100	GL200	GL300	GL400	GL400
		制氧设备	GL100	GL200	GL300	GL400	GL400
		干燥器	GL100	GL200	GL300	GL400	GL400
4	油系统设备		GL100	GL200	GL300	GL400	GL400
5	真空系统设备		GL100	GL200	GL300	GL400	GL400
6	动力其他系统设备		GL100	GL200	GL300	GL400	GL400
7	管路及管路附件	管道	—	GL200	GL300	GL300	GL300
		阀门	—	GL100	GL300	GL400	GL300
		仪表	—	—	GL300	GL400	GL300
		管道支撑件	—	—	GL300	GL400	GL300

在北京市地方标准 DB11/T 1069《民用建筑信息模型设计标准》中也相应对几何图形信息维度分为 5 个等级区间。机电专业几何信息深度等级表见表 3-8。

表 3-8   机电专业几何信息深度等级表

序号	信息内容	深度等级（m）				
		1.0	2.0	3.0	4.0	5.0
1	主要机房或机房区的占位几何尺寸、定位信息	√	√	√	√	√
2	主要路由（风井、水井、电井等）几何尺寸、定位信息	√	√	√	√	√
3	主要设备（锅炉、冷却塔、冷冻机、换热设备、水箱水池、变压器、燃气调压设备、智能化系统设备等）几何尺寸、定位信息	√	√	√	√	√
4	主要干管（管道、风管、桥架、电气套管等）几何尺寸、定位信息		√	√	√	√
5	所有机房的占位几何尺寸、定位信息		√	√	√	√
6	所有干管（管道、风管、桥架、电气套管等）几何尺寸、布置定位信息		√	√	√	√
7	支管（管道、风管、桥架、电气套管等）几何尺寸、布置定位信息			√	√	√
8	所有设备（水泵、消火栓、空调机组、暖气片、风机、配电箱柜等）几何尺寸、布置定位信息			√	√	√
9	管井内管线连接几何尺寸、布置定位信息		√	√	√	√

序号	信息内容	深度等级（m）				
		1.0	2.0	3.0	4.0	5.0
10	设备机房内设备布置定位信息和管线连接		√	√	√	√
11	末端设备（空调末端、风口、喷头、灯具、烟感器等）布置定位信息和管线连接		√	√	√	√
12	管道、管线装置（主要阀门、计量表、消声器、开关、传感器等）布置		√	√	√	√
13	细部深化模型各构件的实际几何尺寸、准确定位信息			√	√	√
14	单项（太阳能热水、虹吸雨水、热泵系统室外部分、特殊弱电系统等）深化设计模型			√	√	√
15	开关面板、支吊架、管道连接件、阀门的规格及定位信息			√	√	√
16	风管定制加工模型				√	√
17	特殊三通、四通定制加工模型和下料准确几何信息				√	√
18	复杂部位管道整体定制加工模型				√	√
19	根据设备采购信息定制的模型					√
20	实际完成的建筑设备与管道构件及配件的位置及尺寸					√

在 GB/T 51296《石油化工工程数字化交付标准》中没有对模型几何深度进行规定，同样在 GB/T 32575《发电工程数据移交》中也未对模型几何深度进行相应的规定。目前华东电力设计院采用 SmartPlant 系列软件作为主要的建模工具，根据设计院的设计深度，在施工图详细设计阶段一般可以达到类似 GB/T 51362《制造工业工程设计信息模型应用标准》中所规定的 GL300 等级，即模型具有准确的尺寸、可识别的通用类型形状特征，以及专业接口尺寸、位置和色彩。但是设计院深度的模型并非满足所有电厂的应用场景，如设备拆装模拟，就需要更多的模型信息，一般这种信息需要设备厂家的配合实施才能较快地完成。在华东电力设计院的数字化项目中，也有设备拆装模拟的专门应用。

根据多个项目的实践经验来看，模型分层是一种大势所趋。

在系统运行监控、系统优化运行指导、仿真运行等与系统相关的应用中，主要关注的是电厂主要热力系统的运行指标，模型宜采用流程图模型或者三维概念模型即可，既保证其系统参数方便展示，也同时对资源有效利用；在人员定位、电子围栏、检修规划等与空间管理相关的应用中，可以使用二维布置模型也可以使用轻量化的三维模型可视化，其模型几何深度能够准确占位与标识即可；在更深层次的 AR、VR、模拟拆装、设备状态监测等应用领域，可以将需要做此应用的模型的几何深度到达 GL 500 等级。

2. 数据深度

GB/T 51362《制造工业工程设计信息模型应用标准》中，工程对象单元的属性信息深度应符合下列规定：

（1）DL100等级：应包括系统设计方案的面积、容积、关键技术参数和其他用于成本估算的关键技术经济指标。

（2）DL200等级：应包括DL100等级的属性信息、增加工程对象单元类型信息、能源消耗种类及单位耗量、专业系统设计编码等主要技术经济数据。

（3）DL300等级：应包括DL200等级的属性信息、增加工程对象单元专业计算与采购选型所需的主要技术参数。

（4）DL400等级：应更新DL300等级的属性信息，增加工程对象单元施工安装和加工制造技术要求信息，以及型号规格、单价、生产厂家、供货商等产品信息。

（5）DL500等级：应包括DL400等级的属性信息，增加工程对象单元施工安装单位，以及保修日期、保修年限、保修单位、随机资料等相关施工安装验收信息和运维管理基本信息。

GB/T 51362《制造工业工程设计信息模型应用标准》对各阶段模型属性信息深度等级有明确的要求，动力专业各阶段模型属性信息深度等级见表3-9。

表3-9　　　　　　　　　　动力专业各阶段模型属性信息深度等级

序号	工程对象单元		阶段				
			可行性研究	初步设计	施工图设计	专项深化设计	竣工移交
1	热力系统设备	锅炉	DL100	DL200	DL300	DL400	DL500
		换热设备	DL100	DL200	DL300	DL400	DL500
		凝结水回收装置	DL100	DL200	DL300	DL400	DL500
2	热气系统设备	煤气生产炉	DL100	DL200	DL300	DL400	DL500
		洗涤塔	DL100	DL200	DL300	DL400	DL500
		除焦油设备	DL100	DL200	DL300	DL400	DL500
		气体净化设备	DL100	DL200	DL300	DL400	DL500
		调压设备	DL100	DL200	DL300	DL400	DL500
3	气体系统设备	空气压缩机	DL100	DL200	DL300	DL400	DL500
		冷却器	DL100	DL200	DL300	DL400	DL500
		制氧设备	DL100	DL200	DL300	DL400	DL500
		干燥器	DL100	DL200	DL300	DL400	DL500
4	油系统设备		DL100	DL200	DL300	DL400	DL500
5	真空系统设备		DL100	DL200	DL300	DL400	DL500
6	动力其他系统设备		DL100	DL200	DL300	DL400	DL500
7	管路及管路附件	管道	—	DL100	DL300	DL400	DL400
		阀门	—	DL100	DL300	DL400	DL500
		仪表	—	—	DL300	DL400	DL500
		管道支撑件	—	—	DL300	DL400	DL500

DB11/T 1069《民用建筑信息模型设计标准》中也相应地将属性信息维度分为5个等级区间。其信息维度等级划分应以模型深度为依据，使设计成果的交付与模型和信息等

级划分保持一致，这既有利于供需双方统一认识，也可以规范设计单位的设计行为，加强监督和管控，保证设计质量。机电专业非几何信息深度等级表见表 3-10。

表 3-10 机电专业非几何信息深度等级表

序号	信息内容	深度等级（m）				
		1.0	2.0	3.0	4.0	5.0
1	系统选用方式及相关参数	√	√	√	√	√
2	机房的隔声、防水、防火要求	√	√	√	√	√
3	主要设备功率、性能数据、规格信息		√	√	√	√
4	主要系统信息和数据（说明建筑相关能源供给方式，如市政水条件、冷热源条件和供电电源、通信、有线电视等外线条件）		√	√	√	√
5	所有设备性能参数数据		√	√	√	√
6	所有系统信息和数据		√	√	√	√
7	管道管材、保温材质信息		√	√	√	√
8	暖通负荷的基础数据		√	√	√	√
9	电气负荷的基础数据		√	√	√	√
10	水力计算、照明分析的基础数据和系统逻辑信息		√	√	√	√
11	主要设备统计信息		√	√	√	√
12	设备及管道安装工法			√	√	√
13	管道连接方式及材质			√	√	√
14	系统详细配置信息			√	√	√
15	推荐材质档次，可以选择材质的范围、参考价格			√	√	√
16	设备、材料、工程量统计信息：工程采购				√	√
17	施工组织过程、程序信息与模拟				√	√
18	采购设备详细信息					√
19	最后安装完成管线信息					√
20	设备管理信息					√
21	运行维护分析所需的数据、系统逻辑信息					√

在 GB/T 51296《石油化工工程数字化交付标准》中，对属性信息进行了详细的规定。以管道属性信息为例，如表 3-11 所示，包含流体介质参数、设计参数、管道材料参数、试验参数等。

表 3-11 管道类属性

序号	中文名称	英文名称	描述或示例	数据类型	计量类	交付级别	信息来源
1	公称直径	nominal size	如 DN250	字符型	—	ESS	E
2	管道等级	pipe material class	管道的材料等级，如 A1A、B1A	字符型	—	ESS	E
3	介质代码	fluid code	如 P、CWS、CWR	字符型	—	ESS	E

续表

序号	中文名称	英文名称	描述或示例	数据类型	计量类	交付级别	信息来源
4	介质相态	fluid phase	如气相	字符型	—	ESS	E
5	操作温度	operating temperature	—	数值型	温度	ESS	E
6	操作压力	operating pressure	—	数值型	压力	ESS	E
7	设计温度	design temperature	—	数值型	温度	ESS	E
8	设计压力	design pressure	—	数值型	压力	ESS	E
9	试验介质名称	test fluid	—	字符型	—	ESS	E
10	试验压力	test pressure	—	数值型	压力	ESS	E
11	吹扫	purge	管道是否需要吹扫	布尔型	—	ESS	E

在 GB/T 32575《发电工程数据移交》中，也对属性信息进行了详细的规定。以管道属性信息为例，如表 3-12 所示，包含流体介质参数、设计参数、管道材料参数等。

表 3-12 管道、烟风道、沟槽数据表

序号	属性名称	单位示例或属性说明
1	流体介质	
2	最大工作压力	MPa
3	最大工作温度	℃
4	工作压力	MPa
5	工作温度	℃
6	设计压力	MPa
7	设计温度	℃
8	工程压力	PN（MPa）
9	流量	
10	外径/内径	mm
11	公称通径	DN（mm）
12	壁厚	mm
13	材料	
14	标准	

两个标准对管道属性的定义基本属于大同小异，只是 GB/T 51296《石油化工工程数字化交付标准》中对流体介质有相应的属性要求。从表格结构上来看，石化标准中较为明确地规定了管道属性地类型以及在数据库中存储的格式。而 GB/T 32575《发电工程数据移交》中只是规定了属性值。

在 GB/T 51362《制造工业工程设计信息模型应用标准》中，为了满足不同的应用，模型要求（几何信息与属性信息）是不一样的。如竣工移交模型，仅限于工厂竣工数字档案模型应用，该阶段的模型创建从满足数字资产管理的角度出发，侧重于模型几何图形与属性信息与现场施工的一致性和安装信息的完整性；专项深化设计阶段模型应用侧重于指导现场施工建造，对模型深度要求较高；运维管理阶段模型以工厂生产运营管理为主要目的，主要用于设施管理、设备管理、空间管理等可视化管理，是将模型数据应用于某一领域的信息系统集成。需要根据领域应用需求对几何模型进行简化或抽象处理，对模型属性信息进行结构化处理。对于数字化移交来说，模型（几何信息与属性信息）应当与后续应用相适应，不应过度细化。

在 DB11/T 1069《民用建筑信息模型设计标准》中，等级区间是根据国内建筑行业现状，并充分考虑与国际通用的模型深度等级相对应，特别重点关注建筑全生命周期各阶段的应用需求，强调其内在的逻辑关系。如方案设计阶段模型深度可表示为 { 建筑专业 [GI1.0，NGI1.0] }；初步设计阶段模型深度可表示为 { 建筑专业 [GI2.0，NGI2.0]、结构专业 [GI1.5，NGI1.0]、机电专业 [GI1.5，NGI1.0]}；施工图设计阶段模型深度可表示为 { 建筑专业 [GI3.0，NGI3.0]、结构专业 [GI2.0，NGI2.0]、机电专业 [GI2.0，NGI2.0]}。总的来说，BIM 模型的交付也是根据其具体应用确定其模型深度。

在 GB/T 32575《发电工程数据移交》与 GB/T 51296《石油化工工程数字化交付标准》中没有对模型几何深度和属性深度的要求进行等级区间区分，在移交时，宜与业主协商确定。

目前，华东电力设计院的数据深度基本已满足 GB/T 32575《发电工程数据移交》，其中管道数据如表 3-13 所示。

表 3-13 管道数据

序号	名称	说明	单位	备注
1	KKS 编码	按照 GB/T 50549 的编码		必选
2	管道名称	如汽轮机一级抽汽管道		必选
3	管道通径	DN250		必选
4	外径 / 内径	273	mm	必选
5	壁厚	15	mm	必选
6	设计温度	429	℃	必选
7	设计压力	9.264	MPa（表压）	必选
8	工作温度	413.9	℃	必选
9	工作压力	8.422	MPa（表压）	必选
10	管道材料	12Cr1MoVG		必选
11	公称压力		MPa	必选
12	流体介质	蒸汽		必选
13	流向			必选
14	标准	GB/T 5310《高压锅炉用无缝钢管》		必选

序号	名称	说明	单位	备注
15	保温层厚度	210	mm	可选
16	保温材料	硅酸铝毡		可选
17	保护层厚度	0.75	mm	可选
18	保护层材料	铝合金板		可选
19	底漆类型	—		可选
20	底漆厚度	—		可选
21	中间漆类型	—		可选
22	中间漆厚度	—		可选
23	面漆类型	—		可选
24	面漆厚度	—		可选

管道数据能满足与系统相关的应用。但如果需要对管道进行维护，如管道检修、焊缝管理、保温层拆卸指导等，这些管道数据是不够的，需要基于施工图进行设计深化，将每一层结构细化，最终形成一个更为精细化的模型以及数据。目前如设备模拟拆装、VR远程诊断等的应用在逐渐地开展，需要更多的数据进行移交，这部分数据需要业主和设计院或者数字化移交承包方进行相应约定，满足其应用需求。

华东电力设计院在数字化设计过程中，加强对模型深度（几何信息和属性信息）的管理，也借鉴了一部分其他标准中对模型深度的规定，正在逐渐形成以设计阶段为划分的模型深度要求，满足不同的应用场景。如在初步设计阶段，引入空间管理概念，将主厂房空间以大型设备和管道占位为主要对象进行划分，通过合理的空间利用，完成主厂房初期的规划，从二维的平面图布置转变成了三维空间占位。不仅如此，模型也可以满足特定应用而形成一定的移交方案。

3. 文档深度

在GB/T 51296《石油化工工程数字化交付标准》中，对交付信息的级别做了相应的规定，将交付级别分为必要信息、可选信息两个等级。分别对应工厂运行维护需要的关键信息和一般信息。对于必要信息是必须交付的信息，属于强制交付性质的信息；可选信息是交付方可选择交付的信息，属于非强制交付性质的信息。以容器类为例，位号、用途、材质为必要信息；介质操作密度为可选信息。另外，对文档的完整性、可读性、关联性和安全性有较为明确的约定。如交付方在所有电子文件交付前要对电子文件及其载体进行查毒检测和杀毒处理。

（1）数据级别。在GB/T 32575《发电工程数据移交》中，所有的移交内容都被称为数据，对数据使用数据级别来控制其深度：

1）1级：法律法规、强制性标准或条文要求的数据。

2）2级：必要数据。影响电厂完整性和安全的数据。

3）3级：可选数据。根据业主的差异化需要选择移交。有关规划设计、设备制造、施工建设、安装调试活动方面的数据，将在运行开始之前（或者在运行开始时）冻结。如果在运行阶段使用此类数据，需要注意数据与实际情况的不一致可能在电厂生命周期中随着时间推移而逐级放大。

4）4级：临时数据。针对执行特定任务和没有长期使用价值、具有临时特性的数据，不移交此类数据不会对电厂运行维护产生不良影响。

（2）文档范围。从标准上来看，只是概括性地规定了数据级别。从数字化实践来看，目前流行的数字化移交方案中也只确定了文档的范围，并没有确定相应的深度。目前，通常数字化移交文档主要分为以下几方面：

1）设计方文档。主要包括 KKS 编码清册、设计图纸、技术文件、设备数据清单、系统数据清单和工程物资清单，以及全厂三维设计模型。其中 KKS 编码作为设备管理的核心编码，必须明确编码质量和范围。

2）采购方文档。主要包括各类招投标文件、最终合同文件等。

3）供货方文档。对设备供货方而言，主要包括设备技术文件和数据清单，对重要设备还应包括设备的三维设计模型，以用于可视化培训和检修模拟等。对物资供货商而言，则主要包括所供材料的技术文件和数据清单。

4）施工方文档。主要包括安装技术文件、质量管控文件和安全缺陷记录等。

5）调试方文档。主要包括安装调试技术文件、过程记录文件和测试报告等。

6）监理方文档。主要包括各类质量管控文件和监理报告。

根据华东电力设计院的数字化移交实践来看，一般向业主移交的内容深度基本是竣工图设计深度的文档。需要强调的是文档需要进行编码和命名，一般在数字化设计阶段就确定好编码及命名规则。当移交时有特殊要求的话，还可以根据规则改变其编码及命名形式。

（3）文档移交的趋势。根据发电工程数据移交标准的建议应尽量采用结构化数据进行移交，因为非结构化数据很难进行信息更新和管理，所以数字化移交的文档内容的趋势为以下几种：

1）减少非结构化数据，以结构化数据存储。

2）使用类似于大数据、文字识别软件等工具对文档进行解析转换，使其转变为半结构化数据或者结构化数据，再进行智能分析，提取有效的信息，与模型关联。目前，有些电厂已经在使用大数据分析系统，对文档进行管理。

五、数字化移交平台

（一）移交平台的规范要求

在 GB/T 51296《石油化工工程数字化交付标准》中，对移交平台有相应的功能要求和开放性要求。

1. 功能要求

（1）具备依据数据库结构、编码规则、工厂分解结构等进行配置的功能。

（2）支持常见格式的数据、文档和三维模型。

（3）具备建立和管理数据、文档和三维模型之间关系的功能。

（4）支持校验规则的配置，并具备依据一定规则进行信息校验和生成校验报告的功能。

（5）具备对工厂对象进行关联查询的功能。

（6）交付平台具备三维可视化工厂信息的浏览、综合查询、检索和测量的功能。

（7）具有多视图展示的功能，并支持多种信息组织方式。

（8）具有报表功能。

（9）具有相应的知识产权保护功能。

（10）具备权限分级管理等系统安全功能。

2. 开放性要求

（1）具有开放的标准接口和成熟的对外服务引擎。

（2）兼容主流的工程设计软件和项目管理软件，可接受不同系统的数据文档和三维模型。

（3）能够与生产运行维护系统集成。

（二）国内外移交平台

在国内电力行业数字化移交实践过程中，起初主要以 AVEVA 公司的 VNET 平台和 Intergraph 公司的 SmartPlant Foundation 移交平台为主，随着国内软件厂商的发展，出现了较多的国内自主知识产权的移交平台，如达美盛公司的电厂全生命周期数字化管理平台、图为公司的 T-PLANT 平台等。

1. VNET 平台

VNET 平台是一个基于 Web 的解决方案，无论数据或文档的来源或位置，用户都可以利用它来组织，验证和采集各来源的全生命周期的数据，通过 Portal 的应用，就可以连接起任何地方的团队成员，在团队之间共享数据。

VNET 平台的功能包括：

（1）数据管理的功能，从数据进入系统开始，所有数据都会依据彼此之间的关联关系，建立起完全的交叉引用索引；数据验证的功能，基于特定的信息规则，例如一致的标签、日期或数据格式，高亮显示冲突或缺失的数据；针对所有项目数据内建的可视化，包括 3D 模型、2D 图纸、文档或数据表。

（2）基于浏览器和服务器架构模式（B/S 架构），直接读取这些格式的文件而不借助原软件，减少购买应用软件的费用。

（3）在多个用户之间、跨站点、跨地域标注和共享三维模型和二维图纸。

（4）检索项目数据，定义复杂的查询以及报表；三维模型和二维图纸，以及其他文档类型（如 Office）中，热点和链接的自动创建，能够依据关联导航到相应的数据。

（5）使特定的用户查看不同级别的信息详细度。

（6）支持 ISO 15926《工业自动化系统与集成——生命周期中数据集成的工业流程工厂（包括石油和天然气生产厂）》（Industrial automation systems and integration —— Integration of life-cycle data for process plants including oil and gas production facilities）。

（7）集成各类文档管理系统，如 Documentum、ProjectWise、FileNet、Bussaw 等软件。

（8）集成各类运营维护及资产管理系统，如 SAP PM、Maximo 等软件。

（9）集成各类生产控制 DCS/SCADA 系统。

AVEVA 公司的 VNET 数字化移交平台架构如图 3-50 所示。

图 3-50　AVEVA 公司的 VNET 数字化移交平台架构

2. SmartPlant Foundation 平台

SmartPlant Foundation（简称 SPF）是一个全生命周期、数字化、全集成、具有信息和业务管理功能的平台。SPF 从项目初始就是设计集成平台，实现数据间的数据传递，基于 SPF 的施工管理和面向业主的行业解决方案能够满足各类用户在整个电厂生命周期中对信息的管理。全生命周期内各阶段之间如果没有有效的数据移交，就不可能有效利用数据价值。数据移交可能涵盖从设计院、供货商、施工方到业主的成千上万个文档以及数以百万计的独立数据项。SPF 的数字化移交方案可以帮助用户实现全生命周期内进行数字化移交。

SPF 建立了关于电厂的全面的信息库，包括电厂设备、位号、数据、文档及各类信息的结构。包含了全部文档管理功能，实现全部项目文档的控制和分发。文档与数据共存于一个系统中并相互关联，便于管理和查询。建立了可以展开的电厂配置模型和记录，包括全部的电厂设备及相关文档、特性、逻辑功能，物理位置和相互关系，并将相关、有效且准确的信息传递到已授权的个人。系统可以跟踪版本和变更，确保数据准确、一致。

工程建设和运行过程中可能会发生多次数据和文档的移交。基于 SPF 的数字化解决方案可以满足该需求，使数据和文档的移交能够快速而容易地在 SPF 系统中实现。基于 SPF 的移交解决方案保证了设计过程产生的结构化、智能化信息的准确移交，即可以将源 SPF 系统（设计院系统）的数据准确传递到目标 SPF 系统（电厂系统），就像在本地发布的一样。该解决方案还支持逐步移交和一次性移交的方案，首先确定需移交的数据和文件范围，然后导出数据和文件，最后导入目标系统。

SPF 数字化移交方案的主要特点包括：

（1）可追溯性。管理移交要求记录 SPF 移交的数据和文件、移交给谁、何时移交等问题。所有这些记录都作为移交解决方案的一部分得到保存，包括支持向多方移交。举例来说，设计院或 EPC 承包方可以将数据和文件移交给制造厂、调试单位和业主等。

（2）逐步移交。有很多信息和文件不是一次性移交完成的。相反，信息和文件可能会在项目进程中通过约定的工程节点逐步完成移交，或每天、每周持续完成移交。SPF 数字化移交方案支持从 SPF 发出的逐步移交，同时不干扰进入目标 SPF 系统的其他数据，以维持源系统和目标系统的一致。

（3）移交 SmartPlant 设计工具。越来越多的业主要求在项目结束前从设计院或 EPC 承包商处得到 SmartPlant 设计工具数据库，并在运营过程中维护数据库。SPF 数字化移交方案支持对集成 SmartPlant 设计工具数据库的重新注册，使之从源系统移交至目标 SPF 系统，以便各种工具能一同作用于目标 SPF 系统。

（4）保护知识产权。可以将移交方案加以设置，使其过滤掉一部分的原 SPF 系统的数据。这样，设计院就能够保护那些他们不愿意移交的数据。举例来说，可以保证仅发送最新签发的版本，而过滤掉所有历史版本。这一做法加强了设计院对所移交数据的控制，并保证知识产权并未因移交而受到破坏。

（5）数据装载工具——数字化移交补充工具。检验、转换和加载（Validation Transfer Loader，VTL）工具是整个移交解决方案中一个重要的补充工具。VTL 工具旨在将所选数据和文件按原样在 SPF 系统或其他外部系统间移动。这种移动无需激活，且可以保留二维和三位已发布交付物的智能信息。VTL 工具将原数据系统传入的数据放置在一个隔离区域，并根据预定义的各种规则对其进行校验，然后通过导出模块将数据加载至目标 SPF 系统或其他外部系统中。

SPF 平台数字化移交路径如图 3–51 所示。

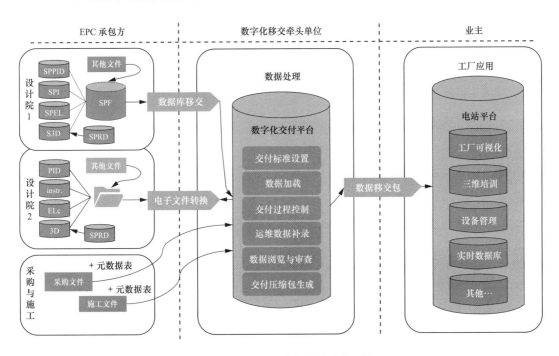

图 3–51　SPF 平台数字化移交路径

3. 电厂全生命周期数字化管理平台

电厂全生命周期数字化管理平台用于整合电厂设计、采购、施工调试、交付、运行等各阶段产生的数据、文件、资料等，实现对工程的直观展示和工程资料的综合管理。同时，建立面向全生命周期的虚拟三维数字电厂，将三维模型与现场各系统间数据关联，实现三维模型和数字化文档综合展示；具备应用服务集成接口，可与 SIS、MIS、生产视频监控、三维资产全生命周期管理等系统进行数据关联，实现信息与资产的一体化管理，为电厂生产运行的全生命周期管理提供形象、直观、真实的三维图形和数据依据。全生命周期数据管理平台为数字化、智慧化电厂建设提供重要的数据支撑。电厂全生命周期数字化管理平台总体架构如图 3-52 所示。

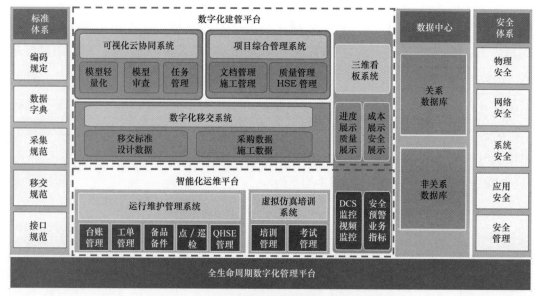

图 3-52　电厂全生命周期数字化管理平台总体架构

电厂全生命周期数字化管理平台功能及要求如下：

（1）开放性。基于标准的、当前通用的计算机语言开发，兼容常见的信息格式，具备与用户其他各类信息化业务集成的能力，便于工程用户持续开展信息化开发建设。如已经有现成的项目管理系统、制造执行系统（Manufacturing Execution System，MES）、设备设施运行维护系统等，可以集成到平台中。

（2）便于访问。信息化平台的各终端用户应可以通过网页浏览器授权访问、读取、下载相关信息，其所需插件应为通用插件。

（3）质量管理。数字化管理平台上应充分定制移交相关规定，并在数据提交过程中自动开展合规性检查，便于平台用户或业主方快速掌握数据、信息的准确性和完整性。

（4）权限管理。根据项目数字化工程信息移交不同的工作职责和责任范围确定不同的用户，并制定相应的权限。

（5）跨平台。与主流设计软件系统 SmartPlant、PDMS、Revit 及机械设计软件保持兼容。便于数字化工程信息移交平台快速接收设计阶段的数据、文档与模型。

（6）数据集成、关联能力。能快速集成工程建设结构信息与非结构信息，并实施信息关联。

（7）版本管理。针对同一编号数据、信息，根据项目管理或信息化建设需要短期或永久储存历史版本数据。

（8）安全性。必须充分保证工程数字化信息的安全，防止丢失、病毒破坏、非授权查阅下载等。

（9）自动备份。所有备份数据宜为异地备份。

（三）数字化移交实施硬件配置

数字化移交方案根据不同的需求和移交内容的体量等综合考虑的。一般来说需要有 1～2 台数据库与文件服务器和 1 台三维可视化服务器。数据库与文件服务器推荐配置见表 3-14，三维可视化服务器推荐配置见表 3-15。

表 3-14　　　　　　　　　数据库与文件服务器推荐配置

服务器	数据库与文件服务器
操作系统	推荐 64 位 Microsoft Windows Server 2016
CPU	Intel Xeon E5 处理器 3.2G 四核或以上
网卡	千兆
硬盘	8TB 及以上，支持可扩展
内存	16GB RDIMM，2933MT/s，双列以上

表 3-15　　　　　　　　　三维可视化服务器推荐配置

服务器	三维可视化服务器
操作系统	推荐 64 位 Microsoft Windows Server 2016
CPU	Intel Xeon E5 处理器 3.2G 四核或以上
网卡	千兆
硬盘	2TB 及以上，支持可扩展
显卡	独立显卡，8G 显存或以上
内存	32GB 以上

第五节　三维可视化运维

近年来，随着数字化三维设计逐渐取代传统的二维设计，数字化三维的概念也逐步向设计的下游推动，运行维护阶段正慢慢引入数字化三维技术，一些电厂致力于建设"基于数字化三维的智慧运维平台"。

一、三维建模

区别于传统的电厂运维平台，建立"基于数字化三维的智慧运维平台"要求在运维平台中包含完整的电厂三维模型，因此如何获得完整的电厂三维模型就成了重中之重。三维建模可分为正向建模、逆向建模。根据二维图纸、利用三维建模软件生成模型的过程称为正向建模；对实物原形进行数据采集，经过数据处理、三维重构，构造具有相同形状结构的三维模型的过程称为逆向建模。

正向建模可通过设计院利用 SP 3D、PDMS 等软件来实现，模型包含属性数据。

逆向建模可通过摄像机定点扫描、无人机倾斜摄影等方式实现，模型不含属性数据。

因电厂内复杂的环境而使定点扫描无法获取被遮挡部分的点云信息，倾斜摄影也主要运用于地形以及建筑轮廓的获取，对于内部结构无法探查，因此三维建模主要还是依赖于设计院在数字化设计过程中产生的模型，设计院的模型具有准确度高、建模精度细、模型附带属性等特点。

二、三维模型轻量化引擎

数字化设计软件（SP 3D、PDMS 等）的模型包含大量的设计属性与关联关系，以及软件本身的设计初衷与架构原因，三维模型的数据量极其庞大，普通计算机无法承载整个电厂的模型体量。为了搭建一套"基于数字化三维的智慧运维平台"，需要打通数字化三维设计到数字化三维运维的数据壁垒。国内外一些专注于三维模型轻量化引擎的软件公司应运而生。下面介绍几个国内外软件公司提供的三维模型轻量化引擎。

1. 达美盛公司的 eZWalker 软件

北京达美盛软件股份有限公司（简称"达美盛"）自主研发的 eZWalker 三维可视化协作平台，内置 XRE 渲染核心，无缝解析建筑 BIM、工厂信息模型（Plant Information Modeling，PIM）以及机械等多种三维系统数据，轻量化工程模型和数据，可满足 EPC 总包方可视化项目协同、设计方三维校审、施工方施工模拟、业主方可视化运维培训等多种商业用途，能够满足数字资产全生命周期可视化管理的平台要求。该平台支持多屏合一、多终端接入，PC 端和移动 APP 可以借助终端程序强大的渲染引擎算法，实现大场景浏览、多人会议协作、人因工程检视等功能。同时，可以与达美盛公司自主研发的 PIMCenter/BIMCenter 工厂 / 建筑大数据可视化管理平台实现云端数据的同步。

eZWalker 平台功能结构图如图 3-53 所示。

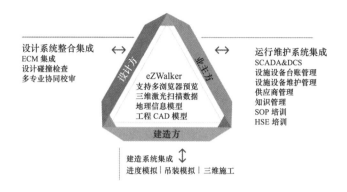

图 3-53　eZWalker 平台功能结构图

eZWalker 具有其强大的模型格式转换能力，支持多种主流工厂、建筑及机械行业通用三维设计软件格式，内置自主核心工业级三维引擎，附带加载对象的属性信息。工业级三维引擎在局部密集大模型显示效率、工程三维模型数据继承完整性、数据安全性和稳定性方面都有优异的表现。eZWalker 平台支持的数据格式如图 3-54 所示。

机械MFG格式	建筑BIM格式	工厂PIM格式	其他格式
3Shape DCM (*dcm)	DWG/DXF/DWf/DWFX	AutoCAD Plant 3D	JTOpen (*.jt)
ACIS (*.sat;*.sab)	(*.dwg;*.dxf;*.dwf;*.dwfx)	(*.dwg)	Wavefront (*.obj)
CATIA V4 3D (*.model;*.exp)	IFC (*.ifc)	AutoPLANT (*.dwg)	PLMXML (*.plmxml)
CATIA V5 3D	Microstation (*.dgn)	CADWorx (*.dwg)	Procera (*.c3s)
(*.CATPart;*.CATProduct)	Revit 2014-2017	PDMS (*.rvm;*.att)	VDAFS (*.vda)
CATIA V6 3D (*.3dxml)	Rhino (*.3dm)	PDS (*.dgn;*.drv)	
CGR (*.cgr)		Smartplant 3D	
IGES 3D (*.igs;*.iges)		2011/2014	
Inventor 3D			
(*.iam;*.ipt;*.ipj)			
Parasolid (*.x_t;*.x_b)			
ProE/Creo			
(*.asm;*.prt;*.neu)			
Solid Edge 3D			
(*.asm;*.par;*.psm)			
Solidworks 3D			
(*.sldprt.*.sldasm)			
STEP (*.stp;*.step)			
UG NX (*.prt)			

图 3-54　eZWalker 平台支持的数据格式

模型轻量化技术能够对原始模型文件进行高压缩处理，在保留原始数据的情况下缩小比例达到 10 ~ 50 倍。在模型加载过程中，采取按需调取的方式（类似于地图的加载模式），理论上支持无限大的模型体量。

通过 eZWalker 解析后的模型文件保留了原始三维模型的目录结构和属性信息，并支持自定义扩展属性信息，为后期模型和数据利用提供信息基础。

2. EcoDomus 公司的 EcoDomus 平台

EcoDomus 公司是一家致力于改善建筑行业 BIM 技术在设计、建造、运行维护以及改造阶段中的应用的信息技术公司。它把 BIM 模型和设施的实时运行数据相互集成（如仪表、传感器或者其他设施管理系统的运行数据），给设施管理者提供了三维可视化技术。它可以对建筑物的性能进行智能分析，提供更好的维护方案，从而节省劳动力和时间。

EcoDomus 平台功能结构图如图 3-55 所示。

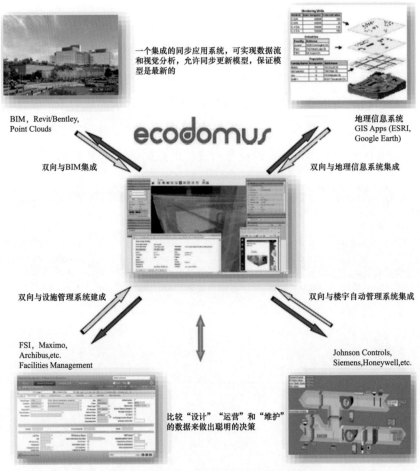

图 3-55　EcoDomus 平台功能结构图

三、应用案例

国家能源集团宿迁项目三维虚拟电厂项目由华东电力设计院承接完成，采用达美盛的三维轻量化引擎，将庞大的宿迁电厂完整加载到任意一台拥有较好独立显卡的计算机上并流畅运行。

宿迁项目三维虚拟电厂全景图如图 3-56 所示。

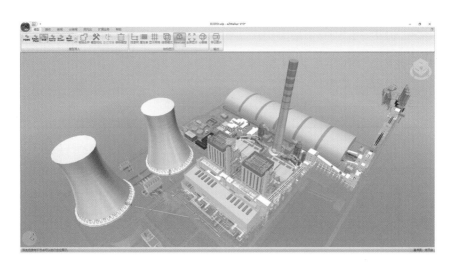

图 3-56　宿迁项目三维虚拟电厂全景图

宿迁项目三维虚拟电厂实现了三维虚拟电厂平台与 MIS、SIS、文档系统、两票系统、闭路电视监控（CCTV）系统、人员定位系统的对接，如图 3-57~ 图 3-62 所示。

图 3-57　获取 MIS 系统的设备信息

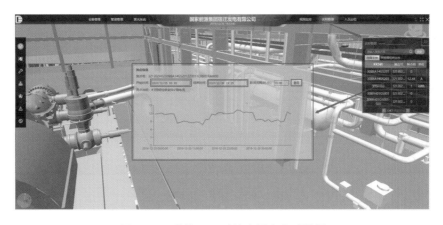

图 3-58　获取 SIS 系统中测点实时数据

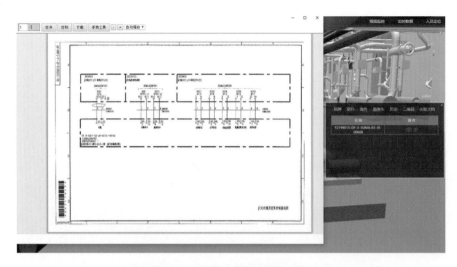

图 3-59　查询设备关联的文档

图 3-60　获取 CCTV 监控视频

图 3-61　关联两票信息

图 3-62　获取人员定位系统实施轨迹信息

宿迁项目搭建的这套"基于数字化三维的智慧运维平台"以"设备可靠、生产安全、管理高效、效益提高、发展持续"为原则，制定全系统智能电厂可视化管理平台，主要包含智慧大屏、智慧设备、智慧生产、智慧安全、智慧运行、智慧管控六大板块。

数字化三维智慧运维平台总体架构如图 3-63 所示。

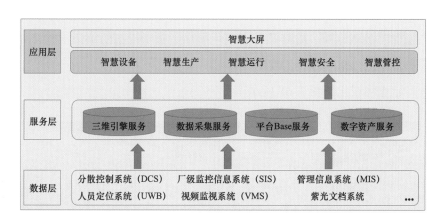

图 3-63　数字化三维智慧运维平台总体架构

（一）智慧大屏

在电厂智能运维中心建立了智慧大屏系统，通过与电厂 SIS 系统的接口，实现数据采集和大屏滚动展示。大屏数据可视化定时刷新，满足电厂运行管理人员及时洞察数据异动，及时了解隐藏在数据背后的信息，为后续的决策提供有力的依据与数据保障。

大屏实时在线计算全厂主要能耗指标，各项指标逐层分解展示，实时显示现场各类环保指标及主要运行参数，能够真实反映机组实际能耗和排放状况。

智慧大屏数据驾驶舱画面如图 3-64 所示。

图 3-64　智慧大屏数据驾驶舱画面

（二）智慧设备

1. 设备状态监测诊断可视化

通过与电厂 MIS 的接口，获取设备的检修状态信息，在模型中以不同颜色标示。实现设备状态监测、故障诊断、检修状态可视化展示。对于设备的每个状态，如维修中、故障中，模型对象进行相应的颜色改变。

设备运行状态可视化如图 3-65 所示。

图 3-65　设备运行状态可视化

2. 设备数据可视化

通过与电厂文档系统的接口，获取设备的设计阶段数据、施工阶段数据以及生产阶段数据，在三维场景中，实现快速调取查看。将设备设计移交数据、施工过程数据、生产运维数据纳入设备全生命周期管理，通过设备二维码为检修、两票、缺陷提供数据管理。

三维场景中查询设备数据如图 3-66 所示。

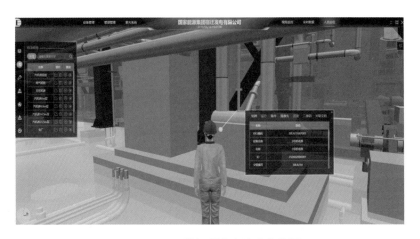

图 3-66　三维场景中查询设备数据

3. 设备故障报警可视化

通过与电厂 MIS 系统的接口，获取设备的故障信息，进行定时故障报警数据触发，模型对象闪烁变化，并自动定位显示。

（三）智慧生产

1. 数据联动可视化

通过设计阶段的移交数字资产集成，实现三维场景内的二、三维联动，将设计数据与生产实际数据联动打通，在三维场景中实现设计数据与生产数据同时查阅和联动，助力生产过程管理。

设备与文档及数据联动图 3-67 所示。

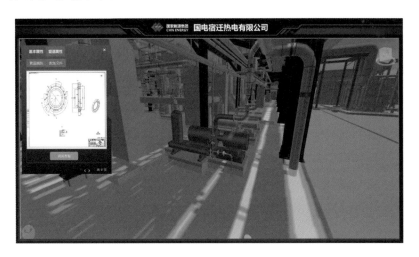

图 3-67　设备与文档及数据联动

2. 性能监视可视化

在生产过程中进行全过程性能监视可视化，系统及时展示监视结果，如通过与电厂的 SIS 系统的接口，获取锅炉、汽轮机等重要设备的各个测点的温度信息，让其进行表面变色（热力图方式），设置定时报警触发机制，对异常情况进行定位报警。

（四）智慧安全

1. 人员定位可视化管理

人员定位可视化管理如图 3-68 所示。

图 3-68　人员定位可视化管理

（1）人员实时定位可视化。通过与电厂的人员定位的接口，获取三维坐标信息，结合厂房楼层，实现三维模型中的人员定位。可以在三维模型中展示人员实时位置，实时了解人员状态。

统计并显示所有生产区域内的总人数，可按区域、按部门统计人数，也可查看当前区域的具体人员列表，实时显示区域内应到人数、实到人数、未到人数，实现动态点名，同时点击人员即可进入实时定位页面。

（2）人员历史路径可视化。通过筛选分组，选择人员查找某时间段内的轨迹数据，当有多个区域时，可分别查看各区域的轨迹，系统还可统计人员各区域的进出时间、停留时长、行走路程等，轨迹回放支持调整回放速度和样式。历史轨迹的存储可自定义，最长存储历史数据可达到半年以上。历史轨迹还可用于匹配员工巡检统计工作。

（3）电子围栏可视化。在三维场景中可绘制电子围栏，可限制现场人员进出，有权限的人员才能进出指定区域，与定位手环进行双向互动，对于违规人员可进行手环震动发声报警，有效管理现场人员行为，规范人员操作，减少违章。

2. 门禁管理

结合现场门禁系统，并在三维场景中生成门禁管理模块，对人员进出记录进出数据进行采集与统计，结合人员定位应用，实时记录人员进出点位置以及人员信息，并生成门禁进出统计报表。统计人员进出记录，提供检索功能和导出报表功能。

3. 安全风险可视化

结合三维模型，实现区域空间划分并可视化直观显示，如图 3-69 所示，对厂区内各个区域安全风险空间分布进行直观展示及动态调整；显示集控厂区重点区域、高风险作业现场等远程实时视频画面。

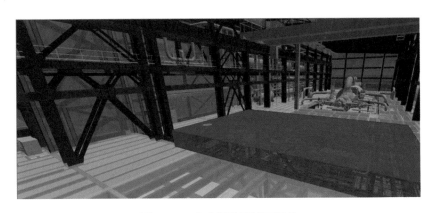

图 3-69　安全风险区域可视化

（五）智慧运行

针对生产运行过程，对各个对象进行可视化运行监控，主要包含升压站、汽机房、集控楼、锅炉房、脱硫塔、煤场等全部区域的全部设备，对电厂各系统和设备的外观、工艺流程进行三维实时在线展示，直观地显现系统和设备的运行状态及报警情况。

1. 系统 3D 运行监测

对电厂系统（燃料系统、制粉系统、风烟系统、汽水系统、给排水系统、发电机 – 变压器组系统、厂用电系统等）参数进行实时监测，将参数值以直观的方式反映在三维模型上，如图 3-70 所示，若实际参数超过限定值或不在正常运行范围内，则采用视觉凸显的方式进行报警。根据测点采集的实时数据，对粒子特效和流体动态效果进行量化，使工艺流程动态效果和系统实际状态一致。例如选取一个典型系统，通过 DCS 实时数据，关联模型对象，满足整个系统的运行数据可视化，实现工艺流程 3D 组态展示。

2. 设备 3D 运行监测

对电厂设备（汽轮机、锅炉、发电机、磨煤机、一次风机、送风机、引风机、给水泵、循环水泵等）运行状态进行实时监测，将温度、流量、压力、电压、电流等参数通过设备部件颜色、粒子浓度、粒子和流体流速等视觉效果体现出来。例如选取典型部位设备，结合现场实际运行数据，人工模拟运行数据，并关联设备各个子部位，实现在三维场景中设备运行过程 3D 监测展示。

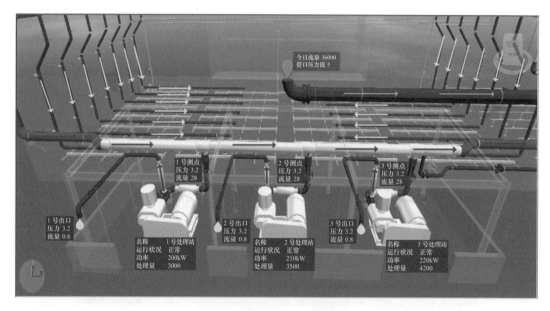

图 3-70　系统 3D 运行监测

（六）智慧管控

1. 工厂"百度"

结合设计阶段的数字化移交资产、生产建造阶段的数字资产，与三维模型进行有效关联，实现工厂"百度"建设，用户可快速对设备定位检索以及关联图纸文档、设计属性、施工属性、采购属性等数字资产进行一键查看，如图 3-71 所示。

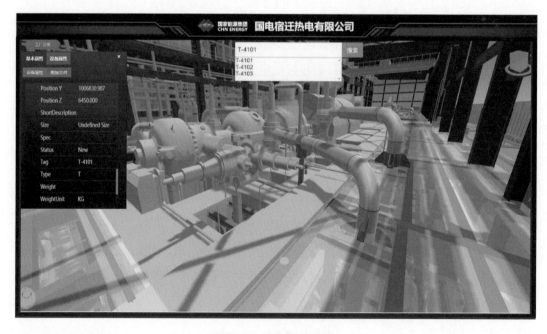

图 3-71　数据快速检索

2. 点巡检管理

在进行设备故障检修时，可通过全景三维数字模型进行故障检修前学习和演练。通过与管理信息系统（MIS）相结合，在执行点巡检、检修等任务时，自动生成最合适的巡检或其他任务路线，如图 3-72 所示。

图 3-72　根据电子围栏、MIS 系统等数据自动规划最佳任务路线

3. 智能两票

可按区域目录结构，快速定位到对应区域进行查询操作。建立两票管理系统的接口，可查询工作票和操作票的清单，工作单的工作进度，计划、审批、执行、检查、完工报告及工作单状态，查询结果包含设备 KKS 码、承包商、作业人员、执行时间、虚拟围栏等工作票信息。

将现有两票管理系统接入到平台上，通过三维模型、人员定位技术的融合，展示设备对象的两票历史记录。

工作票在开出后，读取两票系统信息，将两票关联的设备预设电子围栏，并在三维数字化模型中以时间要素和空间要素自动生成电子围栏，并形成自动报警区，借助人员定位和全厂移动智能终端技术，对两票的工作负责人和工作班成员长时间离开电子围栏区域进行手机振动或短信等报警提醒，对非工作成员的闯入，同时对闯入人员、工作负责人和值班成员等进行手机振动或短信报警提醒，防止非工作人员误入设备间造成误操作。

两票系统与智能运行管理系统进行数据交互，将设备 KKS 码、作业人员、执行时间等信息发送至智能电厂数字工程平台，通过人员信息获取相应定位信息，实现人员的实时工作票状态的同步更新与三维显示。

4. 沉浸式仿真培训

系统开放 VR/AR 模式，满足用户通过 VR/AR 设备进行沉浸式漫游。用户在 VR/AR 场景下可实现操作过程虚拟仿真培训，让员工更精专于各自的专业技术领域。

另外，通过进一步对设备部件建模，可以实现设备模型装配计划和拆装设计，模拟实际拆装顺序，辅助检维修，方便人员理解检修的过程，快速确定检修方案，提高工作效率。对设备零部件进行重量估算，以利起重设备和吊装机具的选择。设备零部模型与备品备件数据库连通，方便在三维平台中查询备件信息。

第四章 智能电厂云平台

第一节 概述

经过多年的电厂信息化建设，大中型火力发电厂均已建成了一套以 DCS、升压站网络控制系统（NCS）、SIS、MIS 为主干的完整信息系统架构，但传统的电厂信息系统平台普遍存在以下问题。

1. 新建业务系统部署周期较长，IT 投资成本高

随着 IT 服务能力的发展，不断需要上线新的业务，就需要购置新的服务器；购置服务器和部署业务系统需要计划部门和采购部门、维护部门等相关部门的参与，各个部门的进度和流程不一致，经常导致业务部署流程环节多、上线周期长。业务系统如果使用托管的方式，需要配置专属的服务器、存储和网络设备，导致业务系统部署周期较长，IT 资源浪费，投资成本高。

2. 运行维护管理效率低，运行维护成本高

目前运行维护管理采用带内管理的方式，即运行维护管理与业务在一个网络平面，存在较大的安全隐患，只能实现基础资源的监控，不能做告警的关联分析，不能快速定位故障，不能做统一配置管理等，配置管理采用命令行的方式，大部分工作依然靠人工的方式处理，效率低下。

3. 现有平台难以满足业务系统多样化需求

现有业务系统存在业务关联性，对 IT 资源的性能、安全的需求不同，后续如果将业务迁移至云平台需要统一规划，同时云平台需要支持针对不同的业务需求提供不同的计算资源、存储资源、网络资源、安全资源能力。如针对结构化数据可以提供统一的存储

区域网络（Storage Area Networks，SAN）存储资源、针对视频等非结构化数据提供统一的网络附属存储（Network Attached Storage，NAS）存储资源。

4.IT 设备资源利用率低下

目前，国内大部分电厂信息中心的应用系统采用每一个应用系统配备专属服务器的模式（部分业务采用了虚拟化平台部署的方式，但比例较低），大部分服务器资源利用率都在 5%~20%，大量的 IT 资源利用率十分低下，资源闲置严重。有些电厂的服务器、存储等设备已运行多年，已经过保修期，存在设备老化、性能差的情况，存储设备仅有数据备份，无数据容灾手段。

5. 原有 IT 架构无法满足当前和未来数字化转型的诉求

资源服务化能力不足，大量配置工作人工操作，时效低且易出错。开发人员很大工作量投入了开发环境的搭建准备，而不是聚焦在业务的开发，IT 系统无法满足开发部门快速迭代开发、更新升级、及时响应需求、创新加速的要求。缺乏智能化分析能力，已经积累下来的海量数据未得到充分挖掘，数据价值未得到有效利用。

为了解决这些问题，智能电厂平台采用基于工业互联网平台体系架构的云平台系统已成为发展趋势。传统的电力行业信息化企业以及一些信息和通信技术公司都在致力于打造电力行业的企业级、集团级甚至是行业级的智能发电工业互联网平台，以期实现一个电力行业智能化解决方案"生态圈"。

智能电厂云平台是一个工业互联网垂直行业典型应用，本章将重点介绍工业互联网平台、智能电厂云平台架构及平台关键技术，以及几个平台产品案例。

第二节　工业互联网平台

当前全球经济社会发展正面临全新挑战与机遇，一方面，上一轮科技革命的传统动能规律性减弱趋势明显，导致经济增长的内生动力不足；另一方面，以互联网、大数据、人工智能为代表的新一代信息技术发展日新月异，加速向实体经济领域渗透融合，深刻改变各行业的发展理念、生产工具与生产方式，带来生产力的又一次飞跃。在新一代信息技术与制造技术深度融合的背景下，在工业数字化、网络化、智能化转型需求的带动下，以泛在互联、全面感知、智能优化、安全稳固为特征的工业互联网应运而生。工业互联网作为全新工业生态、关键基础设施和新型应用模式，通过人、机、物的全面互联，实现全要素、全产业链、全价值链的全面连接，正在全球范围内不断颠覆传统制造模式、生产组织方式和产业形态，推动传统产业加快转型升级、新兴产业加速发展壮大。

发达国家行业龙头企业均将工业互联网平台作为战略布局的重要方向，并逐步构建自主掌控的平台布局能力，如提供资产性能优化服务的通用电气 Predix、基于云开放式物联网操作系统的西门子 MindSphere 等标杆性平台。我国工业龙头企业、信息通信领先企业、互联网主导企业基于各自优势，纷纷加快工业互联网平台布局，如树根互联的根云、海尔的 COSMOPlat、航天云网的 INDICS、阿里云的 ET 工业大脑、华为的 OceanConnectIoT、东方国信的 BIOP、和利时的 HiaCloud 等。总体来看，我国具备加快建设工业互联网平台的基础和优势，但在技术突破、平台应用水平、行业覆盖范围以及生态构建等方面仍需缩短与国际先进平台之间的差距。

一、工业互联网平台的参考架构

工业互联网平台是面向流程工业数字化、网络化、智能化需求的开放式、专业化服务平台，以工业思维和能力与 IT 思维和能力的集成、融合、创新为基础，实现工业全要素泛在连接、弹性供给、高效配置，是加速制造业创新体系和发展模式转变的重要引擎。工业互联网平台的基本框架由边缘层、基础设施层（Infrastructure as a Service，IaaS）、平台层（Platform as a Service，PaaS）、应用层（Software as a Service，SaaS）三大层级构成，如图 4-1 所示。

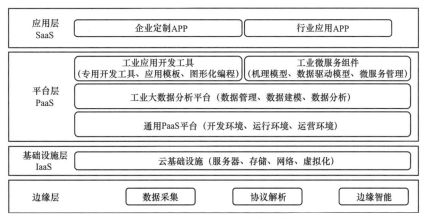

图 4-1 工业互联网平台架构

1. 边缘层

边缘层提供海量工业数据接入、转换、数据预处理和边缘分析应用等功能。一是工业数据接入，包括仪表、阀门、电机等工业设备数据接入能力，以及企业资源计划（ERP）、制造执行系统（MES）、仓储管理系统（WMS）等信息系统数据接入能力，实现对各类工业数据的大范围、深层次采集和连接。二是协议解析与数据预处理，将采集连接的各类多源异构数据进行格式统一和语义解析，并进行数据剔除、压缩、缓存等操作后传输至云端。三是边缘分析应用,重点是面向高实时应用场景,在边缘侧开展实时分析与反馈控制,并提供边缘应用开发所需的资源调度、运行维护、开发调试等各类功能。

2. 基础设施层(IaaS)

基础设施层(IaaS)是工业互联网平台的运行基础,由 IT 基础设施提供商为平台建设与运营提供虚拟化的计算资源、网络资源、存储资源,为平台层(PaaS)、应用层(SaaS)的功能运行、能力构建及服务供给提供高性能的计算、存储、网络等云基础设施。

3. 平台层(PaaS)

平台层(PaaS)是工业互联网平台的核心,由平台建设运营主体、各类微服务组件提供商、边缘解决方案提供商等共同建设,提供应用全生命周期服务环境与工具、微服务发布及调用环境与工具、工业微服务库、IT 微服务库、工业大数据管理、开放资源接入与管理等功能,依托组件化的微服务、强大的大数据处理能力、高效的资源接入与管理、开放的开发环境工具,向下接入海量社会开放资源,向上支撑工业 APP 的开发部署与运行优化,发挥着类似于"操作系统"的重要作用。

PaaS 层提供 IT 资源管理、工业数据与模型管理、工业建模分析和工业应用创新等功能。IT 资源管理包括通过云计算 PaaS 等技术对系统资源进行调度和运维管理,并集成云边协同、大数据、人工智能、微服务等各类框架,为上层业务功能实现提供支撑。工业数据与模型管理,包括面向海量工业数据提供数据治理、数据共享、数据可视化等服务,为上层建模分析提供高质量数据源,以及进行工业模型的分类、标识、检索等集成管理。工业建模分析融合应用仿真分析、业务流程等工业机理建模方法和统计分析、大数据、人工智能等数据科学建模方法,实现工业数据价值的深度挖掘分析。工业应用创新是集成 CAD、CAE、ERP、MES 等研发设计、生产管理、运营管理已有成熟工具,采用低代码开发、图形化编程等技术来降低开发门槛,支撑业务人员能够不依赖程序员而独立开展高效灵活的工业应用创新。此外,为了更好提升用户体验和实现平台间的互联互通,还需考虑人机交互支持、平台间集成框架等功能。

4. 应用层(SaaS)

应用层(SaaS)是工业互联网平台的关键,通过激发全社会力量,依托各类开发者基于平台提供的环境工具、资源与能力,围绕特定应用场景形成一系列工业 APP,类型可包括全生命周期管理 / 经营管控 / 产业链运营等各类典型场景的通用 APP、行业级 APP、企业级定制 APP 等,通过实现业务模型、技术、数据、资源等软件化、模块化、平台化、通用化,加速工业知识复用和创新。各类工业 APP 的大规模应用将有效促进社会资源的优化配置,加快构建基于平台的开放创新生态。

二、工业互联网平台的核心功能

工业互联网平台应具备分布式 IT 资源调度与管理，工业资源泛在连接与优化配置，工业大数据管理与挖掘，微服务供给、管理与迭代优化，覆盖工业 APP 全生命周期的环境与工具服务，以及良性循环创新生态构建六个方面的核心功能。

1. 分布式 IT 资源调度与管理

工业互联网平台应建立 IT 软硬件的异构资源池并提供高效的资源调度与管理服务，通过实现 IT 能力平台化，大幅降低企业信息化建设成本，加速企业数字化进程，推动核心业务向云端迁移，为 OT（运营技术）和 IT 的融合和创新应用提供基础支撑。一是应通过购买、租用、共建共享等方式，建设分布式云基础设施（IaaS），实现虚拟化实现计算、存储、网络等 IT 资源的统一管理。二是应提供 IT 基础资源调度与管理服务，实现对云基础设施的动态均衡调度，并按用户实际需求提供弹性扩容、多租户资源隔离与按需计费等服务。

2. 工业资源泛在连接与优化配置

工业互联网平台应全面推动"人、机、料、法、环"等工业资源的数据化、模型化，通过制造能力的平台化支撑社会制造资源的动态配置。一是应通过在边缘侧部署边缘处理解决方案，接入并广泛汇聚专业技术人员技能、设备设施、产品及原材料、工控系统、业务系统等各类工业资源。二是应将物理世界的资源要素在信息空间进行全要素重建，形成工业资源的数字孪生。三是应可将数据化、模型化的工业资源进行加工、组合、优化，形成模块化的制造能力，并通过对工业资源基础管理、动态调度、优化配置等服务，促进制造能力的在线交易、动态配置、共享利用。

3. 工业大数据管理与挖掘

工业互联网平台应具备海量工业数据汇聚共享、价值挖掘能力，以数据为驱动加速构建工业知识体系。一是应提供海量、多源、异构工业大数据的转换、清洗、分级存储、分析挖掘、可视化处理等功能，支撑海量数据的汇聚利用和核心价值挖掘。二是应通过人机智能融合支持各参与主体快速将工业与 IT 技术、知识、经验、方法快速封装为微服务及微组件，并基于平台进行发布、调用运行、持续优化，实现各参与主体知识的复用、传播、提升，形成基于数据驱动、持续迭代的工业知识体系。

4. 微服务供给、管理与迭代优化

工业互联网平台应提供微服务的供给、管理与迭代优化功能，一是支持各类微服务组件提供商，围绕"人、机、料、法、环"等方面，快速构建人员技能、设备/产品、生产资源、标准业务、工业环境等一系列高度解耦、可复用的工业微服务及微组件，以

及数据库、通用算法、中间件等方面的 IT 微服务及微组件。二是应支持平台建设运营主体对各类微服务及微组件进行认证、注销等基础管理,并结合工业 APP 的运行需求实现微服务及微组件的快速发现、编排与调用。三是支持各类微服务组件提供商结合工业微服务及微组件、IT 微服务及微组件的使用情况,对其进行持续迭代优化。

5. 覆盖工业 APP 全生命周期的环境与工具服务

工业互联网平台应构建开发者社区,汇聚工业、IT、通信等领域的各类开发者,并提供覆盖工业 APP 全生命周期的环境与工具服务,支持各类工业 APP 的开发、测试验证、部署与运行优化,为企业转型升级提供可用好用的工业 APP。具体而言,平台一方面应提供方便易用的工业 APP 开发、测试验证、仿真、部署等应用开发与部署环境与工具,充分赋能各类开发者,快速将其掌握的工业技术、经验、知识和最佳实践进行模型化、软件化和再封装,形成一系列实用性强的工业 APP。另一方面,应提供工业 APP 运行和优化环境与工具,实现工业 APP 的运行与调度,并结合应用情况对工业 APP 进行迭代优化。

6. 良性循环创新生态构建

除了以上五项核心功能,工业互联网平台应具备创新生态构建能力,通过优势互补、强强联合、跨界合作,打通技术和专业壁垒,共享数据资源,形成新型制造业创新生态。具体而言,应以平台建设运营商为主导,通过建立一套实现资源共享、动态协作的价值分享机制,广泛汇聚 IT 基础设施提供商、微服务组件提供商、边缘解决方案提供商、工业资源拥有方、数据资源拥有方、工业 APP 开发者、工业 APP 用户等,形成需求与供给高效精准匹配、应用与服务持续迭代、多方共生共赢的良性发展生态。

第三节　智能电厂云平台架构

智能电厂云平台是面向电厂数字化、网络化、智能化需求的,以工业生产和信息通信技术的集成、融合、创新为基础,可实现生产全要素泛在连接,支持弹性收缩、资源池、高可靠、高负载的私有云平台。智能电厂云平台的基本框架采用工业互联网平台体系架构,由基础层(IaaS)、平台层(PaaS)、应用层(SaaS)3 大层级构成。智能电厂云平台架构如图 4-2 所示。

基础层提供虚拟化的计算资源、网络资源、存储资源,是智能电厂云平台运行的基础。

平台层作为智能电厂信息化系统的中间平台,由 4 部分组成:平台层资料管理、大数据中心、应用开发工具、微服务组件库。该层融合了电厂所有生产与管理数据，包括业务关系数据、生产实时数据、文档资料、音视频资料等。对于汇集的数据基于统计计算、挖掘分析和深度学习等人工智能算法，提供设备实时监控、设备故障与报警、设备运行优化、设备检修优化等多种基础工业组件。平台层的应用开发平台是电厂信息系统的基础开发平台，微服务组件库提供智能电厂基础的工业服务和信息服务内容。平台层依托微服务组件库、开发工具平台、计算资源接入与管理能力、大数据和 AI 技术等，支撑各类工业 APP 的定制开发与部署运行。平台层提供的大数据中心，可实现各类生产数据汇集，以及机理模型与数据驱动模型结合的设备状态检修。目前，火力发电厂的设备检修工作仍以计划检修为主，电厂设备状态检修的可靠性和准确性还需要大幅提高。电厂设备的优化与诊断一般通过设备机理分析和数据挖掘两种方法来实现。电厂设备的高复杂性，导致设备机理分析准确度不高。从数据挖掘角度，对设备的各类历史数据进行特征值提取，然后对特征值进行评价，理论上评价依据以大量的正常和失效样本为最佳，但工业应用的特点造就了设备正常数据非常多，但失效样本却很少的结果。因此，必须结合设备内部机理分析和数据挖掘技术两者的各自优势，通过专家的机理分析强化少量的失效案例样本，提高设备智能分析的准确性。智能电厂的发展趋势是加强基于机理的方法与数据驱动方法融合，满足电厂设备状态检修对高置信度的要求。

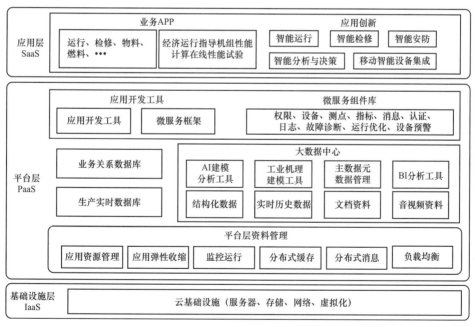

图 4-2　智能电厂云平台架构

应用层是智能电厂云平台的关键，其基于平台提供的开发环境和系统资源，围绕电厂运行、检修、安全生产、智能决策等场景形成一系列发电行业 APP，包括智能生产监

管层和智能管理层的各类前端交互程序，为用户提供业务办理、信息展示、分析决策等
应用需求。

第四节 平台关键技术

一、云计算（Cloud computing）

（一）定义

"云"实质上就是一个网络。狭义上讲，云计算就是一种提供资源的网络，使用者
可以随时获取"云"上的资源，按需求量使用，并且可以看成是无限扩展的，只要按使
用量付费就可以，"云"就像自来水厂一样，可以随时接水，并且不限量，按照自己家
的用水量，付费给自来水厂就可以。

从广义上说，云计算是与信息技术、软件、互联网相关的一种服务，这种计算资源
共享池叫做"云"，云计算把许多计算资源集合起来，通过软件实现自动化管理，只需
要很少的人参与，就能让资源被快速提供。也就是说，计算能力作为一种商品，可以在
互联网上流通，就像水、电、煤气一样，可以方便地取用，且价格较为低廉。

总之，云计算不是一种全新的网络技术，而是一种全新的网络应用概念，云计算的
核心概念就是以互联网为中心，在网站上提供快速且安全的云计算服务与数据存储，让
每一个使用互联网的人都可以使用网络上的庞大计算资源与数据中心。

云计算是继互联网、计算机后在信息时代又一种新的革新，云计算是信息时代的
一个大飞跃，未来的时代可能是云计算的时代，虽然目前有关云计算的定义有很多，但
概括来说，云计算的基本含义是一致的，即云计算具有很强的扩展性和需要性，可以
为用户提供一种全新的体验，云计算的核心是可以将很多的计算机资源协调在一起，
因此，使用户通过网络就可以获取到无限的资源，同时获取的资源不受时间和空间的
限制。

（二）云计算的特点

云计算的可贵之处在于高灵活性、可扩展性和高性比等，与传统的网络应用模式相比，
其具有如下优势与特点：

1. 虚拟化技术

必须强调的是，虚拟化突破了时间、空间的界限，是云计算最为显著的特点，虚拟

化技术包括应用虚拟和资源虚拟两种。众所周知，物理平台与应用部署的环境在空间上是没有任何联系的，正是通过虚拟平台对相应终端操作完成数据备份、迁移和扩展等。

2. 动态可扩展

云计算具有高效的运算能力，在原有服务器基础上增加云计算功能能够使计算速度迅速提高，最终实现动态扩展虚拟化的层次达到对应用进行扩展的目的。

3. 按需部署

计算机包含了许多应用、程序软件等，不同的应用对应的数据资源库不同，因此用户运行不同的应用需要较强的计算能力对资源进行部署，而云计算平台能够根据用户的需求快速配备计算能力及资源。

4. 灵活性高

目前市场上大多数 IT 资源、软件、硬件都支持虚拟化，比如存储网络、操作系统和开发软件、硬件等。虚拟化要素统一放在云系统资源虚拟池当中进行管理，可见云计算的兼容性非常强，不仅可以兼容低配置机器、不同厂商的硬件产品，还能够外设获得更高性能计算。

5. 可靠性高

倘若服务器故障也不影响计算与应用的正常运行。单点服务器出现故障可以通过虚拟化技术将分布在不同物理服务器上面的应用进行恢复或利用动态扩展功能部署新的服务器进行计算。

6. 性价比高

将资源放在虚拟资源池中统一管理在一定程度上优化了物理资源，用户不再需要昂贵、存储空间大的主机，可以选择相对廉价的 PC 组成云，一方面减少费用，另一方面计算性能不逊于大型主机。

7. 可扩展性

用户可以利用应用软件的快速部署条件来更为简单快捷地将自身所需的已有业务以及新业务进行扩展。如计算机云计算系统中出现设备的故障，对于用户来说，无论是在计算机层面上，或是在具体运用上均不会受到阻碍，可以利用计算机云计算具有的动态扩展功能来对其他服务器开展有效扩展。这样一来就能够确保任务得以有序完成。在对虚拟化资源进行动态扩展的情况下，同时能够高效扩展应用，提高计算机云计算的操作水平。

（三）云计算的部署模型

美国国家标准和技术研究院的云计算定义中也涉及了关于云计算的部署模型。

1. 公用云（Public Cloud）

简而言之，公用云服务可透过网络及第三方服务供应者，开放给用户使用，公用一词并不一定代表免费，但也可能代表免费或相当廉价，公用云并不表示用户资料可供任何人查看，公用云供应者通常会对用户实施使用访问控制机制，公用云作为解决方案，既有弹性，又具备成本效益。

2. 私有云（Private Cloud）

私有云具备许多公用云环境的优点，例如弹性、适合提供服务，两者差别在于私有云服务中，资料与程序皆在组织内管理，且与公用云服务不同，不会受到网络带宽、安全疑虑、法规限制影响；此外，因为用户与网络都受到特殊限制，所以私有云服务让供应者及用户更能掌控云基础架构、改善安全与弹性。

3. 社区云（Community Cloud）

社区云由众多利益相仿的组织掌控及使用，例如特定安全要求、共同宗旨等。社区成员共同使用云资料及应用程序。

4. 混合云（Hybrid Cloud）

混合云结合公用云及私有云，这个模式中，用户通常将非企业关键信息外包，并在公用云上处理，但同时掌控企业关键服务及资料。

发电厂作为重要的基础设施，对信息安全要求较高，设置云平台时一般考虑私有云的部署方式。

二、微服务（Microservices）

微服务是一种软件架构风格，它是以专注于单一责任与功能的小型功能区块（Small Building Blocks）为基础，利用模块化的方式组合出复杂的大型应用程序，各功能区块使用与语言无关（Language-Independent / Language agnostic）的 API 集相互通信。

微服务的起源是由 Peter Rodgers 博士于 2005 年度云计算博览会提出的微 Web 服务（Micro-Web-Service）开始，Juval Löwy 则与他有类似的前导想法，将类别变成细粒服务（granular services），以作为微软下一阶段的软件架构，其核心想法是让服务由类似 Unix 管道的访问方式使用，而且复杂的服务背后是使用简单 URI（Uniform Resource Identifier）来开放接口，任何服务、任何细粒都能被开放（exposed）。这个设计在惠普的实验室被实现，具有改变复杂软件系统的强大力量。

2014 年，Martin Fowler 与 James Lewis 共同提出了微服务的概念，定义了微服务是由以单一应用程序构成的小服务，自己拥有自己的行程与轻量化处理，服务依业务功能设计，以全自动的方式部署，与其他服务使用 API（Application Programming Interface）通信。同时服务会使用最小规模的集中管理能力，服务可以用不同的编程语言与数据库等组件实现。

作为一种新兴的软件架构模式，微服务基于模块化、组件化等架构思想，使其具有易扩展、强解耦、去中心化等特点。它将单体应用拆分为多个高内聚低耦合的小型服务，服务间采用轻量级通信机制，可由不同的开发团队对各服务进行开发维护，使大型复杂的应用可持续交付和持续部署。微服务架构在智能电厂平台软件架构方面表现出了较强的适用性，工业互联网体系也推荐采用微服务来作为平台的软件架构模式。

（一）微服务的定义

微服务是一种以业务功能为主的服务设计概念，每一个服务都具有自主运行的业务功能，对外开放不受语言限制的 API，应用程序则是由一个或多个微服务组成。

微服务的一个对比是单体式应用程序架构。单体式架构表示一个应用程序内包含了所有需要的业务功能，并且使用主从式架构（Client/Server）或是多层次架构（N-tier）实现，虽然它也是能以分布式应用程序来实现，但是在单体式应用内，每一个业务功能是不可分割的。若要对单体式应用进行扩展则必须将整个应用程序都放到新的运算资源（如虚拟机）内，但事实上应用程序中最耗费资源、需要运算资源的仅有某个业务部分（例如统计分析报表或是数学算法分析），但因为单体式应用无法分割该部分，因此无形中会有大量的资源浪费的现象。

微服务运用了以业务功能的设计概念，应用程序在设计时就能先以业务功能或流程设计先行分割，将各个业务功能都独立实现成一个能自主运行的个体服务，然后再利用相同的协议将所有应用程序需要的服务都组合起来，形成一个应用程序。若需要针对特定业务功能进行扩展时，只要对该业务功能的服务进行扩展，不需要整个应用程序都扩展。同时，由于微服务是以业务功能为导向的实现，因此不会受到应用程序的干扰，微服务的管理员可以视运算资源的需要来配置微服务到不同的运算资源内，或是布建新的运算资源并将它配置进去。

（二）微服务的优点和缺点

1. 微服务的优点

（1）逻辑清晰。这个特点是由微服务的单一职责的要求所带来的。逻辑清晰带来的是微服务的可维护性，在对一个微服务进行修改时，能够更容易分析到这个修改到底会产生什么影响，从而通过完备的测试保证修改质量。

（2）简化部署。在一个单体式系统中，只要修改了一行代码，就需要对整个系统进行重新的构建、测试，然后将整个系统进行部署。而微服务则可以对一个微服务进行部署，这样带来的好处是可以更频繁地去更改软件，通过很低的集成成本，快速地发布新的功能。

（3）可扩展。应对系统业务增长的方法通常采用横向（Scale out）或纵向（Scale up）的方向进行扩展。分布式系统中通常要采用 Scale out 的方式进行扩展，因为不同的功能会面对不同的负荷变化，所以采用微服务的系统相对单块系统具备更好的可扩展性。

（4）灵活组合。在微服务架构中，可以通过组合已有的微服务以达到功能重用的目的。

（5）技术异构。在一个大型系统中，不同的功能具有不同的特点，并且不同的团队可能具备不同的技术能力。因为不同的微服务间是松耦合状态，所以不同的微服务可以选择不同的技术栈进行开发。在应用新技术时，可以仅针对一个微服务进行快速改造，而不会影响系统中的其他微服务，有利于系统的演进。

（6）高可靠性。微服务间独立部署，一个微服务的异常不会导致其他微服务同时异常，极大地提升了微服务的可靠性。

2. 微服务的缺点

（1）微服务过度强调服务规模。但这是一种手段，而不是主要目标。微服务的目标是充分分解应用程序，以便于敏捷应用程序开发和部署。

（2）微服务的另一个主要缺点是因分布式系统而产生的复杂性。开发人员需要选择和实现基于消息传递或远程过程调用（Remote Procedure Call，RPC）的进程间通信机制，相对于单体式架构下的 API 形式，需要考虑被调用方故障、过载、消息丢失等各种异常情况，开发人员必须编写代码来处理这些故障，代码逻辑更加复杂。

（3）微服务的另一个挑战是分区数据库架构。对于微服务间的事务性操作，因为不同的微服务采用了不同的数据库，将无法利用数据库本身的事务机制保证一致性，需要引入二阶段提交等技术解决分布式事务一致性的问题，这对开发人员来说更具挑战性。

（4）测试微服务应用程序也更复杂，需要启动该服务及其所依赖的任何服务，并且不应低估这样做的复杂性。

（5）微服务的运维也更复杂。在采用微服务架构时，系统有多个独立运行的微服务构成，需要一个设计良好的监控系统对各个微服务的运行状态进行监控。运行维护人员需要对系统有细致的了解才能更好地进行系统维护。

三、超融合基础架构（Hyper-Converged Infrastructure）

（一）定义

超融合基础架构是一种集成了虚拟计算资源和存储设备的信息基础架构。在这样的架构环境中，同一套单元设备中不但具备了计算、网络、存储和服务器虚拟化等资源和技术，而且多套单元设备可以通过网络聚合起来，实现模块化的无缝横向扩展（Scale Out），形成统一的资源池。

超融合基础架构是以硬件服务器为基础，最大限度实现数据中心容量扩展性和数据的可用性。超融合基础架构以虚拟机为核心，提升集群的运算效能和存储空间，具有简单、高效、高性能、易部署等优势。在成本的控制和风险防范等方面，它不需要单独采购服务器和存储，节省了大量的机柜空间，而且对电源的消耗较小。系统所采用的软件和硬件都是统一的技术接口，而且不存在虚拟化环境的资源争抢问题，可以灵活调配资源，方便快捷。在超融合基础架构模式下，用户所使用的虚拟机和存储空间是利用软件构建的，这样就使得底层物理设备与用户之间保持隔离的状态，实现了硬件资源与虚拟化平台的完整融合。用户可以以堆叠的形式实现节点的添加，进而实现超融合基础架构丛集容量的扩展。

超融合技术主要组件有服务器虚拟化、存储虚拟化、网络虚拟化三大组成部分。服务器虚拟化四大主流路线有 KVM、VMWARE、Hyper-V、Xen，存储虚拟化两大主流路线是 GlustFS、Ceph，网络虚拟化一般采用自研的方式，主要技术有 VxLAN（Virtual Extensible Local Area Network）、SDN（Software Defined Network）等。

（二）关键技术

1. 服务器虚拟化

服务器虚拟化是整个超融合基础架构中的核心组件，基于裸金属架构的虚拟化程序直接运行在服务器上，实现对服务器物理资源的抽象，将 CPU、内存、硬盘等服务器物理资源转化为一组可统一管理、调度和分配的逻辑资源，并基于这些逻辑资源在单个物理服务器上构建多个同时运行、相互隔离的虚拟机执行环境，实现更高的资源利用率，减少系统管理的复杂度，加快对业务需求的响应速度，提供高可靠、高可用的应用服务。

2. 存储虚拟化

存储虚拟化是将集群各节点服务器上独立的硬盘存储空间进行组织聚合，构成一个共享的存储资源池，所有的存储资源在这个存储池中统一管理，实现存储资源的自动化管理和分配，构建高效灵活的存储架构与管理平台，提供高可靠、高性能存储。存储虚拟化基于分布式存储系统，融合了分布式缓存、固态硬盘（Solid State Disk，SSD）读写缓存加速、多副本机制等多种存储技术，在功能上与独立共享存储完全一致。存储虚拟化通过 SSD 缓存，可以大幅提升服务器硬盘的 I/O 性能，实现高性能存储和业务高效可靠运行。存储虚拟化采用多副本机制，一份数据同时存储在多个不同的物理服务器硬盘上，提升数据可靠性，保障关键业务安全稳定运行。此外，由于存储和计算完全融合在一台服务器上，省去了外置磁盘阵列的控制器、光纤交换机等设备，达到了降低成本的目的。

3. 网络虚拟化

网络虚拟化通过实现网络中所需的各类网络连接服务（包括路由、交换、安全、负载均衡等）按需分配和灵活调度，提供了全新的网络连接运行维护模式，解决了传统硬件网络的众多管理和运行维护难题，可满足业务应用对网络快速、灵活自动化部署的需求。

（三）超融合基础架构优势

1. 高简易性

超融合基础架构直接将存储分散部署到每台 PC 服务器上，在服务器上部署了快速的闪存盘和大容量传统机械磁盘，来应对系统高 I/O 需求和大容量存储的需要。因此，超融合基础架构能实现高速访问本地数据，无需跨网络访问。超融合基础架构还包括备份软件、快照技术、重复数据删除、在线数据压缩等元素，多套单元设备可以通过网络聚合起来，实现模块化的无缝横向扩展（Scale-out），形成统一的资源池，它的扩展方式变为横向增加节点即可。通过这种标准化的模块，用来搭建数据中心无疑是非常方便的，这不仅大大方便用户的搭建管理，同时也增强了系统的灵活性，同时让部署和运行维护都更简单。

（1）让系统更灵活。随着云计算和大数据时代的来临，企业需要 IT 系统能够快速地跟上业务需求。超融合基础架构让系统的扩展更灵活。用户只需要根据需求购买相同的配置，就可以快速地实现 IT 系统的扩展。

（2）部署更简单。超融合基础架构在于对服务器、存储、网络的融合，由于采用开箱即用的部署方式，大大简化规划、连接、配置等复杂的管理操作。像乐高积木一样，只需要相同的模块，根据用户的需求，就可以搭建出各种各样的模型。乐高积木就相当于超融合基础架构，而搭建出来的模型就是数据中心。交付时间可以从过去的十几天缩短到一两天，大大缩短交付的时间。

（3）运行维护更简单。与传统架构相比，超融合基础架构管理更为简单。传统架构下，虚拟化、服务器、存储、网络四层需要分别进行管理配置，非常复杂和烦琐，超融合基础架构将这些功能集成到一个用户界面上，用户可以在一个运行维护界面上，实现计算和存储的资源池化、CPU/内存/存储等资源的动态分配、虚拟机的创建和启动，给用户带来极大的便利。超融合架构具备了统一的系统管理、监控、维护等特点。

2. 高可靠性

通过全部功能组件的全部软件定义，企业级云实现了硬件无关的分布式架构，可以做到硬件故障不影响业务。平台内嵌持续数据保护（Continuous Data Protection，CDP）功能，当管理员误删除数据库或业务系统遭遇勒索病毒时，可将数据一键恢复到过去 3 天内的任意 1s。动态资源扩容（Dynamic resource expansion，DRX）/动态资源调度（Dynamic resource scheduling，DRS）智能调度技术，保障业务不因资源不足而导致不可用。

3. 高性能

企业级云通过分布式存储分层技术、逻辑条带化技术，以及通过优化 NUMA（Non Uniform Memory Access）和大页内存技术等，充分满足互联网业务、实时交易系统、BI（Business Intelligence）分析等业务，以及 OracleRAC、MySQL 等数据库集群和 ERP、MES 等关键应用对性能的高需求。

4. 高安全性

企业级云能够为用户提供平台安全、数据安全、应用安全、边界安全 + 云端安全的 4+1 立体式安全防护体系，由内而外构建数据中心坚固的安全防护堡垒。当用户有安全合规需求时，通过安全中心提供完整的安全规划建议、安全建设模板，真正做到安全可视，帮助用户快速构建自己的云安全体系。

5. 高性价比

采用超融合基础架构，用户的总拥有成本将明显降低；利用超融合设备，不但可以快速搭建出一个数据中心，更重要的是，利用超融合这种方式，能够让用户在搭建过程更方便，用户不需要再对基础设施进行调研，只需要了解自己的需求，同时了解到超融合设备，这样就能够快速地实现搭建。在应用方面无疑大大节省了企业的成本。

（四）适用于发电厂的超融合云平台产品

简单列出两款市场比较成熟的支持大数据的云平台产品，见表 4-1。

表 4-1   超融合云平台产品

产品	Iaas 管理	虚拟化实现	存储管理	网络管理
H3C UIS 超融合架构	CloudOS 云操作系统	CAS 虚拟化平台	ONEStor	UIS-Sec
	超融合产品有 UIS-Cell 3010 G3、3020 G3、3030 G3、3040 G3; ONEStor 支持全对称分布式架构，支持硬盘类型 NVMe SSD、SATA SSD、SATA HDD、SAS HDD，支持存储协议 iSCSI/NFS/CIFS/FTP/HTTP/S3/Swift 等; 兼容 X86 服务器集群，兼容 KVM、vSphere、Xen、Hyper-V、CAS 等虚拟化平台，兼容 Oracle、SQL Server、MySQL 等数据库，兼容 OpenStack 和 H3C CloudOS 平台（Swift、Cinder、Manila 接口）			
浪潮超融合 InCloud Rail	OpenStack 云操作系统	InCloud Sphere 虚拟化系统	InCloud Manager 数据中心管理平台	Hypervisor、vSwitch
	借助 X86 服务器集群即可提供高性能、高可靠、弹性化、可扩展的计算、存储资源池服务。支持磁盘混搭模式；分布式存储支持业界主流 X86 服务器；单个超融合集群最大支持 255 节点、10PB 以上存储，用户可以根据业务增长、按需扩容硬盘或新节点			

第五节　平台功能案例介绍

电厂信息系统（IT 系统，如 MIS、物资管理、财务管理等系统）关注管理的自动化，面向人和物资的管理，以工作流为管理的核心，各个系统独立运行，数据孤岛现象严重。电厂运营技术系统（Operational Technology，OT，如 DCS、PLC、NCS 等）实现了设备和流程的自动化，面向设备的控制，以设备和控制优化为核心，但设备数据的增值功能亟待进一步挖掘。发电企业引入工业互联网平台的目标就是重构企业传统 IT 架构，打通 IT 系统和 OT 系统，推动企业架构的扁平化。一方面，平台从 OT 系统和 IT 系统采集数据，实现了设备数据和业务系统数据的汇聚集成，形成数据湖，基于统一数据源开发应用服务，消除数据孤岛。另一方面，基于数据建模和分析构建的智能发电 APP，推动 OT 和 IT 系统的智能化，构建状态感知、实时分析、科学决策、精准执行的闭环智能。

下面介绍三个基于工业互联网平台体系架构的智能电厂平台。

一、华东电力设计院有限公司——智能电厂数字工程平台解决方案

华东电力设计院有限公司基于多年的数字化设计经验，致力于研究智能电厂全生命周期的应用拓展和延伸服务，开展了多个数字化全生命周期服务项目，为实现电厂数字化转型迈出了坚实的一步。

面向电厂运行维护阶段，华东电力设计院有限公司构建了智能电厂数字工程平台解

决方案，支持全生命周期数据管理及分析的三维可视化。基于强大的数字化设计成果，从"全息、全景、全程、全局"多维度为电厂数字化运行维护转型提供方案和实践。

（一）平台简介

智能电厂数字工程平台解决方案可以是数字化移交平台的应用扩展，如果没有移交平台，也可以全新搭建。通过正向的数字化三维建模，平台将电厂各系统中有用信息（包括三维模型、文档资料以及相互间的关联关系等）整合，形成电厂可视化数字化资产。并进一步将电厂需要的运维管理模块和功能集成到平台上，满足电厂对于智能化管理的要求，提高电厂的智能化水平。

通过编码和轻量化处理后的电厂三维模型，生成智能电厂的三维地图，使其成为智能电厂生产运行维护系统的中枢，通过对电厂传统生产与运行维护软件的梳理，与三维可视化系统配合，逐步完善电厂的管理平台，帮助业主搭建智能化的电厂生产运行维护体系，并可以根据业务需求进行扩展。智能电厂数字工程平台有以下特点：

1. 数据标准化

智能电厂数字工程平台严格按照电力相关的标准和规范，参照智能电厂的数字孪生模型，承载设计阶段及运行阶段的数据。该平台计划采用 GB/T 50549《电厂标识系统码标准》，通过查询设备、管道等对象编码或扫描二维码，达到快速搜索相关信息的功能，简化日常信息的搜索工作。

2. 模型轻量化

模型轻量化技术的意义是能够加载规模较大的三维模型，并能在浏览器端流畅地进行内容展示。智能电厂数字工程平台搭建的智能电厂三维模型包含大量模型对象和关联的数据信息，以全息三维模型、全景管理体验、全程数据跟踪和全局分析掌控为电厂的管理效率提升和决策判断合理等提供有利的数据支撑。

3. 可扩展性

智能电厂数字工程平台采用可扩展性架构，满足"一平台、多场景"的建设需求，重新排列组合业务系统，支持水平扩展，包容各种功能并提供接口给外部应用，不断丰富平台能力。可扩展性架构的核心思想是模块化，并在此基础上，降低模块之间的耦合性，提高模块的复用性。因此当系统增加新功能时，不需要对现有系统的结构和代码进行修改。系统具备自定义性及可扩展性，实现主界面自定义、表单自定义、流程自定义、角色自定义、权限自定义、组织机构自定义等功能，避免再投入大量的成本进行二次开发。

4. 采用 B/S 架构

系统采用低耦合的 B/S 开发架构，数据层专注于数据的获取和访问；业务层（服务端）也按照分层架构进行开发和部署，专注于满足具体的业务需求；展现层专注于数据展示。系统部署优先采用类 SOA 架构（面向服务的架构 Service-Oriented Architecture），模块之间通过 Restful 风格服务接口 API 对外提供服务，实现服务的解耦合、松散部署、透明调用，并保留对其他运维管控平台提供数据支持的能力。

前端支持主流 HTML5 浏览器产品（例如 Chrome、Safari、Edge），平台的开发架构和开发语言，采用业界成熟的架构和技术，并提供可复用的开发接口，以及二次开发的技术手册，并且能够支持移动端开发，以便进行二次开发和功能扩展。

（二）平台功能

智能电厂数字工程平台可提供数据驾驶舱、智能检索、人员定位、智能两票管理、视频监视及门禁安防查询、虚拟培训、设备拆装模拟、安全虚拟演练等功能模块，各功能的介绍详见第三章第三节的宿迁项目应用案例介绍。

二、南京科远智慧科技集团有限公司——EmpoworX 工业互联赋能平台

（一）平台简介

EmpoworX 工业互联赋能平台是由南京科远智慧科技集团有限公司推出的工业互联网平台。平台面向电力、冶金、化工等流程型制造领域，构建起基于数据自动流动的状态感知、实时分析、科学决策、精准执行的闭环赋能体系，打通产品设计生产制造与应用服务之间的数字鸿沟，实现生产资源高效配置、软件敏捷开发，支撑企业持续改进和创新，最终面向流程型制造企业，实现工业知识深度赋能。

（二）平台核心能力

EmpoworX 工业互联赋能平台以模型 + 数据为核心，采用事件驱动服务的方式，实现物理空间与信息空间的双向映射和交互，提供开放的工业数据、应用开发和业务运行的跨行业、跨领域服务。平台提供 100 余个机理模型和算法，50 余个云化软件，支撑每天新增数据 100G、10 年存储级别的工业大数据存储和分析计算能力，实现工业设备大数据的接入、存储和分析类应用，如设备预警、故障诊断、运行调优等，从而构建工业数据分析产业生态，确保工业设备的高效、稳定、安全、经济运行。EmpoworX 工业互联赋能

平台架构如图 4-3 所示。

　　平台主要功能和服务包括"三个面向"：一是面向工业现场的数据接入存储与边缘计算。通过各类通信手段接入不同设备、系统和产品，采集海量数据；依托协议转换技术实现多源异构数据的归一化和边缘集成；利用边缘计算设备实现底层数据的汇聚处理，并实现数据向云端平台的集成。二是面向开发者提供数据挖掘与人工智能算法及开发组件的平台。提供工业数据管理能力，将数据科学与工业机理结合，帮助工业企业构建工业数据分析能力，实现数据价值挖掘；把技术、知识经验等资源固化为可移植复用的工业微服务组件库，供开发者调用；构建应用开发环境，借助微服务组件和工业应用开发工具，帮助用户快速构建定制化的工业 APP。三是面向企业提供各类业务的应用系统。提供设计、生产、管理、服务等一系列创新性业务应用，构建良好的工业 APP 创新环境，使开发者基于平台数据及微服务功能实现应用创新。同时，平台提供工业设备预警与故障诊断、预测性维护、生产过程优化、经营分析、对标、画面监视、趋势分析、综合报表、性能计算等多种标准应用服务。

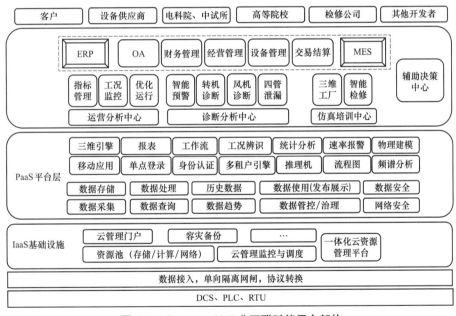

图 4-3　EmpoworX 工业互联赋能平台架构

（三）平台解决方案及成效

　　平台解决方案于 2016 年 12 月在大唐南京发电厂落地，通过接入实时的工业大数据，对各主要生产设备的运行机理进行建模、分析、调优。同时，与东南大学、南京汽轮机厂、大唐电力科学研究院等第三方单位合作，开发了近 20 项工业 APP，为大唐南京发电厂提供燃烧优化、智能预警、转机故障诊断、三大风机（一次风机、送风机、引风机）诊断、锅炉四管泄漏诊断等服务。通过近两年的应用实践，提高锅炉燃烧效率1.5%，降低煤耗7.3%，NO_x排放降低15%，平均设备维修周期延长31%，"非停"次数降低55%。

（四）业务创新发展模式

1. 面向工业现场的生产过程优化

EmpoworX平台能够有效地采集和汇聚设备运行数据、工业参数、质量检测数据、物料配送数据和进度管理数据等现场生产数据，通过数据分析和反馈在制造工艺、生产流程、质量管理、设备维护和能耗管理等具体场景中实现优化应用。

（1）在制造工艺场景中，平台对工艺参数、设备运行等数据进行综合分析，找出生产过程中最优参数，提升制造品质。

（2）在生产流程场景中，通过对生产进度、物料管理、企业管理等数据进行分析，提升排产、进度、物料、人员等方面管理的准确性。

（3）在质量管理场景中，平台基于产品检验数据和"人、机、料、法、环"等过程数据进行关联性分析，实现在线质量检测和异常分析，降低产品的不良率。

（4）在设备维护场景中，平台结合设备历史数据与实时运行数据，构建数字孪生，及时监控设备运行状态，并实现设备预测性维护。

（5）在能耗管理场景中，基于现场能耗数据与分析，对设备、产线、场景能效使用进行合理规划，提高能源使用效率，实现节能减排。

2. 面向企业运营的管理决策优化

借助EmpoworX平台打通生产现场数据、企业管理数据和供应链数据，提升决策效率，实现更加精准与透明的企业管理。

（1）在供应链管理场景中，平台实时跟踪现场物料消耗，结合库存情况安排供应商精准配货，实现零库存管理，有效降低库存成本。

（2）在生产管控一体化场景中，基于平台进行业务管理系统和生产执行系统集成，实现企业管理和现场生产的协同优化。

（3）在企业决策管理场景中，平台通过对企业内部数据的全面感知和综合分析，有效支撑企业的智能化决策。

3. 面向社会化生产的资源优化配置与协同

EmpoworX平台实现制造企业与外部用户需求、创新资源、生产能力的全面对接，推动设计、制造、供应和服务环节的并行组织和协同优化。

（1）在协同制造场景中，工业互联网平台通过有效集成不同设计企业、生产企业及供应链企业的业务系统，实现设计、生产并行实施，大幅缩短产品研发设计与生产周期，降低成本。

（2）在制造能力交易场景中，工业企业通过平台对外开放空闲制造能力，实现制造能力的在线租用和利益分配。

（3）在个性化定制场景中，平台实现企业与用户的无缝对接，形成满足用户需求的个性化定制方案，提升产品价值，增强用户黏性。

4. 面向产品全生命周期的管理与服务优化

EmpoworX 平台将产品设计、生产、运行和服务数据进行全面集成，以全生命周期可追溯为基础，在设计环节实现可制造预测，在使用环节实现健康管理，并通过生产与使用数据的反馈改进产品设计。

（1）在产品溯源场景中，平台借助标识技术记录产品生产、物流、服务等各类信息，综合形成产品档案，为全生命周期管理应用提供支撑。

（2）在产品与装备远程预测性维护场景中，将产品与装备的实时运行数据与其设计数据、制造数据、历史维护数据进行融合，提供运行决策和维护建议，实现设备故障的提前预警、远程维护等设备健康管理应用。

（3）在产品设计反馈优化场景中，平台将产品运行和用户使用行为数据反馈到设计和制造阶段，从而改进设计方案，加速创新迭代。

三、国能信控互联技术有限公司——燃煤电厂智慧管控系统平台（IMS）

国能信控互联技术有限公司基于工业互联网技术重构了厂级监控信息系统（SIS）和管理信息系统（MIS），提出并实施了智慧管控系统（IMS）架构，成果在国家能源集团宿迁电厂等多家发电企业成功应用。

（一）智慧管控系统（IMS）整体架构

本架构为智慧燃煤电厂项目建设提供总体框架和技术保障，一方面为业务应用提供规范化、易管理、可扩展的基础技术平台和运营管理环境，另一方面为跨部门、跨应用的信息集成、数据整合、信息共享、统一展现提供支撑，也为智能化分析决策与数据挖掘提供有力数据支持。如图4-4所示，智慧管控系统整体架构自底向上由四部分组成，包括基础设施层、平台层、应用层、门户展示层。

1. 基础设施层

基础设施层包括数据服务器、智能化设备或仪器仪表、网络等，如智能仪表、燃料智能设备、视频监控设备、门禁设备、安防设备、信息化设备、网络安全设备等。

2. 平台层

平台层包括数据采集、数据资源管理、开发服务，为业务功能提供平台技术支撑，具体组件如下：

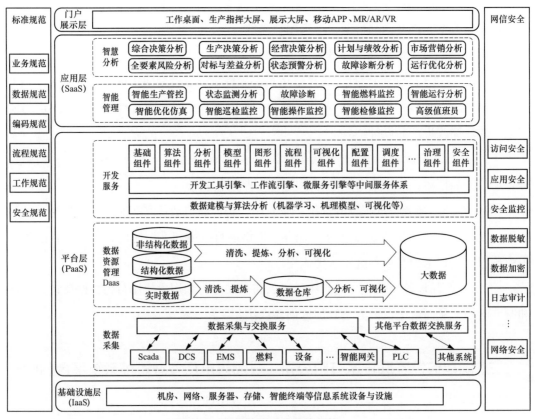

图 4-4　智慧管控系统整体架构

（1）数据采集。包括插件式接口引擎、数据采集服务、网络传输服务、数据处理服务等。

（2）数据资源管理。数据资源管理组件贯穿智能生产监控层与智能管理层。可管理的数据源包括关系数据、实时数据、主数据、三维模型、文档、视频等。数据存储与管理组件包括数据仓库、主数据管理组件、数据清洗组件、数据交换组件、数据质量管理组件等。

（3）开发服务包括基于微服务的开发平台、公共服务平台、微服务调度中心、数据服务中心等，利用开发平台形成了图形、流程、可视化等系列组件，为应用层提供技术支撑。

3. 应用层

以平台层为支撑，形成了智能管理、智慧分析业务应用体系，为电厂运行及经营提供分析决策等。

（1）智能管理：智能生产管控、智能燃料监控、智能运行分析、智能优化仿真、故障诊断等。

（2）智慧分析：可实现机组和经营管理智慧分析，如生产决策分析、对标与效益分析、经营决策分析、运行优化分析以及机组的性能计算、运行考核、工况分析、能耗分析、指标分析等。

4.门户展示层

门户展示层包括门户服务、移动服务、统一身份认证、商业智能（Business Intelligence，BI）展示，实现功能有单点登录、统一待办、领导驾驶舱、智能分析展示、三维可视化等。

访问终端包括桌面终端、移动终端、大屏、AR 终端、VR 终端等。

此外，整体架构还预留了与其他外部系统的接口，包括智能电网调度、集团智能化管理、监管与运营的外部接口，技术上可满足数据集成、流程集成、服务集成，根据具体需要可选择相应的接口技术来实现。

（二）智慧管控系统（IMS）功能架构

IMS 综合解决方案以平台为基础、安全为保障，形成了平台 + 应用和融合创新的完整功能架构，如图 4-5 所示。

图 4-5　智慧管控系统功能架构

按照火力发电生产管理流程，系统共开发 11 个一级模块、52 个二级功能和 214 项具体应用，实现了电厂生产、管理、安全、营销需求响应全覆盖。智慧管控系统功能如图 4-6 所示。

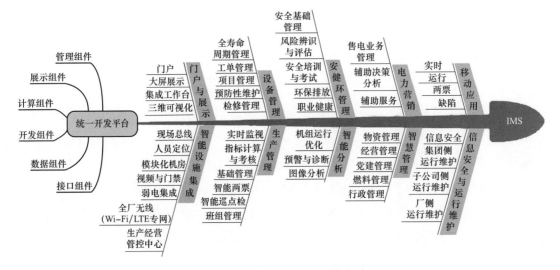

图 4-6　智慧管控系统功能图

第五章　智能电厂数据中心

第一节　概述

传统火力发电厂包括 SIS、MIS、DCS、DEH、PLC、TDM 等系统，各系统功能相对独立，数据存储格式和结构多样化，数据应用范围有限，缺乏统一的数据交互标准，各系统变成信息孤岛。此外日常点检、检修、缺陷报告及处理等数据和办公文档缺乏有效的管理规范，在电厂智慧化管理的要求下已无法满足实际需求，而且造成海量运行数据潜在价值的巨大浪费。

通过基于相应的标准规范、梳理数据资源，建设全厂统一的数据中心，可将各管控系统的数据以统一规范进行存储、管理与共享，打通信息孤岛，实现全厂数据互联互通，为电厂及集团公司的运行、管理、安全、设备检修等工作提供高效、快捷的信息服务，为电厂的智慧管理、生产、运行维护提供统一、完整的数据支撑。

数据中心关键技术主要包括高效分布式数据库系统、结构化与非结构化数据管理、实时数据与关系数据管理、统一的数据标准等。智能电厂数据中心建设目标包括：

（1）制定统一的标准公共信息模型体系。

（2）实现不同类型应用间的统一数据存储、安全及管理。

（3）实现统一的数据接口与服务，提供一体化的面向对象的数据交换模式。

（4）实现统一的实时数据管理和应用缓存管理。

（5）实现统一的分布式数据应用和系统管理。

一、电厂数据中心的现状

智能电厂数据中心，是智能电厂的数据基础架构，其目的是为了消除信息孤岛。如果要建设智能电厂，必须先行或同步建立智能电厂数据中心。现在已实施或正在实施的智能电厂，一般都采用如图 5-1 所示的架构。

图 5-1　数据平台架构

在这种架构中，数据中台可以理解为整合了电厂各种异构数据的数据中心，对接各个智能业务的数据请求，并直接为各种智能业务提供服务。

在概念上，现在有数据即服务（Data as a Service，DaaS），即各业务模块从统一的数据平台获取数据，数据作为一种服务提供给具体应用；在这种场景之下，所有业务都基于统一的数据平台，彻底消除了数据孤岛，实现了数据互通。

智能电厂数据中心可以直接在企业的服务器集群上部署；也可以借助于企业专有云进行部署。采用企业专有云进行弹性部署虽然会增加部分额外成本，但可以更好地满足将来资源扩容的要求。

对于智能电厂而言，数据中心是前提和基础，那些进行了智能电厂建设的企业，一般都具备了某种规模和可用性的数据中心。如大唐集团的姜堰热电厂、大唐南京发电厂、京能集团的高安屯热电厂、十堰热电厂、神华国华（北京）燃气热电厂、国家能源集团宿迁电厂等已经实施智能电厂建设的发电企业都进行了大数据技术及相关数据平台的建设。

当前各种实施的统一数据中心，一般都包含了设计阶段的三维建模数据、管道和设备数据，也包括电厂采集的指标数据、系统二次计算形成的统计数据、基础管理数据及从分子公司、集团数据中心通过数据交换平台采集过来的数据。在这些数据中，最重要的部分是来自 SIS 的生产监控数据。

基于统一的大数据平台，实现了电厂各子系统数据的互联互通，消除了信息孤岛，使得大量数据、分析判断的算法能够得以积累，机器学习、人工智能算法将起到关键作用。通过人工智能技术，将大幅提高计算机分析效率，可以更准确、更智能的方式做出判断并响应。

另外，国内很多企业，针对智能电厂的业务需求，开发了软硬件架构一体的、容纳了相关智能电厂业务的综合性平台。

图5-2所示为南京科远智能电厂架构中的大数据平台。

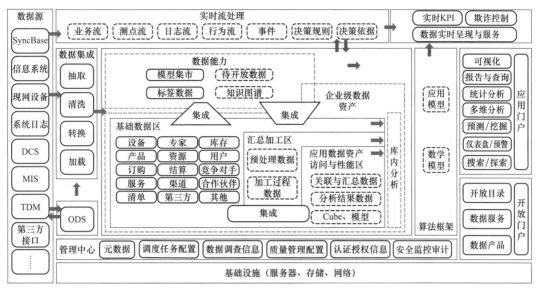

图5-2 南京科远智能电厂架构中的大数据平台

另外，华为、阿里也提供了各自的电厂大数据平台方案，其架构如图5-3所示。

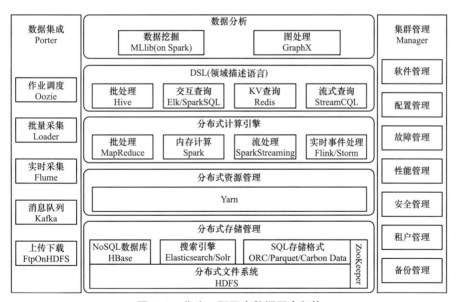

图5-3 华为、阿里大数据平台架构

注：键－值（Key Value，KV）查询。

大数据平台可以基于云架构，也可以基于独立的服务器集群。平台的软件可以是开源软件，也可以是企业自己开发的私有软件。

二、现有数据平台的问题与不足

智能电厂数据中心的建设，从流程上来说，囊括了异构数据的采集、存储、清洗，需要进行数据分析，并采用包括数据挖掘、统计分析、机器学习、神经网络算法等技术，对数据进行处理、加工，使得原始的低价值数据，在层次上升华为信息、知识，之后才可以为智慧应用提供直接支持。

如图 5-4 所示，数据中心将各种异构数据采集、存储到操作型数据库（ODS）中，然后借助于各种抽取、清洗和转换（Extra-Transform-Load，ETL）工具进行数据清洗，存储到数据仓库（Data Warehouse，DW）之中进行数据分析，将结果存储到数据集市（Data Mart，DM）中，可以直接对各种智能业务提供直接支持。

以上阶段可以简化为数据采集、数据加工两个阶段。在不同的阶段，同一数据所面对的问题各有区别。

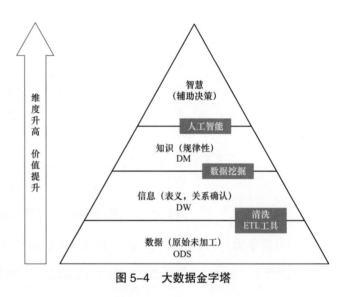

图 5-4　大数据金字塔

（一）在数据采集阶段的问题

1. 电厂信息数字化

信息数字化是数据可以采集的前提。当前很多电厂实际上仍未能形成厂级的统一数据平台，实时数据与相关管理数据在存储和应用上都还是割裂的。工厂的运行、优化、检修、预警、设备可靠性评价等相关数据，还不具备可采集性。

2. 完整的数据移交方案

电厂全生命周期一般可分为 3 个阶段：规划与设计阶段、工程建设与安装阶段和运行与维护阶段。电力设计院的设计数据是许多数据的最初来源。如果没有有效的数据移交方案，将不能提供对设备采购、施工和生产运行维护的完整数据支持，并直接导致大数据平台的数据缺失。

3. 编码映射

电厂的各个系统和设备及建筑物应采用唯一的 KKS 编码，使得电厂的 MIS、

ERP、SIS 等各种业务模块的数据可以建立关联，实现数据的互联互通，使得各种数据可以整合到统一的数据平台。如果电厂没有建立 KKS 编码或编码映射规则，那么将无法消除信息孤岛；即使投入大量人工，也会影响建立数据中心的数据完整性、可靠性。

（二）在数据加工阶段的问题

1. 需求推动

正常来说，数据中心的建设应该是业务需求所推动的。电厂本身有利用大数据、人工智能等新技术降低运行维护成本、提升运行维护效率的需求，电厂业务需求决定了平台的选择以及规模和成本。

2. 资源投入

建立大数据中心，部署智慧应用，企业除了要考虑投入的硬件、软件平台，还需要考虑两种成本。第一，大数据分析的成本，表现为需要有生产力工具类的产品来帮助提供升数据处理的效率。第二，需要懂业务和懂技术的专家利用这样的生产力工具来做落地，尤其是企业数据多而乱的情况下，如何规范地治理和利用数据，这是摆在企业面前的难题。企业无论是自研，还是寻求合作方共同开发，或者是购买成熟的智能产品，都会涉及相当大的人力成本、软硬件投入或资金投入。

企业在投入相关资源之前，还需要请相关领域的专家，对未来的最终收益做出评估。但是现在智能电厂建设虽然已经起步，但是智慧应用的具体场景、解决方案实施细节、收益，很多地方还有待于进一步明晰、确定、成熟。

3. 大数据处理技术的进展

对于大数据来说，随着数字化的进展，尤其是在有明确的业务需求和企业投入的前提下，数据的收集、存储、清洗可能都不是问题。

基于智能电厂数据中心，最务实可行的用途，是从更全面的数据中发现特定的规律，并借鉴当前各电厂的成熟方案，为生产、运行维护、安全等业务提供直接支撑。

但是，大数据的最终目标是支持智慧应用，当前阶段虽然也有一定进展，但现在的基于大数据的人工智能实现方式，还是偏重于机器学习、深度学习，依赖于逻辑回归、随机森林、神经网络等特定的数学模型和训练数据。但一般认为，这些处理逻辑不具有普适性，受限于数据的完整性、算法的局限性，从技术预期或成熟度来看，可归类为弱人工智能或不成熟阶段，未来可能会有更大的发展空间，甚至人工智能技术可能会从其他路线或角度获得突破。因此，对于当前正在建设的智能电厂而言，未必能获得可靠而成熟的技术，或者说只能获得相对成熟的技术。

（三）数据中台的建设

数字化电厂的建设是数据中心的基础，那么电厂的数据中台可以视为智能电厂数据中心的功能形态。数据中台是指包含数据采集、共享、分析、治理和服务应用于一体的综合性的数据能力平台，数据中台面向电厂具体业务需求，并以智能电厂数据中心为基础，直接为各项电厂业务或功能模块提供数据支持。

在当前 IT 企业的业务系统中，后台是以共享为基础的基本服务 API，特征是稳定性；而数据中台的特征是实现业务和数据的整合和共享；业务中台的特征是能力固化和赋能，作为前台开发的基础；而前台直接提供具体服务，其特征是开发的敏捷性、交付与部署的灵活性。

数据中台和业务中台，两者具有关联性，一般采用面向服务的架构（Service Oriented Architecture，SOA），其理念是"去中心化"。如果没有数据中台及 SOA 架构，那么企业开发新的业务模块，首先需要从各个封闭的数据源获取数据，而且要从头开发各种中间组件或接口。

数据中台的建设，在当前阶段会面临较大的问题，最大的障碍是当前电厂的生产、运行维护平台来自不同的厂商。SIS 系统和 MIS 系统由不同的厂商开发，数据移交平台可能也会有独立的架构，电厂可能还会有自己的 ERP 系统。

即使建立了智能电厂数据中心，如果以上各业务系统依旧相互独立，那么仍然影响数据在应用层面的互联互通。因此，需要继续探索符合数据中台理念的可行性方法。

三、智能电厂数据中心的发展趋势

智能电厂的实施是建立电厂统一数据平台的基础，其实施手段是对目标的采集、分析和挖掘，其实施目标是能够为智能电厂的建设提供数据支持。智能电厂的数据包含了电厂运行维护、管理的所有细节。基于全面的数据以及对于数据的充分理解，可以使得电厂运行维护管理的细节得以明晰，配合相应的业务手段和方法，最终可以使得电厂的运行维护成本降低、效益增高。通过统一的数据平台，建设的目的就是为了管理数据、挖掘知识。

因此，从智能电厂和数据中台、业务中台的实施等角度，来分析智能电厂数据中心的发展趋势。

1. 智能电厂的实施

智能电厂的实施，对于未来建立智能电厂数据中心具有重要的意义。因为智能电厂能够保证电厂全生命周期各种数据的可采集性。现在有所谓"数字孪生"的概念，目标正是建立一个与物理电厂一致的全息数字电厂。数字电厂的实施，要尽量满足以下要求：

（1）在纵向上，考虑数据从设计阶段开始，向施工建造、运行维护、停止传递，最终形成全生命周期的数据流。

（2）在横向上，由电厂建立电厂数据协同平台，建立统一的 KKS 编码体系和数据库，约定各自的责任，使得设计厂商、建造厂商、各业务系统厂商，以及后期的开发团队，打通数据传递的流程，彻底消除数据孤岛，建立统一的数据平台及坚实的数据基础。

（3）在手段上，需要制定完整的数据移交规范，实现电厂管理对象、工程设备与装置、过程控制、运行维护与管理过程的数字化。其中数字化移交的完整性，决定了电厂数据的完整性。数据移交包括了电厂基建期的设计、采购、安装、建设、调试等数据，需要通过统一的 KKS 编码，实现不同单位之间的数据共享和交换，并以此保证电厂数据的共享和信息融合。现场设备要优先考虑采用便于数据采集的智能设备、测量仪表和管理系统。目标首先是方便数据采集，然后是方便智能化控制和电厂的自动化运营管理。

2. 数据中台和业务中台的建设和实施

数据中台和业务中台价值在于组件或接口复用，降低了新业务部署、开发的成本，并使得基于业务中台和数据中台，使得数据库、服务器集群、单一部署等概念都得以弱化。

现在 IT 业界的业务中台和数据中台，很多企业已经做了大量探索和实施。基于统一数据中心的必要性，以及现在 IT 业界对 SOA 架构实施的普遍性，智能电厂未来具备业务中台和数据中台实施的可能性。

现在电厂的厂级监控信息系统（SIS）和管理信息系统（MIS）、企业资源管理系统（ERP），很多已经采用了 SOA 架构，并实现了 RestFul 接口规范。在智能电厂的建设方案中，应该有限选择采用 SOA 架构并提供符合特定规范的接口 API 的厂商，这样能方便建立电厂的业务中台和数据中台的实施。

在未来的智能电厂建设中，建立统一的数据平台，作为各种新的智能业务得以实施的基础；对所引进的各种合作厂家的电厂业务系统，应考察其接口 API 的复用能力、二次开发的支持能力，以便能顺利整合到智能电厂的统一平台中，提高数据互通的能力、降低新的业务上线的开发和部署成本，最终使得一个一体化的智能电厂管理平台能得以实现。

四、电厂数据中心的总体架构

发电企业的数据中心位于智能电厂云平台的 PaaS 层，是各类智能应用的资源基础，其总体架构一般如图 5-5 所示。

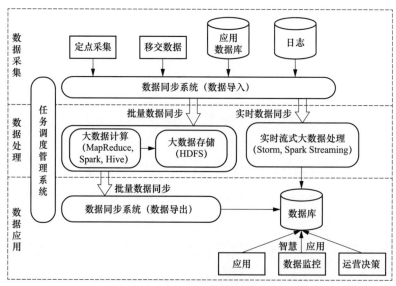

图 5-5　电厂数据总体中心架构

数据中心根据数据的流向，一般可以分为数据采集层、数据处理层、数据应用层。在数据应用层，可以为具体的业务应用提供数据支持或展示。数据采集层进行数据采集，包括结构化数据及非结构化数据，实时数据和非实时数据。数据处理层可以对所采集的数据进行存储、处理、挖掘。数据输出与展示层有时候会和业务结合，对具体前端业务模块提供支撑。

数据中心可以基于开源的 Hadoop 架构自行构建。Hadoop 是一种开源架构，由社区管理和维护，并采用一套共同的接口规范。国内一些企业为了获取更高的可用节点数、更强的处理性能，会对 Hadoop 做一些扩展开发；一些企业为了满足自身业务需求，自己开发了大数据处理平台，但是部署成本可能会相应升高，另外就是其数据处理的 API 与开源 API 可能存在兼容性问题。

考虑维护成本，电厂数据中心可优先考虑为企业定制的大数据平台产品。很多企业私有云厂商都可以 IaaS、PaaS 的方式，提供包括 Hadoop 平台在内的大数据解决方案，其中有成本相对较高的基于云平台的部署方式，也有为企业定制的大数据服务器集群，成本相对较低。这些厂商一般还可提供自研的数据挖掘或人工智能算法，为智能电厂业务提供直接和间接的支持。

第二节　数据中心关键技术

一、大数据

1. 大数据发展概述

2014—2017 年，国家大数据战略经历了最初的预热、起步后开始落地实施。2014 年 3 月，"大数据"一词首次写入政府工作报告，大数据开始成为国内社会各界的热点。2015 年 8 月印发的《促进大数据发展行动纲要》（国发〔2015〕50 号）对大数据整体发展进行了顶层设计和统筹布局，产业发展开始起步。2016 年 3 月，《十三五规划纲要》正式提出"实施国家大数据战略"，国内大数据产业开始全面、快速发展。

随着国内大数据相关产业体系日渐完善，各类行业融合应用逐步深入，国家大数据战略走向深化阶段。2017 年 10 月，党的十九大报告中提出推动大数据与实体经济深度融合，为大数据产业的未来发展指明方向。12 月，中央政治局就实施国家大数据战略进行了集体学习。2019 年 3 月，政府工作报告第六次提到"大数据"，并且有多项任务与大数据密切相关。

进入 2020 年，数据正式成为生产要素，战略性地位进一步提升。4 月 9 日，中共中央、国务院发布《关于构建更加完善的要素市场化配置体制机制的意见》，将"数据"与土地、劳动力、资本、技术并称为五种要素，提出"加快培育数据要素市场"。5 月 18 日，中央在《关于新时代加快完善社会主义市场经济体制的意见》中进一步提出加快培育发展数据要素市场。2021 年国家颁布的"十四五规划"纲要中强调要"加快构建全国一体化大数据中心体系，强化算力统筹智能调度，建设若干国家枢纽节点和大数据中心集群"。这标志着数据要素市场化配置上升为国家战略，将进一步完善我国现代化治理体系，有望对未来经济社会发展产生深远影响。

我国在国家级政策中将数据定义为"生产要素"，建立在对历史和现实的深入思考之上。人类社会发展的不同时期，都会有相对应的关键性生产要素。这些关键的生产要素都释放了强劲动能，催生了生产技术组织变革，从而拉动了时代快速发展变迁。进入数字社会，数据就成为这一关键性生产要素。

从目前来看，作为关键生产要素，大量数据资源还没有得到充分有效的利用。根据 IDC（国际数据公司）和希捷科技的调研预测，随着各行各业企业的数字化转型提速，未来两年，企业数据将以 42.2% 的速度保持高速增长，但与此同时，调研结果显示，企业运营中的数据只有 56% 能够被及时捕获，而这其中，仅有 57% 的数据得到了利用，43% 的采集数据并没有被激活。也就是说，仅有 32% 的企业数据价值能够被激活。随着数据要素市场培育和建设的步伐加快，数据的有效利用、数据价值的充分释放将成为多方力量共同努力的方向。

2. 电厂大数据特征

大数据是在数据获取、存储、管理、分析方面大大超出了传统数据库软件工具能力范围的数据集合，是一种海量、高增长率和多样化的信息资产。如今的火力发电厂特别是大容量火力发电机组，数据测点分布广、数量多、采集频率高，历史和实时运行数据均具有体量大、种类多、存储规模大的特点，属于典型的大数据，已成为智能电厂的重要属性之一。

智能电厂大数据主要具有以下 5 个特点：

（1）多源获取、位置分散、数据体量大、结构多样。

（2）蕴含的信息复杂，数据间的关联性强。

（3）数据持续采集，采样速率多样化，具有动态时空特性。

（4）数据采集、存储、处理、分析、挖掘的时序性和实时性要求高。

（5）数据应用具有闭环要求。智能电厂的关键就是各种数据分析、挖掘、优化结果的闭环实现。

3. 数据中台

数字中台（Data Platform）以数据为中心，在数据集成的基础上以服务的方式提供数据的全生命周期管理，为业务构建提供便利，实现数据对于应用业务的价值，是保障"新基建"计划和数字化转型顺利推进的先进生产力。在互联网、零售、制造、金融、教育、社会治理等领域数字化转型的过程中，数据中台建设已成为其中最基础、最关键的一项任务。数据中台的核心功能是提供统一、便利的数据集成、数据管理、数据分析和数据服务能力，是发挥数据这种新能源动力价值的核心系统。在传统信息系统中，这一功能是由以数据库管理系统及以其为基础的 ETL 工具、数据仓库和联机分析处理（Online Analytical Processing，OLAP）系统、中间件系统等一系列平台、系统和工具共同完成的。

数据中台建设一方面需要在分布、多源、异构、演化的信息系统中实现包括数据治理、数据集成、数据管理、数据分析与挖掘、数据可视化等技术，面临着传统数据管理中既有的诸多挑战；另一方面，还需要新的数据管理和人工智能技术作为支撑。例如，它需要知识图谱支持数据语义集成和推理等功能，需要数据世系（Lineage）支持全流程的数据追踪和审计。更重要的是，数据中台需要一套新的应用建模、系统设计，以及开放架构下开发与运行维护的方法。数据中台设计、开发与运行维护方法及其关键核心技术的研发对于发挥数据价值、"赋能"行业领域，具有重要意义。

二、人工智能

（一）人工智能技术的定义

人工智能（Artificial Intelligence）是计算机科学的一个分支，它是研究、开发用于模拟、延伸和扩展人的智能的理论、方法、技术及应用系统的一门新的技术科学。从字面理解，人工即为人工制造，智能则涉及诸如意识、自我、思维等。简单来说，就是生产出一种能以人类智能相似的方式做出反应的智能机器。

（二）人工智能技术的发展

1945 年美国宾夕法尼亚大学研制出第一台电子计算机 ENIAC，与此同时，计算机专家阿兰·图灵提出了机器智能的问题，并提出了著名的"图灵测试"来判断机器的智能水平。图灵测试的提出标志着人工智能进入萌芽阶段。1956 年，在美国达特茅斯学院举行的研讨会上，正式提出了"人工智能"的概念和学科，标志着人工智能的诞生。随着新的算法和模型不断涌现，学科交叉现象日趋明显，人工智能的研究进入了新的阶段。在 20 世纪 70~80 年代，以 DENDRAL 系统为代表的专家系统大量涌现。随后到 20 世纪末期，浅层机器学习模型兴起，SVM、LR、Boosting 算法等纷纷面世。21 世纪 10 年代以来，人工智能出现新的研究高潮，机器开始通过视频学习识别人和事物。基于神经网络的深度学习算法、基于生物进化的遗传算法以及辅助学习的模糊逻辑和群体算法等开始进行大规模的实践。大数据时代的到来给人工智能的发展带来契机，人工智能全面融入人们的社会生活。

（三）人工智能技术的核心

1. 数据挖掘与机器学习

当面对大量数据时，需要进行深度数据挖掘来阐明数据之间的联系，常用的方法是机器学习，它是人工智能的重要分支。机器学习是关于如何使用计算机来模拟或实现人类学习活动的研究。目前已被广泛使用的是基于人工神经网络的深度学习，正是因为神经网络具有多神经元、分布式计算性能、多层深度反馈调整等优点，所以它们可以通过数据训练来计算和分析大量数据并形成模型。其自学习功能非常适合基于智能关联的大规模搜索。深度学习是基于现有的数据进行学习操作，是机器学习研究中的一个新的领域，旨在于建立、模拟人脑进行分析学习的神经网络，它模仿人脑的机制来解释数据，例如图像、声音和文本。

2. 知识和数据智能处理

专家系统是目前知识处理中最常用的技术之一。它将一般思维方法的讨论转移到使用专业知识来解决专业问题,并在人工智能方面从理论研究到实际应用取得了重大突破。专家系统可以被视为具有专门知识的一种计算机智能程序系统。通常仅由专家才能解决的各种复杂的问题,如果运用专家系统则能通过人工智能来解决和模拟。

3. 人机交互

机器人技术和模式识别技术是人机交互中应用的主要技术。机器人是模拟人类行为的机器,是智能领域中的更先进的技术。人工智能研究的模式识别是指用计算机代替人类或帮助人们感知模式。它的主要研究对象是计算机模式识别系统,即该计算机系统可以通过外界的感觉器官来模拟人类的各种感知能力。

4. 算法

人工智能的定义是让机器实现原来只有人类才能完成的任务,其核心是算法。算法(Algorithm)是指解题方案的准确而完整的描述,是一系列解决问题的清晰指令,算法代表着用系统的方法描述解决问题的策略机制。算法是利用计算机解决问题的处理步骤,简而言之,算法就是解决问题的步骤。下面介绍几种典型算法。目前,很多人工智能算法是基于交叉学科的,如通过模拟人类神经网络的深度学习算法、基于"物竞天择,适者生存"进化论概念的遗传算法、通过观察蚁群活动而产生的蚁群算法等。

(1)深度学习,神经网络。深度学习的"深度"二字源于神经网络隐藏层的层数可以人为增加,即整个算法的长度会不断加深。神经网络算法近几年给整个计算机领域带来了革新,同时也影响了其他学科,甚至对整个社会也产生了深远影响。神经网络算法经历了3个阶段:①简易线性前向传播,此时的神经网络也叫"多层感知机",神经元的运算本质即为简单的矩阵相乘而已;②非线性反向传播,就是在多层感知机的基础上加入偏置和激活函数让线性转化为非线性;利用损失函数和梯度下降算法转变前向传播为反向传播;通过反向传播不断改进参数最终使损失函数值达到预期,此阶段后期又出现多种优化算法如学习率可以改变梯度下降算法的幅度、正则化解决过拟合问题、滑动平均算法使模型更健壮等,第二阶段的神经网络称为"人工神经网络"或者"全连接网络";③神经网络进化阶段,在人工神经网络的基础上衍生出能够权值共享的卷积神经网络(CNN)、解决序列问题的循环神经网络(RNN)、在RNN上改进的长短期记忆网络(LSTM)以及其他一些递归神经网络、生成式对抗网络(GAN)、脉冲神经网络(SNN)等,同时也衍生出一些基于神经网络的经典模型,如bi-LSTM、bert模型等。神经网络目前已经得到了广泛应用,如人脸识别、机器翻译、文本分类、无人驾驶等。

生物神经元神经网络示意如图5-6所示,神经网络算法原理示意如图5-7所示。

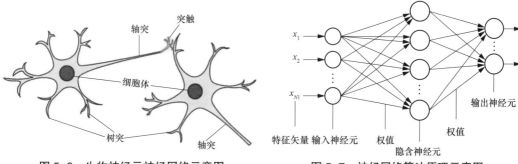

图 5-6　生物神经元神经网络示意图　　　　图 5-7　神经网络算法原理示意图

（2）遗传算法。遗传算法是模拟人类和生物的遗传 – 进化机制，主要基于达尔文的生物进化论：物竞天择，适者生存和优胜劣汰。具体实现流程是：①从初代群体里选出比较适应环境且表现良好的个体；②利用遗传算子对筛选后的个体进行组合交叉和变异，然后生成第二代群体；③从第二代群体中选出环境适应度良好的个体进行组合交叉和变异形成第三代群体，如此不断进化，直至产生末代种群即问题的近似最优解。遗传算法通常应用于路径搜索问题，如迷宫寻路问题、8 字码问题等。

（3）蚁群算法。蚁群算法的灵感来源于观察蚂蚁集体觅食的行为现象，单个蚂蚁在觅食过程中会在路径中遗留下"信息素"，蚂蚁都具备判别"信息素"浓度的本能，如果在某条路径上有高浓度的"信息素"即可判定为该路径是最佳觅食路径。实现流程同样类似：①初始化参数，构建整体路径框架；②随机将预先设定好的蚂蚁数量放置在不同的出发点，记录每个蚂蚁走的路径，并在路径中释放信息素；③更新信息素浓度，判定是否达到最大迭代次数，若否，重复②；若是结束程序，输出信息浓度最大的路径即要获取的最佳路径。蚁群算法和遗传算法类似，主要用于寻找最佳路径，尤其在旅行商问题（TSP）上被广泛采纳。

（4）粒子群优化算法。粒子群优化算法（Particle Swarm optimization，PSO）又翻译为粒子群算法、微粒群算法或微粒群优化算法，是通过模拟鸟群觅食行为而发展起来的一种基于群体协作的随机搜索算法。通常认为它是群集智能（Swarm intelligence，SI）的一种。它可以被纳入多主体优化系统（Multiagent Optimization System，MAOS）。PSO 模拟鸟群的捕食行为，一群鸟在随机搜索食物，在这个区域里只有一块食物，所有的鸟都不知道食物在哪里，但是他们知道当前的位置离食物还有多远，那么找到食物的最优策略是什么呢？最简单有效的就是搜寻离食物最近的鸟的周围区域。PSO 从这种模型中得到启示并用于解决优化问题。PSO 中，每个优化问题的解都是搜索空间中的一只鸟，称之为粒子。所有的粒子都有一个由被优化的函数决定的适应值（fitness value），每个粒子还有一个速度决定他们飞翔的方向和距离。然后粒子们就追随当前的最优粒子在解空间中搜索。PSO 初始化为一群随机粒子（随机解），然后通过迭代找到最优解，在每一次迭代中，粒子通过跟踪两个"极值"来更新自己。第一个就是粒子本身所找到的最优解，这个解叫做个体极值（pBest）；另一个极值是整个种群找到的最优解，这个极值是全局极值（gBest）。另外，也可以不用整个种群而只是用其中一部分最优粒子的邻居，那么在所有邻居中的极值就是局部极值。PSO和遗传算法有很多共同之处。两者都随机初始化种群，而且都使用适应值来评价系统，而且都根据适应值来进行一定的随机搜索。两个系统都不保证一定找到最优解。但是，PSO没有遗传操作，如交叉（crossover）和变异（mutation），而是根据自己的速度来决定搜索。粒子还有一个重要的特点，就是有记忆。与遗传算法比较，PSO的信息共享机制是很不同的。在遗传算法中，因为染色体（chromosomes）互相共享信息，所以整个种群的移动是比较均匀地向最优区域移动。在PSO中，只有gBest（orlBest）将信息给其他的粒子，这是单向的信息流动。整个搜索更新过程是跟随当前最优解的过程。与遗传算法比较，在大多数的情况下，所有的粒子可能更快地收敛于最优解。

5. 退火算法

退火的概念来源于物理学科热力学，指要想得到固体的理想有序结晶状态，需要先加温加快固体内部的分子运动，再缓慢降温降低分子运动，直至得到规则有序的结晶状态；不可快速降温，过快的降温是无法得到理想结晶状态的。退火算法（Simulated Annealing）和爬山算法（Hill Climbing）有些类似，都属于贪心算法。爬山算法的缺点是只能得到局部最优解，退火算法由于加入了随机因素，所以在找到局部最优解后会跳出来继续寻找，直至找到全局最优解。退火算法在寻找最优解的应用问题上被广泛使用，如优化车间调度流程、旅行商问题等。

第三节　智能电厂数据中心的实施

智能电厂数据中心的建立，需要考虑电厂的业务需求和具体的数据环境，从设计阶段开始规划，并将建造、生产、运营等全生命周期的数据都纳入智能电厂数据中心的管理；并结合最新的大数据技术，为智能电厂提供支持和服务。

一、数据中心的实施计划纲要

1. 电厂牵头，建立数据项目组

数据项目组的责任是统合设计院、施工单位、设备厂商、软件提供商、开发人员等全部参与者，按照统一的数据标准和规范，进行数据的采集、存储和分析。

数据项目组需要制定并落实"电厂数字化设计规范""电厂数据移交规范",并在"智能电厂采购技术规范"中落实关于数据采集的标准和要求。

数据项目组应该领导各合作方就数据的标准和协作方面建立沟通机制和提资流程,使得各合作方能就数据的一致性、完整性进行配合和协作。

数据项目组应该建立统一的 KKS 编码库,并为各合作方提供查询接口和操作接口,作为各合作方就数据进行沟通的基础平台。

2. 制定"电厂数字化设计规范"

数据项目组需要对电厂的数字化设计提出具体的实施计划和要求,设计院、设备厂商应按此要求开展数字化设计和建模。

3. 制定"电厂数据移交规范"

数据项目组需要编制对数字化移交平台,以及移交内容的结构、范围、深度等的详细技术要求,以便于在采购和实施过程中予以落实。

4. 建立大数据平台

在考虑了电厂数据环境和具体业务需求的前提下,建立容纳电厂全生命周期数据的平台。建议使用国内厂商开发的、基于开源架构的大数据平台,使用专有的大数据服务集群为基础设施,为了降低成本,可以考虑从不同厂家分别采购平台管理软件、大数据处理软件以及硬件服务器和网络设施。

5. 建立数据中台

如前所述,数据中台是一种数据服务,可以为具体业务提供具体支持。大数据平台是数据中台的基础设施。数据中台是对大数据进行分析、挖掘、知识化的结果,是对数据进行了处理之后、面向具体应用的基础功能模块。

在智能电厂数据中心的基础上,结合在业界获得普遍应用的面向服务的架构、微服务架构、容器化部署,从长远来看,数据中台技术将成为企业业务系统开发与部署的方向。

但现在电厂的各种业务系统的确存在不同厂商不同的状态,为了推进数据中台的建设,解决方案如下:

由数据项目组牵头,与各个业务系统的开发厂商沟通,形成共识和标准,按照统一的接口规范(例如 RestFul)提供对外共享接口。其中,安全验证基础服务可以由 MIS 系统提供;但是涉及电厂生产的业务中台,主要在 SIS 系统的基础上承担。因此,需要和 SIS 合作厂商事先制定数据利用和数据服务的规范;然后在此基础上,继续深化电厂各智慧业务的功能模块的开发。

二、大数据平台的基础设施

大数据平台的基础设施层主要包括服务器主机、网络设备、云平台等。大数据平台需要具备数据存储和数据容灾，并采用实时备份策略。

基于云平台的基础设施一般要同时引进云平台的管理软件和专用服务器，会带来额外的成本。云平台是考虑到资源扩增、高并发、弹性部署等 IT 业界的具体要求而发展起来的。相对来说，电厂的业务清晰，数据量变化稳定，不需要考虑高并发的业务需求，所以电厂不需要配置所有云平台及数据中心的功能，应根据自身具体业务需求，对云平台和数据中心做出合适的定制和剪裁，这样可降低成本，同时提高运行效率。企业在具体功能需求明确的前提下，还可以采用超融合或服务器集群的方案，也能有效降低成本。

电厂大数据平台的建立，需要考虑很多要素，如企业自身的数据环境、企业的业务需求、具有应用开发能力的合作方等。这些要素决定了企业大数据平台的规模和技术路线。智能电厂的成熟，离不开大数据平台，离不开企业的业务需求，离不开合作方或开发团队。智能电厂业务是多方的资源和技术统合的结果。

三、数据的汇集

1. 数据采集标准

数据项目组统筹智能电厂参与方，监督并落实数据采集相关的标准，保证数据采集的完整性和有效性。

2. 数据移交方案

在数字化移交中，所有的工程技术文件（卷册）、数字化模型单元、工程数据表中的数据记录单元，都需要采用 KKS 编码进行标识。KKS 编码体系为核心的多编码互关联数字化移交，是实现对编码对象的数据互通、打破信息孤岛的基础方法，保证了电厂管理对象的数据一致性。数字化电厂实施以及数据的一致性、完整性，会降低智能电厂的实施成本，否则将来的数据贯通将耗费更多成本。

数据移交的主要内容如图 5-8 所示。

移交数据以静态数据为主，包括结构化、非结构化、半结构化数据。在每批数据移交完成时，立即纳入智能电厂数据中心进行管理，并作为电厂各参与方的后期协作的数据基础。

3. 业务数据采集方案

业务数据主要包括机组实时数据、试验数据、运行数据、工作任务、文档信息以及从其他系统获取的数据、来自 ERP 系统的巡检及智慧门禁数据。SIS、MIS、ERP 系统应预留数据通道，保证大数据采集工具可以进行数据采集。数据采集和处理流程示意图如图 5-9 所示。

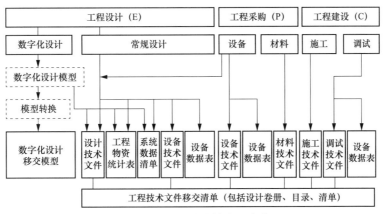

图 5-8　数据移交的主要内容

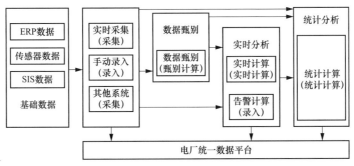

图 5-9　数据采集和处理流程示意图

四、数据分析

数据分析技术主要包括数据挖掘、机器学习、统计分析、神经网络、模糊理论等。电厂原始数据经过预处理、质量监控、数据清洗后进入"数据湖",后续的操作以此为基础,深入分析挖掘,为电厂智能业务提供支持。

具体数据分析技术主要取决于电厂本身的业务规划和具体的业务开发者的技术能力。数据分析技术在软件和硬件要求上,在特定领域具有相对较高的门槛,在开发具体业务和应用时,必要时可以引入具有较强开发能力的合作伙伴。

电厂应该进行顶层设计、统一规划,构建大数据、微应用、多情景、一体化的模式,实现数据互联互通,充分挖掘数据的价值,降低电厂的运营成本,提高运营效率。

五、数据的应用

智能电厂的大数据的应用领域较多并且比较成熟的主要体现在智能管理层和智能设备层,包括经营决策、安全管理、智能巡检、设备故障诊断、智能检修等方面;

而从智能控制层面进行的相关应用研究较少,目前的主要障碍是技术成熟度和安全考量。

1. 优化故障诊断、安全报警与状态检修

利用大数据平台,全面采集 MIS、SIS、检修管理、运行管理、物资管理和各类在线监测系统等关系数据和实时数据,并基于大数据分析技术,对电厂主要高耗能系统设备和环保设施进行动态经济性和环保性评估及预测;结合综合设备管理系统中的巡检数据、实时运行数据、报警数据、关键指标的变化趋势,及专家诊断系统诊断结论等数据,对关系机组安全、稳定运行的关键运行系统设备进行可靠性和安全性动态评估,进而实现在线故障告警、故障预警、故障诊断和预测。

火力发电厂工艺系统复杂,DCS 控制系统监控点数十分庞大,随着 DCS 系统功能的逐步强大,设计院在施工图设计阶段以及组态厂家,应注意降低运行过程中的报警泛滥现象,考虑运行人员在一定时间内可接受的正常以及最大报警数量,合理设置报警系统组态方案。

2. 优化机组流量特性曲线

考虑汽轮发电机组的阀位指令、阀门、机组主蒸汽、给水与减温水流量等指标,辅以大数据算法,可以优化负荷响应值和响应速度。

3. 优化控制系统性能评估

系统性能评估最重要的是基准模型的建立和评估准则的选取。可采用的方法较多,既有经典控制理论的建模方法,也有基于现代控制理论的建模方法,同时还有以神经网络、支持向量机、模糊理论等基于各种先进计算理论的建模方法。然而,合理的控制系统性能评估准则的选取则相对较难。如何选取合适的性能评估准则仍将是大数据应用过程中控制系统性能评估今后研究的重点之一。

4. 系统运行目标寻优

关键参数目标值挖掘是火电机组寻优的一种重要手段,系统寻优首先需要明确优化目标。对于火电机组来说,优化目标通常包含节能、环保、稳定 3 个方面。节能即优化各项经济性指标,主要包括发电煤耗、锅炉效率、汽轮机热耗率等;环保通常指 NO_x 等污染物的排放质量浓度应尽可能低;稳定则要求主蒸汽温度和各主要换热面温度不超限。经对关键参数目标的大数据进行挖掘,优化工况划分和匹配,实现运行目标的优化。

5. 智能一体化决策支持

智能一体化决策支持是通过对数据资产及各类数学模型,采用数据挖掘及分析技术,为电厂管理层在经营管理、设备诊断、能耗分析、优化运行等方面决策提供有力的数据支撑。

基于大数据平台,进行数据分析和挖掘,提供一键式实时分析,并对分析结果实现数据可追溯、分析结果结构化展示，可以进行精细化管理，使得风险可控，实现基于数据的决策、管理、创新。

第四节　实施风险与对策

智能电厂数据中心的建设，总体的技术软硬件基础设施，以及现在所普遍采用的大数据技术，都是可用且成熟的。但是，在智能电厂项目的实施过程中，不可避免地会面对如下的各种风险。

1. 数字化电厂实施中的质量控制

电厂数字化是电厂统一的数据平台的基础，其中要保证使用数字化设备、数字化仪表及上层系统，以保证数据的可采集性；需要制定统一的 KKS 编码，并以此统合设计、建造、运行维护的各种数据；而且，还要制定可控的数据移交标准，使得设计、建造、设备厂商所交付的数据满足智能电厂数据中心的质量要求。这需要事先制定严格的质量标准，并能在各单位内部以及各单位之间落实。

这里的主要风险在于标准的制定和落实，以及可靠的质量控制。因此，建议电厂建立一个项目数据组，其职责是负责数字化电厂的数字化建设规划以及数据质量的控制。

2. 大数据平台的技术架构选择和成本控制

虽然大数据平台的技术路线是成熟的，而且已经在 IT 业界推广，并在各种应用场景中得到了检验；但是，大数据平台的技术路线并不是单一的技术路线和架构。大数据平台可以和私有云、共有云结合部署，但是也可以不依赖于云平台，而以专用的服务器集群部署。在大数据平台的软件架构中，在资源调配、数据采集、数据分析技术上，也存在多种可选技术路线；不同的大数据平台厂商，也提供了基于开源路线和定制的基础设施。因此，软硬件平台的建设上具备某种程度的复杂性。

为了解决这种复杂性，电厂需要首先理顺自己的业务需求，然后确定智能电厂的合作方，协调制定软硬件平台及具体的实施方案；其中特别是按照具体业务需求、合作方的开发能力，对软硬件平台做出合适的剪裁，以减低实施成本。

对于电厂来说，其业务相对单一，不需要面对高并发的业务场景，大数据的数据规模也相对平稳，对敏捷开发、持续集成的要求也不高，在平台建设时可以控制规模，放弃引进非必需的功能模组。

第六章　智能电厂网络规划

第一节　概述

　　火力发电作为我国当前电力生产的主力军，伴随新形势下的国家政策、国内外的宏观环境及信息技术的迅猛发展，火力发电厂建设已从自动化、数字化、信息化逐步向智能化转变。智能电厂是在数字化电厂基础上，利用物联网技术和设备监控技术，加强信息管理和服务，清楚掌握生产流程、提高生产过程的可控性、减少人工干预、及时正确地采集生产过程数据，进而科学地制定生产计划，构建高效节能、绿色环保的人性化工厂。

　　随着移动互联网时代的到来，将新兴的有线、无线网络快速融合，满足用户在多区域、多场景灵活接入，大量移动终端同时在线的需求。目前的火力发电厂中，网络的应用主要以有线和无线两种通信方式。本节简要介绍现场总线、工业以太网、工业无源光网络、Wi-Fi、WIA、5G 等。

一、有线通信应用研究现状

1. 现场总线

　　现场总线（Field bus）是近年来迅速发展起来的一种工业数据总线，主要解决工业现场的智能化仪器仪表、控制器、执行机构等现场设备间的数字通信以及这些现场控制设备和 DCS 之间的信息传递问题。由于现场总线简单、可靠、经济实用等一系列突出的优点，所以受到了许多标准团体和计算机厂商的高度重视。

　　现场总线技术把现场测量、控制设备连接成网络系统，按公开、规范的通信协议，在现场测量、控制设备之间，以及这些设备与监控计算机（或 DCS 控制站）之间，实现双向数据传输和信息交换，构成由现场总线测量、控制设备集成的自治式控制系统，或由现场总线测量、控制设备与监控计算机（或 DCS 控制站）结合在一起构成一个完整控制系统，并可通过现场总线网络对现场测量、控制设备进行实时诊断、维护的系统。

采用现场总线后，控制系统的电缆、槽盒、桥架的用量减少，接线及查线的工作量减少。当需要增加总线设备时，可就近连接在现有现场总线网段上，既节省投资，又减少安装（特别是电缆敷设）的工作量。据有关典型试验工程的测算资料表明，可节约安装费用 30% 以上。另外，现场总线变送器和阀门定位器在安装后只需在 DCS 的资源管理器中检查现场总线设备的参数就能确认现场总线设备是否正常，阀门的行程可在 DCS 中做回路调试时再进行检查，节省了调试时间和调试费用。

现场总线在电厂基建期和运行期都能带来成本节约。基建期的成本节约表现在基本持平的设备成本和较低的安装费用；而运行期的成本节约则包括因有了网络化的设备管理所带来的较低的维护及运行成本，还有较低的扩建及改造费用。

另外，由于现场总线设备具有更多的故障自诊断能力，并通过数字通信方式将诊断维护信息送往 DCS，管理人员通过 DCS 的资产管理系统查询所有仪表设备的运行情况，诊断维护信息，寻查故障，以便早期分析故障原因并快速排除，仪表设备状况始终处于维护人员的远程监控之中。与此同时，根据资产管理系统提供的信息准确地制定大修或抢修的作业计划和备件储备，不必进行总线设备的周期性轮流解体检修，缩短停工维修时间，节约维修费用，降低生命周期成本。

因此，应用现场总线所产生的节省费用，是对控制系统的建设、运行、维护、发展的整个生命周期而言的。

现场总线设备根据标准要求提供了电子设备描述语言（Electronic Device Description Language，EDDL）。EDDL 为对象设备提供一个不依赖某种软件平台的描述文件，使控制系统能够理解设备中数据的意义。当产品符合相应的标准和规范，并通过为验证是否遵守这些标准而做的测试后，即可实现该产品与其他符合同样标准的产品之间的互操作功能。互操作性能使来自不同制造厂商的设备在集成时更加方便易用。

现场总线设备将微处理器置入现场测量仪表和控制设备中，使其具有数字计算和数字通信能力。数字信号使设备的信息量大大增加，传输抗干扰能力强，精确度高，减少了传输误差，提高了系统的可靠性。传感测量、补偿计算、工程量处理与基本控制等功能可在现场总线设备中完成。

如基金会现场总线（Foundation Fieldbus，FF）的压力和差压变送器，当测量量程不超过该传感器的最大量程范围时，则在变送器的 AI 模块中通过设定 XD-SCALE 和

OUT-SCALE 参数就可以修改和设置该变送器的测量量程，无需像 4~20mA 传统变送器那样用标准的信号发生器来改变和校验变送器的量程。FF 现场设备还能完成控制的基本功能。

2. 工业以太网

工业以太网是基于 IEEE 802.3（Ethernet）的强大的区域和单元网络。工业以太网提供了一个无缝集成到新的多媒体世界的途径。企业内部互联网（Intranet），外部互联网（Extranet），以及国际互联网（Internet）提供的广泛应用不但已经进入今天的办公室领域，而且还可以应用于生产和过程自动化。继 10M 波特率以太网成功运行之后，具有交换功能，全双工和自适应的 100M 波特率快速以太网（Fast Ethernet，符合 IEEE 802.3u 的标准）也已成功运行多年。采用何种性能的以太网取决于用户的需要。通用的兼容性允许用户无缝升级到新技术。

工业以太网，即在工业控制自动化领域使用的以太网技术，是在以太网技术和 TCP/IP 技术的基础上开发出来的一种工业网络，在技术上与商用以太网（即 IEEE 802.3 标准）兼容，但是实际产品和应用却又完全不同。其与传统计算机网络一样，协议分为物理层、数据链路层、网络层、传输层和应用层五层。但在产品设计、产品强度、材质选用、适用性、实时性以及可靠性、可互操作性、抗干扰性和本质安全等方面能够满足工业现场需要的以太网技术。

目前，基于工业以太网的 TCP/IP 体系架构已经逐渐为众多工业控制厂商所接受，工业以太网本身的开放性及其在大多数应用领域中能够满足高传输速率、高可靠性、实时确定传输、标准化和互操作等要求，并能够通过 Internet 实现工业生产过程和远程监控，使企业的自动化控制系统能够在更大范围内实现跨部门、跨领域的集成。工业以太网跟目前的现场总线相比，具有应用广泛、成本低廉、可持续发展潜力大等优势。而且各种现场总线也大多开发出以太网接口，因此可以说以太网已经成为工业控制领域的主要通信标准。

国际上已经有一些公司在积极推广工业以太网技术（如施耐德电气），面向工厂自动化提出了基于以太网 + TCP/IP，称之为"透明工厂"的解决方案。因此，随着控制水平的不断发展，工业以太网的应用范围会越来越大，发展前途也会越来越广阔。

3. 工业无源光网络（Passive Optical Network，PON）

随着全球经济的飞速发展和信息化程度的不断提高，人们对网络宽带业务需求越来越旺盛，随之而来的是对网络带宽的要求指数的增长。因此，接入网的速率毫无疑问成为整个通信网络的"瓶颈"。被称为"第一公里"或者"最后一公里"的接入网的发展将直接决定整个通信网络的业务容量和传输速度。因此，研究和发展宽带接入技术具有非常重要的现实意义。

目前广泛部署的不对称数字用户线（ADSL）技术利用频分复用技术，实现了在已有的电话线上数据信号和电话语音信号的共存，因而获得了广泛的应用。同轴电缆接入也是利用了已经铺设的有线电视（CATV）网络，利用频分复用技术实现数据信号和电视信号的同时传输。然而，现有的电接入技术和光接入技术相比，在传输速度、传输距离、成本和可靠性方面存在明显的劣势。从 2004 年开始，发达国家的网络运营商已经开始大量部署光纤到户（Fibre To The Home，FTTH）等光接入网，呈现了很明显的"光进铜退"的趋势。光接入技术表现出了巨大的生命力。要延长通信网络的传输距离，提高通信网络的速率，提高通信网络的安全性和可靠性，更好地保护资源，实现"绿色"通信，光接入是一个必然的、更优的选择。其中无源光网络（PON）由于其在用户端和局端无需有源设备，易于接入且成本低，成为目前主流的接入技术。PON 不仅可以支持新兴的交互式网络电视 IPTV、视频点播等，还可以同时传输现有的有线电视、语音等业务，因此被认为是解决目前网络接入瓶颈的较为成熟的解决方案之一。

工业 PON 网络系统是在对传统工业交换机系统研究基础之上，结合无源光网络通信技术的发展，推出的一套安全、可靠、融合、先进的综合解决方案。工业 PON 系统是应用在工业环境的全光 PON 网络系统，是采用光纤传输技术的接入网，泛指局端或远端模块与用户之间采用光纤或部分采用光纤作为传输媒体的系统，采用基带数字传输技术传输双向交互式业务。

从 20 世纪 90 年代初提出了 PON 概念之后，直至今日已有了长足的发展，逐步发展出了异步传输模式 PON（Asynchronous Transfer Mode PON，APON）、宽带 PON（Broadband PON，BPON）、以太网 PON（Ethernet PON，EPON）、千兆 PON（Gigabit PON，GPON）等一系列技术和标准。1995 年全业务接入网组织（Full Service Access Networks，FSAN）成立，旨在提出一种光接入解决方案并制定光接入网设备标准；1996 年 ITU-T（国际电信联盟电信标准部门）颁布了 G.982（PON 标准建议）；1998 年 ITU-T 颁布了 G.983（APON 标准建议）；2000 年 12 月成立了 IEEE 802.3ah 工作组，制定 EPON 标准建议；2003 年 3 月 ITU-T 颁布了 G.984（GPON 标准建议）；2009 年 10G EPON 标准 IEEE 802.3av 正式发布；2010 年 FSAN 完成 XG-PON 的标准化。APON 是最早由 ITU-T 和 FSAN 标准化的技术，后来更名为 BPON，由于其带宽不足、成本高昂、IP 业务效率低等局限性，并没有获得广泛的商用。EPON 技术最早由第一英里以太网联盟（Ethernet in the First Mile Alliance，EFMA）提出，后由 IEEE 802.3ah 工作组推动了其标准化。EPON 技术和有 ITU-T 标准化的 GPON 技术被大量部署并商用化，在全球市场上获得了广泛的应用。

随着用户对带宽需求的增加，现已广泛部署的 EPON 和 GPON 由于其带宽的局限性，限制了用户带宽的升级，进而阻碍了 PON 技术的进一步发展。因此，发展下一代具有更高带宽的 PON 成为当务之急，得到了广大网络运营商的大力推动。国内外的研究机构在提出下一代 PON 技术方面也投入了大量的研究。全业务接入网组织（FSAN）牵头对下一代 PON 技术的需求进行了深入的调研和分析。具有全球影响力的国际光纤通信会议（Optical Fiber Communication Conference，OFC）和欧洲光通信会议（European Conference On Optical Communication，ECOC）等会议组织都设立了光接入专题，开展下一代 PON 技术发展的讨论。目前国内外学术机构提出的具有一定影响力和认可度的下一代 PON 技术方案主要有时分复用无源光网络（Time Division Multiplexing Passive Optical Network，TDM-PON）、波分复用无源光网络（Wavelength Division Multiplexing Passive Optical Network，WDM-PON）、正交频分复用无源光网络（Orthogonal Frequency Division Multiplexing Passive Optical Network，OFDM-PON）以及堆叠时分波分复用无源光网络（Time Wavelength Division Multiplexing Passive Optical Network，TWDM-PON）等。

二、无线应用研究现状

1. Wi-Fi

Wi-Fi 是当前应用比较广泛的短距离无线网络传输技术，能将个人计算机、手机等能无线接收信号的设备以无线方式互相通信。它以传输速度高，有效距离长的优势占据了无线通信网络的一面江山。Wi-Fi 的通信协议是 IEEE 802.11b 标准。无线局域网标准是电子电气工程师协会（IEEE）颁布的 IEEE 802.11 Standard for Information technology-Telecommunications and information exchang between systems Local and metropolitan area networks-Specific requirements-Part 11: Wireless LAN Medium Access Control（MAC）and Physical Layer（PHY）Specifications。高速无线局域网标准是 IEEE 802.11b 标准，是 IEEE 802.11 的一种扩张形式，能将有线网络信号置换为无线信号，最高带宽可达 11M/s，通信距离最远可高达 305m。

无线通信技术的发展呈现宽带化、移动化和 IP 化三大趋势。无线局域网技术最初设计应用于企业内部网，以无线接入的方式来解决传输布线方面的问题，随着近年来 Wi-Fi 技术受到越来越多的关注和重视，其应用更拓展到个人用户、家庭社区以及机场酒店等公众环境，并且不断拓展在更多领域内的应用尝试。Wi-Fi 特点是可以提供热点覆盖、高数据传输速率和低移动性，一方面 Wi-Fi 技术作为高速有线接入技术的延伸，广泛应用于有线接入需无线延伸的领域，如办公室，会议室，酒店等。由于数据速率、覆盖范围和可靠性的差异以及现有资源丰富程度等，这些条件决定着 Wi-Fi 的延伸广度和宽带。同时通过 OFDM（正交频分复用）、MIMO（多入多出）、智能天线和软件无线电等技术，进一步提升 Wi-Fi 性能，比如说 IEEE 802.11n 采用 MIMO 与 OFDM 相结合，使数据速率成倍提高。另外，天线及传输技术的改进使得无线局域网的传输距离大大增加，可以达到几公里。

从 Wi-Fi 的实际应用场景来看，目前大致有：

（1）Wi-Fi 应用于企业，企业建立的自己内部用户的 Wi-Fi 网络，以替代企业有线网或是有线宽带网的补充。比如一个大型仓库，通过 Wi-Fi 网络，可以在仓库内的任何柜台，通过手持终端，统计存货情况，交由中央系统处理，就可以快速、高效地掌握仓库情况。随着企业对信息化的重视，Wi-Fi 在企业中得到迅速发展。

（2）Wi-Fi 应用于家庭，通过无线高速数据传输，共享宽带接入的需求以及摆脱有线网络的束缚，家庭 Wi-Fi 应用越来越广。而随着家庭中越来越多的数码产品内置 Wi-Fi 功能，通过与计算机、电视和音响系统结合，可以构建家庭无线网络多媒体中心。

（3）电信运营商 Wi-Fi 组网大规模商业应用，在网络高速发展的时代，人们已经尝到 Wi-Fi 给生活带来的便利，无论在家里，还是在企业、学校、医院、宾馆等，都享受到无线网络带来的便利性，巨大用户需求推动 Wi-Fi 网络商业化快速发展。此外，由于带 Wi-Fi 功能终端普及应用，进一步推动 Wi-Fi 商业化发展。总之，这些为 Wi-Fi 商业化的发展提供巨大便利条件。

2. WIA（Wireless Networks for Industrial Automation）

工业无线网络 WIA 标准是由中国工业无线联盟推出的具有自主知识产权的技术体系，已形成 GB/T 26790《工业无线网络 WIA 规范》（所有部分）标准体系，并在随后正式发布为 IEC 国际标准，成为与 WirelessHART、ISA100.11a 并列的主流工业无线技术体系。WIA 标准追求以下的目标：针对应用条件和环境的动态变化，能够保持网络性能的可靠和稳定。能够在低成本的商用器件上实现，降低技术开发与实现难度。用户能以较低的投入换来易于使用和维护的工业无线监控系统。

目前，WIA 在电力系统的应用体现在自动抄表系统。WIA 技术在投资、建设、维护方面较有线系统有比较大的优势，其实现了用电信息数据的采集，一个连接器可连多个电表，实现了用电数据远程实时传输。

3. 5G

5G 的万物互联功能对工业互联网的影响是最专业的、广泛的和直接的。作为 5G

重要应用之一的万物互联功能是物联网应用的高度拓展与延伸。其中基于传感器和控制器的信息采集、传输、处理技术与工业互联网一脉相承。更重要的是 5G 将工业互联网的传感和控制信息延伸到移动互联网的广阔空间，使工业互联网获取和利用大数据与云计算资源的范围将成倍增长，为工业互联网提供的数据、信息、存储和计算能力也将更全面、更广泛，甚至更方便、更快捷和更安全。5G 的低时延控制功能对工业互联网的影响将同样深刻，因为 5G 工控是以移动和无线为传输基础的，其可靠性、安全性和便捷性不仅可以填补现代工业制造的空白，还将扩展现代工业制造的应用领域。

5G 是一个云网络架构支撑下云服务体系，工业互联网是工业领域网络化后的新型制造系统，因两者在技术方面同时具有开放性和标准性，5G 系统在网络方面的优势可以极大地影响工业互联网的发展。目前，5G 在工业领域主要有较多的应用方式，如厂内布置 5G 网络用于设备数据通信、大规模数据传输等。5G 示范生产线、工业园区等都利用 5G 网络用于设备数据采集和通信，使得厂内车辆可通过 5G 通信实现自动运行。同时，一些高清视频监控和机器视觉质检也利用 5G 的低延时性使得现场数据能够直接反馈到指挥中心，实现现场指导。

第二节 通信技术

一、工业 PON

工业 PON 可以实现现场设备与上层实体（如服务器、SCADA 系统等）的连接，支持数据采集、生产指令下达、传感数据采集、厂区视频监控等功能。工业 PON 网络是各种信息集成的基础通道，是智能制造纵向集成的基础，基于 PON 技术的工业网络平台将产品设计研发、制造生产、销售、物流、售后各环节融合集成，最终实现企业 CRM、MES、ERP、SCM、SCADA 等系统信息的统一控制和管理。

工业 PON 是一种采用点到多点（P2MP）结构的单纤双向光接入网络，其典型拓扑结构为树型。工业 PON 系统由光线路终端（Optical Line Terminal，OLT）、至少一个光配线网（Optical Distribution Network，ODN）、至少一个用户侧的光网络单元（Optical Network Unit，ONU）组成。在下行方向（OLT 到 ONU），OLT 发送的信号通过 ODN 到达各个 ONU。在上行方向（ONU 到 OLT），ONU 发送的信号只会到达 OLT，而不会到达其他 ONU。为了避免数据冲突并提高网络利用效率，上行方向采用时分多址接入（Time

Division Multiple Access，TDMA）方式对各 ONU 的数据发送进行上行带宽分配。ODN 由光纤和一个或多个无源光分路器等无源光器件组成，在 OLT 和 ONU 间提供光通道。

工业 PON 系统连接示意图如图 6-1 所示。

作为工厂内部网络，可将工业 PON 分为现场级、车间级和厂级三层。工业 PON 在厂级自动化网络体系架构中的位置示意图如图 6-2 所示。

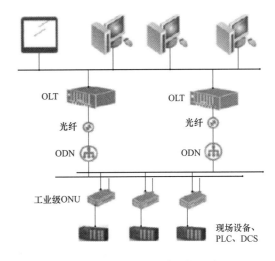

图 6-1　工业 PON 系统连接示意图

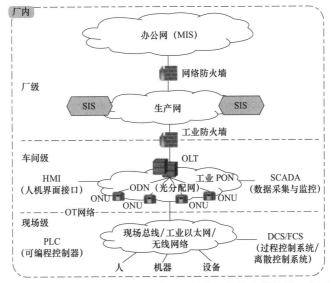

图 6-2　工业 PON 在厂级自动化网络体系架构中的位置示意图

现场网络主要指底层 I/O、PLC 等控制单元、工控机等上位机的互联。随着工业互联网的发展，此类连接需要在保障可靠性、时延性的同时大幅提升带宽和规模，确保不同协议间数据互通和物理互通。

车间网络主要指车间级别内的实时运行监控与控制，包括人机接口界面（HMI）、SCADA、数据采集等。此类连接需要确保数据传输的可靠性，同时随着采集数据量的剧增，对带宽的要求较高。此外，由于采集接口与数据的多样性，所以需要适配多种采集接口协议。

工厂级网络主要指 OT 网络与信息系统（ERP、MES、SCM、CRM 等系统）的互联。随着底层数据量的增长，视频等高带宽应用向工业领域的渗透，此类连接需要大幅提升工业以太网和通用网络技术的互通性及安全性。

车间级的工业 PON 对生产线设备（如数控机床）有线网络进行覆盖，同时通过对无线网络承载实现车间有线、无线一体化网络覆盖。工业 PON 针对工业各类应用场景，满足工业场景下的各种工业控制总线场景要求，提供工业场景类型接口。可为工业控制、信号量监控、数据传输、语音通信、视频监控等各种业务应用提供支持。各业务流通过 PON 系统上行后，由 OLT 汇聚上连接口连接到工厂级网络，实现智能制造 MES、ERP、PLM 等系统和下层物理设备的对接，从而实现工业控制、数据采集分析、视频监控等功能。

作为工业 PON 的主体，OLT 可位于全厂电子设备间，为 ODN 提供网络接口并与一个或多个 ODN 相连，其功能是为 ONU 所需业务提供必要的传输方式；ODN 位于 ONU 和 OLT 之间，物理位置一般位于区域内各车间数据汇聚点，全部由无源器件构成，具有无源分配功能；ONU 位于车间内数据采集点（例如 PLC 控制柜、设备成套控制柜、视频监控摄像点、电话、网口等）附近，提供数据采集点接口并与 ODN 相连，一般位于能兼顾下一级数据采集点的位置。

二、现场总线

现场总线技术以其高度的开放性、更高的传输精度和互操作性在工业自动化领域获得了越来越多的应用。现场总线是一种数字式、串行、双向、多点的数据总线，用于工业控制和仪表设备如（但不限于）传感器、执行机构与控制器之间的数据通信。

现场总线技术有很多种，IEC 61158 系列标准分别规定了基金会现场总线（FF）、CIP、Profibus、PROFINET、P-Net、WorldFIP、INTERBUS、CC-LINK、HART、VNET/IP、EtherCAT、POWERLINK、EPA、SERCOS 等工业通信协议，常用的有 PROFIBUS 总线和 FF 总线等。

1. Profibus 总线

Profibus 总线是 IEC 61158 中定义的类型 3 现场总线技术，对应于 IEC 61784-1《工业通讯网络．配置文件．第 1 部分：现场总线配置文件》中的通信协议族 3（CPF3），是一种应用广泛的开放的数字通信系统，尤其在工厂自动化和过程自动化领域。Profibus 既适用于快速的具有严格时间要求的应用，也适用于复杂的通信任务。

Profibus DP（Profibus for decentralized periphery）是 IEC 61158 类型 3 服务与协议的子集，对应于 IEC 61784-1 的 CPF3/1 通信行规，数据链路层采用异步传输，物理层可采用 RS 485 和各种光纤。

Profibus PA（Profibus for process automation）是 IEC 61158 类型 3 服务与协议的子集，对应于 IEC 61784-1 的 CPF3/2 通信行规，数据链路层采用同步传输，物理层采用曼彻斯特编码、总线供电。

Profibus DP 总线的传输速率在 9.6kbit/s 至 12Mbit/s 可选，但对于同一现场总线网段，所有挂接的设备均需选用同一传输速率，工程中典型的 DP 总线速率一般采用 500kbit/s。

Profibus DP 总线的通信有周期性通信和非周期性通信两类，周期性通信用于周期性数据交换，非周期性通信用于参数复制、操作等非周期性操作。总线上所有设备都完成一次数据交换的时间称为总线报文循环时间，Profibus DP 总线的报文循环时间可以按下面的公式进行计算，即

$$t_{\text{Cycle\_DP}} = (317 \times n_{\text{Slaves}} + 11 \times n_{\text{Bytes}}) \times T_{\text{bit}} \tag{6-1}$$

式中　$t_{\text{Cycle\_DP}}$——DP 总线报文循环时间；

317——一个常数，表示一个 DP 从站建立通信连接所需的数据位；

n_{Slaves}——整个 DP 总线上的从站数量。

n_{Bytes}——整个 DP 总线上传输的数据总数，字节；

T_{bit}——总线上传输一个位所需要的时间，是总线传输速率的倒数。

如果总线系统中还有 PA 总线，则 PA 总线报文循环时间为

$$t_{\text{Cycle\_PA}} = (317 \times n_{\text{Slaves}} + 8 \times n_{\text{Bytes}}) \times T_{\text{bit}} \tag{6-2}$$

式中　$t_{\text{Cycle\_PA}}$——PA 总线报文循环时间；

n_{Slaves}——整个 PA 总线上的设备数量；

n_{Bytes}——PA 总线上传输的数据总数，字节；

T_{bit}——总线上传输一个位所需要的时间，是总线传输速率的倒数，PA 总线通信速率为 31.25kbit/s。

整个 Profibus DP 系统的响应时间为

$$t_{\text{Cycle}} = t_{\text{Cycle\_PA}} + t_{\text{Cycle\_DP}} + t_{\text{Acylic}} \tag{6-3}$$

式中　t_{Acylic}——非周期通信的时间。

通过以上公式可以看到，Profibus DP 网段的循环时间非常短，十几个毫秒就能完成对所有从站的数据进行扫描。

2. FF 总线

基金会现场总线是 IEC 61158 的组成部分，分为 Type1、Type5 和 Type9，Type9 是 Type1 的子集。其主要包括 H1（Type 1 和 Type 9）和 HSE（Type 5），其中 H1 的传输速率为 31.25Kbit/s，HSE 的传输速率为 100Mbit/s。

FF H1 现场总线是为过程自动化设计的，适用于现场仪表和执行机构，可将变送器、执行机构等连接在一条总线上，采用令牌传递的总线控制方式，数据传输速率为 31.25kbit/s，并为现场设备提供非总线供电和总线供电两种供电方式。

对于 FF 总线，一个网段上配置不同数量设备及应用情况下的执行时间数据，FF 总线典型执行周期见表 6-1。

表 6-1　　　　　　　　　　　　　FF 总线典型执行周期　　　　　　　　　　　　　ms

一个网段上加载	应用描述			执行周期
共 6 台表	5 台 3051S 压力变送器	1 台 DVC、6000f	4 个监视、1 个 PID	105
共 8 台表	6 台 3051S 压力变送器	2 台 DVC、6000f	4 个监视、2 个 PID	135
共 10 台表	8 台 3051S 压力变送器	2 台 DVC、6000f	6 个监视、2 个 PID	135
共 11 台表	8 台 3051S 压力变送器	3 台 DVC、6000f	5 个监视、3 个 PID	135
共 12 台表	8 台 3051S 压力变送器	4 台 DVC、6000f	4 个监视、4 个 PID	165

常规 DCS 技术规范中对现场信号的采集周期要求："所有模拟量输入每秒至少扫描和更新 4 次，所有数字量输入每秒至少扫描和更新 10 次。为满足某些需要快速处理的控制回路要求，其模拟量输入信号应达到每秒扫描 8 次，数字量输入信号应达到每秒扫描 20 次"。由此可见，Profibus 总线和 FF 总线完全能够满足机组控制对一般输入、输出信号处理的实时性的要求。由于电厂机组控制中的快速处理回路的时间要求为 50ms 左右，系统中为安全或快速响应而设置的开关量信号还是考虑采用常规 DCS 的 I/O 模块来处理。

3. 系统配置方案

在电厂的工艺系统当中，锅炉汽水 / 启动 / 疏水系统、风 / 烟 / 制粉系统、主蒸汽 / 再热蒸汽系统、闭式循环冷却水系统、加热器疏水系统、辅助蒸汽系统、凝结水系统、给水系统、抽汽系统、抽真空系统、轴封系统等均可采用现场总线技术，采用现场总线技术之后，现场分散的温度测点可考虑采用现场总线型的智能温度变送器接入 DCS。目前，为了发挥现场总线技术的本质性优越性，应配置性能优良的现场总线仪表和设备诊断、维护、管理软件。例如 Profibus 的 PDM 软件，FF 的 AMS、FDT 软件等。软件应能够对现场总线各层网络节点、网桥设备、各支路（或网段）的仪表、设备进行诊断、监视、参数设定和调整、校验等。同时向用户开放可用于二次开发的数据结构、工具、功能接口等。现场总线控制网络拓扑图如图 6-3 所示。

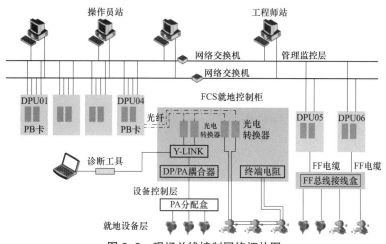

图 6-3 现场总线控制网络拓扑图

管理监控层是现场总线控制系统的人机交互口，负责系统组态、监控、参数设定以及报警显示、记录和故障诊断等。典型构成由操作员站和工程师站组成，数量依据设计而定；设备控制层由 DPU 控制柜（内含有 1 对或 2 对冗余总线控制卡）组成，对于 Profibus 总线，还有总线通信柜。其中，总线通信柜内由光电转换器、冗余 / 单路转换器（Y-LINK）、Profibus DP/PA 转换器（耦合器）、终端电阻、中继器（可选用）等组成；就地设备层由具备总线功能的智能仪表、执行机构、阀岛组成。对于 FF 总线，就地设备直接通过总线电缆连接至总线接线盒，然后再由总线接线盒接至 DPU 控制柜，系统可按双网同时运行设计，上位机完成网络的切换功能，而一般辅网控制系统在设备层处单网运行，既能满足安全要求，又节约成本。

现场总线设计过程中需要通过合理的网段设计满足控制系统的实时性、可靠性和安全性。其中，Profibus DP 宜采用总线型双冗余网络，不采用分支型结构；Profibus PA 宜采用总线型、树型或总线型与树型的混合型网络；FF H1 现场总线网段设计宜采用总线型、树型或总线型与树型的混合拓扑结构，不采用菊花链拓扑。

控制系统的设计应根据工艺流程的控制特点，合理配置总线网段数量和挂接的现场设备数量，以确保任何一条总线故障时，只产生工艺系统的局部故障，不会造成整个系统停运，并将这一影响限制在最小。

对于 Profibus 总线，现场总线模块可以设定不同的总线速率以适应不同的处理器应用功能。除了现场总线固有的总线速率限制以外，现场总线网段超出一个建筑物的情况下总线传输速率应不大于 500kbit/s。任何情况下要保证总线环路时间的约束。

连接和分离总线上的设备不应影响相关的现场总线段的运行。对于 Profibus DP,

设计中应考虑总线设备维护的要求，避免移除任何设备造成总线回路开路；对于 Profibus PA 或 FF H1，在电缆的端口上连接和断开任何的现场总线设备不应影响总线的运行。

对于布置在爆炸危险区域的总线，宜按照本质安全型"i"进行相关设计，且满足 GB 50058《爆炸危险环境电力装置设计规范》的要求。现场总线在网段划分时还应考虑现场设备的布置。

三、5G

5G 网络采用基于功能平面的框架设计，将传统与网元绑定的网络功能进行抽离和重组，重新划分为接入平面、控制平面和资源平面 3 个功能平面（如图 6-4 所示）。网络功能在平面内聚合程度更高，平面间解耦更充分。其中，控制平面主要负责生成信令控制、网管指令和业务编排逻辑，接入平面和数据平面主要负责执行控制命令，实现对业务流在接入网的接入与核心网内的转发。各平面的功能概述如下。

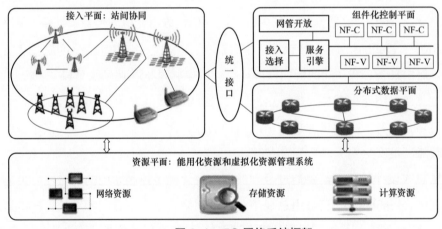

图 6-4　5G 网络系统框架

（一）接入平面

涵盖各种类型的基站和无线接入设备，通过增强的异构基站间交互机制构建综合的站间拓扑，通过站间实时的信息交互与资源共享实现更高效的协同控制，满足不同业务场景的需求。

面向不同的应用场景，无线接入网由孤立管道转向支持异构基站多样（集中或分布式）的协作，灵活利用有线和无线连接实现回传，提升边缘协同处理效率，优化边缘用户体验速率。其中，涉及接入组网的技术有三种：

1. C-RAN（Centralized-Radio Access Network）

集中式 C-RAN 组网是无线接入网演进的重要方向。在满足一定的前传和回传网络的条件下，可以有效提升移动性和干扰协调的能力，重点适用于热点高容量场景布网。面向 5G 的 C-RAN 部署架构中，远端无线处理单元（remote radio unit，RRU）汇聚小范围内 RRU 信号经部分基带处理后进行前端数据传输，可支持小范围内物理层级别的协作化算法。"池化"的基带处理中心（Building Base band Unite，BBU）集中部署移动性管理、多无线接入技术（Radio Access Technology，RAT）管理、慢速干扰管理、基带用户面处理等功能，实现跨多个 RRU 间的大范围控制协调。利用 BBU/RRU 接口重构技术，可以平衡高实时性和传输网络性能要求。

2. D-RAN（Distributed-Radio Access Network）

能适应多种回传条件的分布式 D-RAN 组网是 5G 接入网另一重要方向。在 D-RAN 组网架构中，每个站点都有完整的协议处理功能。站点间根据回传条件，灵活选择分布式多层次协作方式来适应性能要求。D-RAN 能对时延及其抖动进行自适应，基站不必依赖对端站点的协作数据，也可正常工作。分布式组网适用于作为连续广域覆盖以及低时延等的场景组网。

3. 无线 mesh 网络

作为有线组网的补充，无线 mesh 网络利用无线信道组织站间回传网络，提供接入能力的延伸。无线 mesh 网络能够聚合末端节点（基站和终端），构建高效、即插即用的基站间无线传输网络，提高基站间的协调能力和效率，降低中心化架构下数据传输与信令交互的时延，提供更加动态、灵活的回传选择，支撑高动态性要求场景，实现易部署、易维护的轻型网络。

（二）控制平面

网关转发功能下沉的同时，抽离的转发控制功能（NF-U）整合到控制平面中，并对原本与信令面网元绑定的控制功能（NF-C）进行组件化拆分，以基于服务调用的方式进行重构，实现可按业务场景构造专用架构的网络服务，满足 5G 差异化服务需求。控制功能重构的技术要求主要包括以下方面：

（1）控制面功能模块化。梳理控制面信令流程，形成有限数量的高度内聚的功能模块作为重构组件基础，并按应用场景标记必选和可选的组件。

（2）状态与逻辑处理分离。对用户移动性、会话和签约等状态信息的存储和逻辑进行解耦，定义统一数据库功能组件，实现统一调用，提高系统的顽健性和数据完整性。

（3）基于服务的组件调用。按照接入终端类型和对应的业务场景，采用服务聚合的设计思路，服务引擎选择所需的功能组件和协议（如针对物联网的低移动性功能），组合业务流程，构建场景专用的网络，服务引擎能支持局部架构更新和组件共享，并向第三方开放组网能力。

（三）资源平面

核心网网关下沉到城域网汇聚层，采取分布式部署，整合分组转发、内容缓存和业务流加速能力，在控制平面的统一调度下，完成业务数据流转发和边缘处理。

通过现有网关设备内的控制功能和转发功能分离，实现网关设备的简化和下沉部署，支持"业务进管道"，提供更低的业务时延和更高的流量调度灵活性。

通过网关控制承载分离，将会话和连接控制功能从网关中抽离，简化后的网关下沉到汇聚层，专注于流量转发与业务流加速处理，更充分地利用管道资源，提升用户带宽，并逐步推进固定和移动网关功能和设备形态逐渐归一，形成面向多业务的统一承载平台。

IP锚点下沉使移动网络具备边缘计算的能力，因此应用服务器和数据库可以随着网关设备一同下沉到网络边缘，使互联网应用、云计算服务和媒体流缓存部署在高度分布的环境中，推动互联网应用与网络能力融合，更好地支持5G低时延和高带宽业务的要求。

5G网络将改变传统基于专用硬件的刚性基础设施平台，引入互联网中云计算、虚拟化和软件定义网络（Software Defined Networking，SDN）等技术理念，构建跨功能平面统一资源管理架构和多业务承载资源平面，全面解决传输服务质量、资源可扩展性、组网灵活性等基础性问题。

网络虚拟化实现对底层资源的统一"池化管理"，向上提供相互隔离的有资源保证的多租户网络环境，是网络资源管理的核心技术。引入这一技术理念，底层基础设施能为上层租户提供一个充分自控的虚拟专用网络环境，允许用户自定义编址、自定义拓扑、自定义转发以及自定义协议，彻底打开基础网络能力。引入软件定义网络的技术理念，在控制平面，通过对网络、计算和存储资源进行统一软件编排和动态调配，在电信网中实现网络资源与编程能力的衔接；在数据平面，通过对网络的转发行为进行抽象，实现利用高级语言对多种转发平台进行灵活的转发协议和转发流程定制，实现面向上层应用和性能要求的资源优化配置。

四、Wi-Fi

（一）Wi-Fi 网络组网方式

1. 分类

Wi-Fi 网络一般有集中式、分布式等组网方式。

（1）集中式组网：集中式组网是指将无线局域网接入的流量通过中继网络汇聚到相对集中的一个或多个无线接入业务网关。用户规模不是很大时宜采用集中式组网，所有数据流量均接入无线接入业务网关，集中式组网方式宜采用 PPPoE 认证方式或 DHCP+WEB 认证方式。

（2）分布式组网：分布式组网是指采用二层以太网交换机汇聚多个 AP（Access Point，无线接入点）的流量，连接到设置在每个服务区（用户驻地）的无线接入业务网关。具有较大规模用户的公共场合宜采用分布式组网，多个服务区需要多个无线接入业务网关。分布式组网方式宜采用 PPPoE 认证方式或 DHCP+WEB 认证方式。

2. 覆盖方式

商用 Wi-Fi 网络中一般由客户终端通过无线网卡接入 AP，由 AP 接入 AC（Access Controller，访问控制器），再由 AC 分别接入 AAA（Authentication、Authorization、Accounting）服务器和 Internet。无线侧采用普通 AP 来实现桥接功能，传输侧通过 AC 实现的功能包括管理 AP、对客户终端实现接入控制、采集计费信息，这样 Wi-Fi 网络能支持 AAA 协议，实现对用户的认证、授权和计费。

Wi-Fi 网络结构框图如图 6-5 所示。

Wi-Fi 网络覆盖多采用 AC+AP 的覆盖方式，即是无线网络中一个 AC（无线接入控制器），多个 AP（收发信号）来构建。AC 能够对 AP 进行集中管理和下发配置，支持用户的多种接入等。无线接入控制器（AC）是专用的无线局域网接入访问控制器，在 Internet 和无线局域网之间，

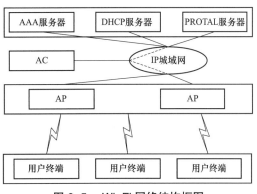

图 6-5 Wi-Fi 网络结构框图

担当网关作用，其具备功能全面、性能稳定、业务丰富等特点，能够提供强大的 WLAN（Wireless Local Area Network，无线局域网）接入管理与控制能力，也能够提供虚拟局域网（Virtual Local Area Network，VLAN）、服务质量（Quality of Service，QoS）、动态主机配置协议（Dynamic Host Configuration Protocol，DHCP）等业务支持能力，还可以

提供用户接入管理与控制能力，同时还支持用户漫游及切换等功能，包括支持鉴权与计费接口等。AC 通过认证服务器，还可以对用户进行管理，制定多种适合运营商运营的计费机制，如按流量计费、按时间计费、预付费、包月等不同的适合多种需求的计费方式。

AP 的布放根据现场实际情况进行布置，主要有以下几种结构。

（1）点对点型。该网络优点是传输速率高、传输距离远以及受外界环境影响较小。一般用于要组网的两个固定位置之间，是一种无线组网的常用方法。

（2）点对多点型。

1）该类型站点常用于有一个中心点、多个远端点的情况下。其最大优点是网络结构简单、组网成本低以及维护容易。

2）由于中心使用了全向天线，没有对某一目标方向进行专门调测，设备调试相对容易。该种网络的缺点也是由于多个远端站共用一台设备导致传输速率降低，造成网络延迟增加，且中心设备损坏情况下会导致整个网络瘫痪。

3）所有的远端站与中心站都使用相同频率，在其中一个远端站受到干扰的情况下，导致其他远端站也要更换相同的频率。

（3）多点对点型。该类型实际上是多个点对点的组合，也适用于在有一个中心点和多个远端点的网络，只是其中每一个远端点在中心点都有各自对应的设备，如果中心点的一台设备损坏，只会影响相关的一个点，不会使整个网络受到影响。其优点是网络建成后要求在使用上有非常高的稳定性及可靠性。但缺点是建网成本高，如果在组建一个较大的网络时，每个点都采用点对点方式，增加了网络成本。此外调测困难，由于点对点方式在两个方向上都使用了相应方向定向天线，在设备安装调试过程中会增加困难。总的来说，Wi-Fi 网络无线侧工作环境比较复杂，而对 Wi-Fi 网络无线侧技术分析一般包含射频干扰分析、网络容量分析、覆盖分析以及网络速率等。

根据现场的实际情况，AP 可以根据设备侧的集中程度进行区域分配，比如在锅炉壁温，发电机温度等相对集中的区域，可进行集中部署。当 AP 布置完成之后，传输侧的组网方式就显得尤为重要，其中主要是确定 AC 的容量，AC 的容量需求即 AC 所需管理的 AP 数量，可根据业务发展和热点需求预测新建 AP 规模，即根据实际 AP 需求来配置 AC。

（二）Wi-Fi 6

Wi-Fi 6 是下一代 IEEE 802.11ax 标准的简称，相比于前几代的 Wi-Fi 技术，新一代 Wi-Fi 6 主要特点在于速度更快、延时更低、容量更大、更安全、更省电等。在频段方面

Wi-Fi 5 只涉及 5GHz，而 Wi-Fi 6 则覆盖 2.4/5GHz，完整涵盖低速与高速设备；在调制模式方面，Wi-Fi 6 支持 1024-QAM，高于 Wi-Fi 5 的 256-QAM，数据容量更高，意味着更高的数据传输速度；此外，Wi-Fi 6 加入了新的 OFDMA 频分复用技术，支持多个终端同时并行传输，有效提升了效率并降低延时，这也就是其数据吞吐量大幅提升的秘诀。它提供了大量新功能，包括增加的吞吐量和更快的速度、支持更多的并发连接等。根据 WFA 的公告，现在 IEEE 802.11 标准与新命名见表 6-2。

表 6-2　　　　　　　　　　IEEE 802.11 标准与新命名

发布年份	IEEE 802.11 标准	频段	新命名
2009	IEEE 802.11n	2.4GHz 或 5GHz	Wi-Fi 5
2013	IEEE 802.11ac wave1	5GHz	Wi-Fi 5
2015	IEEE 802.11ac wave2	5GHz	
2019	IEEE 802.11ax	2.4GHz 或 5GHz	Wi-Fi 6

和以往每次发布新的 IEEE 802.11 标准一样，IEEE 802.11ax 也将兼容之前的 IEEE 802.11ac/n/g/a/b 标准，老的终端一样可以无缝接入 IEEE 802.11ax 网络。

IEEE 802.11ax 设计之初就是为了适用于高密度无线接入和高容量无线业务，比如室外大型公共场所、高密场馆、室内高密无线办公、电子教室等场景。在这些场景中，接入 Wi-Fi 网络的客户端设备将呈现巨大增长，另外，还在不断增加的语音及视频流量也对 Wi-Fi 网络带来调整。2020 年全球移动视频流量占移动数据流量的 50% 以上，其中有 80% 以上的移动流量将会通过 Wi-Fi 承载。4K 视频流（带宽要求 50Mbit/s/ 人）、语音流（时延小于 30ms）、VR 流（带宽要求 75Mbit/s/ 人，时延小于 15ms）对带宽和时延是十分敏感的，如果网络拥塞或重传导致传输延时，将对用户体验带来较大影响。而 Wi-Fi 5（IEEE 802.11ac）网络虽然也能提供大带宽能力，但是随着接入密度的不断上升，吞吐量性能遇到瓶颈。而 Wi-Fi 6（IEEE 802.11ax）网络通过 OFDMA、多用户 – 多输入多输出（Multi-User Multiple-Input Multiple-Output，MU-MIMO）、更高阶的调制技术（1024-QAM）等使这些服务比以前更可靠，不但支持接入更多的客户端，同时还能均衡每用户带宽。

有观点认为 5G 通信技术的兴起将替代 Wi-Fi。这不是一个新的话题，在 1999—2000 年，就有人提出 2G 将替代 Wi-Fi 的观点；2008—2009 年也出现了 4G 将代替 Wi-Fi 的猜测；现在又有人开始讨论 5G 代替 Wi-Fi 的话题了。可是，5G 与 Wi-Fi 的应用场景模式是不相同的。Wi-Fi 主要用于室内环境，而 5G 则是一种广域网技术，它在室外的应用场景更多，因此，Wi-Fi 和 5G 将长期共存。

五、WIA

WIA 技术又称工业无线网络技术，是中国自主研发的针对工业现场的无线总线技术，是继 CAN 总线技术之后的又一工业现场总线技术。WIA 具有抗干扰能力强、功耗低、通信实时性强、牢靠性高等特色，特别适用于石化、冶金、火电等工业领域。WIA 以无线技术为基础，主要针对短距离无线通信、低速率数据交换等工业现场无线通信方式进行拓展和创新，形成了 WIA 特有的通信体系结构及相应的标准体系，其中最常用的是 WIA-PA。WIA-PA 是基于 IEEE Std 802.15.4 标准的用于工业过程测量、监视与控制的无线网络。

WIA-PA 提供了一种自组织、自治愈的智能 Mesh 网络路由机制，能够针对应用条件和环境的动态变化，保持网络性能的高可靠性和强稳定性。WIA-PA 采用 Mesh 和星型结合的两层网络拓扑结构，如图 6-6 所示，第一层是基于 Mesh 拓扑结构的骨干网络，主要由网关和路由设备组成。第二层是由路由设备和终端设备或手持设备构成星型结构，包括了工作在现场环境中的多个子网。WIA-PA 是用于工业现场自动化控制的无线网络技术，具有低功耗、抗干扰、低时延的特点，可较好地适应恶劣的现场应用环境，符合工业用户的使用需求。

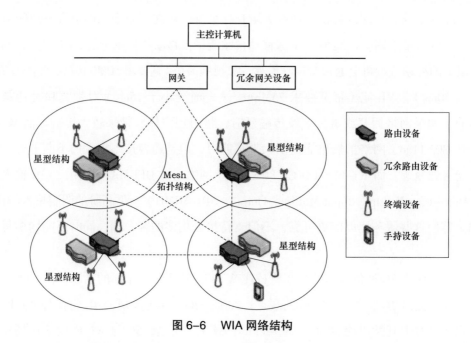

图 6-6　WIA 网络结构

WIA-PA 的网络结构采用星型 - 网状二层网络结构，其中现场采集设备、路由设备构成单簇的星型网络，各簇的路由设备构成网状网络。

WIA-PA 网络中主控计算机是现场网络与工业现场操作人员之间信息交互的中心，是对工业无线网络进行监控的重要工具。管理人员通过主控计算机可以实时监测工业环境的实际情况以及网络中所有无线设备的工作情况。WIA-PA 网络中的网关设备是一种复杂的网络连接设备，主要负责 WIA-PA 网络与工厂内的其他网络的协议转换与数据映射，实现不同协议网络之间的互连；冗余网关设备则是对网关的热备份，可以增强网络的自行调整能力和健壮性。WIA-PA 网络中路由设备可以作为网络管理代理，负责构建由终端设备和路由设备构成的星型结构，监测星型子网通信性能；也可以作为安全管理代理，负责合并转发子网成员的数据，以及转发其他路由设备的数据；冗余路由负责路由设备的热备份。终端设备负责采集现场数据，并通过路由设备将数据传送到网关。

WIA-PA 网络的架构特点是底层设备之间无法直接通信，需要通过路由设备才能完成数据交换和与外部网络的连接，但是通过无线网关，所有的终端都可接入其他的网络，因此赋予了底层设备灵活的接入机制，并简化了相关协议。这种机制具有较高的兼容性，可大幅降低网络的搭建和管理成本。

WIA-PA 网络中一种类型的物理设备可以担任多个逻辑角色，网关设备可以担任网关、冗余网关、网络管理者、安全管理者的角色，但它不能同时担任网关与冗余网关的角色；路由设备可以担任簇首和冗余簇首的角色，一个路由设备不能同时担任簇首与冗余簇首的角色；现场设备和手持设备只能担任簇成员的角色。WIA-PA 网络最重要的逻辑角色是网络管理者和安全管理者，网络管理和安全管理的功能可在网关或主控计算机中实现。网络管理者负责构建和维护由路由设备构成的 Mesh 结构以及由路由设备和现场设备构成的星型网络，分配设备之间通信所需要的资源，监测 WIA-PA 网络性能，包括设备状态、路径健康状况以及信道状况。安全管理者负责管理网络中路由设备和现场设备使用的密钥、安全认证等。

WIA-PA 的拓扑结构，既保证了簇成员不必选择传输路径，仅一跳即可将测量信息传送给簇首，克服了网状拓扑传送延迟的不确定性；又能利用网状结构的节点部署的灵活性和多路径抗干扰的能力，平衡了工业自动化要求无线传输确定性和可靠性的矛盾。

六、WirelessHART

WirelessHART 协议构筑在 IEEE 802.15.4 IEEE Standard for Low-Rate Wireless Networks

无线平台上，工作频率为专用于工业、科技和医疗应用的，无需许可证的 2.4GHz 宽带信道，该频率采用 DSSS 直接序列扩频技术和 FHSS 跳频扩频技术来保证安全性和可靠性，并采用时分多址（TDMA）的同步、隐式报文控制通信技术进行网络设备通信。它强制规定所有的兼容设备必须支持可互操作性，不同供应商提供的 WirelessHART 设备无需进行系统操作就能实现互换，即连即用。WirelessHART 向后兼容现有的 HART 设备和应用，传统的 HART 应用，无需进行任何软件升级，都可以利用 WirelessHART 协议。该协议已成为 IEC 62591《工业网络——无线通讯网络和通讯子协议——无线 HART™》。

WirelessHART 网络设备包括网络管理器、安全管理器、网关、网络访问点、WirelessHART 节点、WirelessHART 网络适配器、手持设备。

典型 WirelessHART 网络示意如图 6-7 所示。

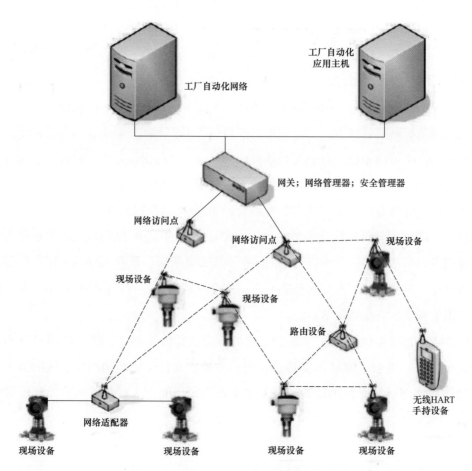

图 6-7 典型 WirelessHART 网络示意图

网络管理器主要负责 WirelessHART 网络的总体管理、调度和优化。网络管理器初始化和维护网络的通信参数，提供设备加入和离开网络的机制，同时也负责管理专用的和共享的网络资源，负责收集和维护整个网络的诊断信息，并根据收集的信息动态地调整网络以适应环境的变化。WirelessHART 网络体系结构并没有绝对限制 WirelessHART 网络管理器程序在哪个网络设备中实现，但是规定网络管理器与网关之间有一条逻辑上的直接连接。

安全管理器与网络管理器协同工作，管理 WirelessHART 网络使用的密钥信息，负责抵御对 WirelessHART 网络正常运行的各种攻击。安全管理器与网络管理器以客户端 – 服务器模式工作。安全管理器通常位于后台监控系统，为多个 WirelessHART 网络提供服务，在某些时候甚至为其他类型的网络和应用提供服务。每一个 WirelessHART 网络只能有一个安全管理器，并且必须满足网络管理器和安全管理器之间有一条安全的连接。

网关从功能上划分为 1 个虚拟的网关和一个或多个网络访问点，1 个虚拟的网关和网络访问点共同完成 WirelessHART 网络网关的功能。每一个 WirelessHART 网络有一个网关，网关位于网络路由中所有连接的根部。同时网关提供与后台监控主机应用的接口、与网络管理器的连接，并提供网络的时间源。

网络访问点提供访问 WirelessHART 网络的功能，从功能上是属于网关的功能，但是它是 WirelessHART 网络现场设备的一种。网络访问点通过专用的连接或通信端口与虚拟网关通信。每一个网络访问点能够与任何一个网络管理器配置了路径的设备通信。

WirelessHART 节点是 WirelessHART 网络最常见的设备，其中运行各层的协议栈。一个 WirelessHART 节点集合了无线的通信以及传统的有线 HART 设备的功能。WirelessHART 节点提供一个管理端口，用于手持设备管理 WirelessHART 节点。手持设备是提供给工厂操作人员使用的便携式设备，可以通过特殊方式与节点进行命令交互，用于安装和维护网络节点。WirelessHART 网络适配器负责将有线 HART 设备无缝地转换为全功能的 WirelessHART 无线设备。

以上是对协议标准的总结，下面针对一个典型的 WirelessHART 网络的组成，比如现场无线仪表接入的应用需求，设计的一个简化的 WirelessHART 网络，包括 WirelessHART 网关、WirelessHART 访问点、WirelessHART 节点、后台监控软件。图 6-8 中的 WirelessHART 网络原型中，各种设备与图 6-7 中的设备对应如下：

PC 后台监控程序代表图 6-7 中的工厂自动化应用主机。以太网代表图 6-7 中的工厂自动化网络。WirelessHART 网关是连接 WirelessHART 网络和以太网的设备，负责两者之间的数据转换，是虚拟的网关概念。WirelessHART 网络访问点设备则实现图 6-7 中的网络访问点和网络管理器的功能，由于标准中并没有限制网络管理器实现的具体位置，只是规定网络管理器和网关之间有一条逻辑上的直接通信连接，并且这样规定的原因是为了使得网络管理器和网关之间的通信不容易受到网络其他部分的影响，图 6-8 的原型中网络管理器程序所在的设备和网关之间通过串口直接连接，所以把网络管理器实现在图 6-8 的设备中是可行的。WirelessHART 节点代表图 6-7 中的路由设备

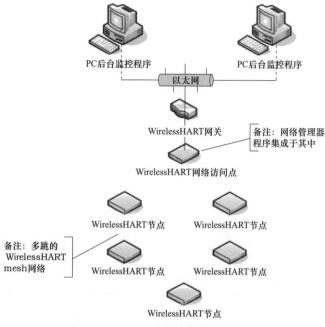

图 6-8　WirelessHART 监控网络设计

和现场设备上的通信节点。图 6-7 中的现场设备即为现场仪表，WirelessHART 节点与现场仪表通过有线或无线的通信方式连接，然后将采集到的数据通过 WirelessHART 网络传输到后台 PC 监控程序。

七、ISA100.11a

ISA100.11a 是工业级无线传感器网络国际标准之一。基于 IEEE 802.15.4，但仅使用其 2.4GHz 的 ISM 频段（不使用 Sub-1GHz 的频段）。已经于 2014 年 9 月获得了国际电工委员会（IEC）的批准，成为正式国际标准，即 IEC 62734 Industrial networks–Wireless communication network and communication profiles。

ISA100.11a 具有以下一些特色和优势：

（1）隧道和映射技术。ISA100.11a 协议栈能够便利地、简单地通过无线介质传输各种应用协议。

（2）骨干网路由。可以通过高效的骨干网更为直接地传递无线数据信息，这样可以减少数据无线传输的跳数，在网络规模越大其优势越明显。

（3）灵活时隙长度和超帧长度。

ISA100.11a 网络拓扑结构如图 6-9 所示，拥有两层拓扑结构：ISA100.11a DLL 子网和 ISA100.11a 骨干网。ISA100.11aDLL 子网支持多种网络拓扑，如星型结构、Mesh 结

构等，具有覆盖面积小、实时性高和通信速率低等特点。为了扩大网络覆盖面积，在ISA100.11a 网络结构中引入骨干网，骨干网是一个高速的网络，具有时延小、可靠性高和通信速率高等特点。

所有现场设备包括现场路由器（R）和终端设备（E），通过骨干路由器（BR）接入骨干网，骨干路由器通过网关（一般具有系统管理器和安全管理器的功能）接入工厂级网络。如图 6-9 所示，现场设备和骨干路由器组成了 ISA100.11a DLL 子网，骨干路由器和网关组成了 ISA100.11a 骨干网。如果 ISA100.11a 网络中没有骨干网，ISA100.11a DLL 子网就等同于 ISA100.11a 网络，包括

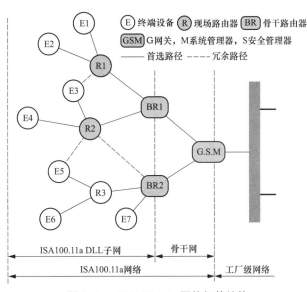

图 6-9　ISA100.11a 网络拓扑结构

现场设备和网关。如果 ISA100.11a 网络中有骨干网，ISA100.11a DLL 子网只包含现场设备和骨干路由器，而 ISA100.11a 网络包含所有相关 DLL 子网、骨干路由器和网关。

采用 ISA100.11a 标准来设计开发面向工业现场的物联网采集控制应用系统。如

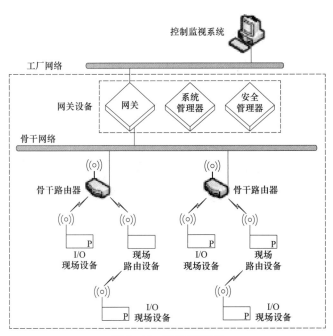

图 6-10　整体布局图

图 6-10 所示，基于 ISA100.11a 标准的网络拓扑结构，分为工厂网络、骨干网和无线子网 3 个部分。工厂网络主要为网关设备和控制监视系统之间的通信；骨干网由若干个骨干路由器通过连接组成，主要功能为实现骨干路由的功能，减少无线网络设备间传输延时；无线子网系统主要由一个骨干路由器、现场路由设备和现场 I/O 设备组成。所有子网设备的数据经由骨干网，通过网关传输到工厂网络。

在上述系统中，将系统管理器、安全管理器和网关封装在一个物理实体中，即网关设备，是系统中最核心模块。其中，系统管理器负责对设备的加入、离开以及子网路由和资源的分配等功能；安全管理器负责对网络中密钥进行维护、设备进行安全管理；网关负责外部协议和 ISA100.11a 协议的转换，并且和工厂网络上的监视控制系统之间进行数据信息传输。基于上述的技术方案，现场 I/O 终端设备采集信息，通过子网路由将数据信息送给骨干路由器（Backbore Rowter，BBR），BBR 再通过 Socket 机制将数据传输到网关设备，传输媒介目前采用以太网，在某些特殊情况下可以采用无线局域网技术传输。网关设备将该数据进行服务协议的转换，最终显示在监控终端；同样，监控终端可以将符合某个工业现场标准的数据通过该路径传输到现场 I/O 设备，完成对子网内任意设备的无线控制功能。

1. 网关设备设计

从研发设计的角度考虑，将网关设备软件系统划分为网关、系统管理器、安全管理器和骨干网路由传输模块。考虑安全管理器只与系统管理器通信，因此将安全管理器作为系统管理器的一个模块，负责网络的安全管理功能。

在设计过程中，网关设备的硬件主要由两部分组成，主板模块和核心模块。主板模块包括电源、存储器、UART 接口、以太网接口，以及工业现场总线通信（Modbus、Profibus）模块等。核心模块主要是高性能处理模块，如 TI 公司的 DM3730 芯片，该芯片基于 ARM CORTEX–A8 内核的处理器，搭载 Linux 操作系统，满足多线程运行的实时性调度。

2. 骨干路由器设计

骨干路由器设备具有将数据包通过骨干网的路由功能。骨干路由器可以使外部网络能以携带本地协议并封装协议数据单元（PDU）的形式传输数据。

骨干网基于 IPv6 数据传输协议，骨干路由器的模块分为协议子栈、数据包解析和转换模块、UDP 接口模块。协议子栈主要功能是与 DL 子网通信，发送广播帧、接收来自终端设备的无线帧。协议子栈的 NL 层解析后，如果要经过骨干网到其他设备的数据，则通过对无线帧处理封装成 IPv6 包，通过 Socket 端口发送出去。

3. 终端设备设计

终端设备的主要功能为按照协议栈进行数据的发送和接收处理。终端设备的模块分为传感采集模块和协议栈核心模块。传感采集模块实现用户应用进程和感知信息处理，和协议栈之间通过 SPI/UART 接口实现数据传输。采用该设计的优势是传感采集模块可以根据不同的应用进行实现，具有广泛的应用。协议栈核心模块按照标准的分层设计，应用子层不包含任何用户应用，只在那些应用和网络服务间提供接口，即给用户应用进程和设备管理进程提供各种服务。传输层提供端到端的通信服务，负责传输层帧头的装载和解析、传输层的安全和管理信息库的管理。传输层支持 IPv6 数据包格式。DL 层包括 IEEE 802.15.4 的 MAC 层和数据链路层上层。MAC 层主要负责时间同步、跳信道和通信调度，提供点对点的重传机制。数据链路子层主要负责帧头的装载和解析、DL 层安全、DL 子网内路由、邻居发现等功能。物理层主要功能有激活和休眠射频收发器、发射功率控制、信道能量检测、检测接收数据包的链路质量指示、空闲信道评估和收发数据。

第三节　智能电厂网络结构规划

一、近期规划方案

根据电厂目前的控制系统现状，在以 DCS 为主的控制系统之下，结合通信系统最新的工业 PON、5G 等通信方式，构建全厂的工业 PON+5G 网络方案，下面以某电厂为例，在 DCS 传统控制依旧作为控制系统主体的时候，视频监控系统以 5G 的方式进行信号传输，门禁、电子围栏、办公网络、厂区车联网等通过就近工业级 ONU 连接至整个无源 PON 网络，当信号汇总至厂区光线路终端（OLT）之后，再通过以太网连接至厂区核心交换机，然后再由核心交换机传输信号至厂区云平台，从而完成整个全厂网络部署。图 6-11 所示为工业 PON+5G+ 以太网方案全厂网络结构图。

（一）工业 PON

1. 工业 PON 的部署

目前，工业 PON 技术在很多电厂中已经有所应用，并且相关政策也都在支持新一代网络建设，新一代网络建设包括采用工业以太网、工业 PON、工业无线、TSN、边缘计算等新型技术和设备，改造生产现场网络和系统，实现企业内网 IP（互联网协议）化、扁平化、柔性化；采用 NB-IoT、eMTC、SDN、ICN 等技术，实现多个厂区、工业智能产品、产业链伙伴等互联互通，优化销售、生产、运行维护、管理数据的采集和流转全过程；实施企业内、外网络的 IPv6 改造，实现工厂内基于 IPv6 网络的生产现场全流程数据采集分析、基于 IPv6 的工业智能装备 / 产品运行维护服务等。

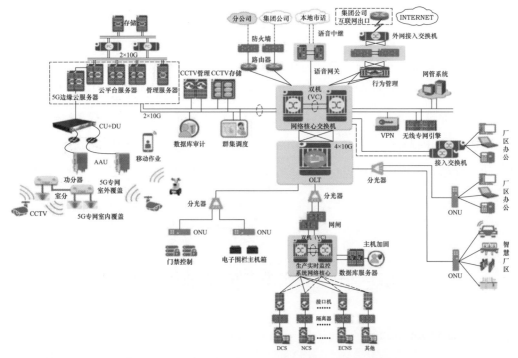

图 6-11　工业 PON+5G+ 以太网方案全厂网络结构图

在工业 PON 组网中，用户的数据、串口、视频业务，可通过工业级光网络单元（ONU）的接口实现，其中，ONU 的接口有 FE、GE、RS232、RS485 等常见以太网及相关串口等，实现数据和视频的分别或统一接入。这些数据流在网络侧各业务流通过 PON 系统上行后，由 OLT 汇聚上联 GE/FE 接口连接到智能电厂以太网专网，实现智能电厂管理系统和下层物理设备的对接，从而实现工业控制、办公管理、视频监控、智能安防等。工业 PON 组网及布局如图 6-12、图 6-13 所示。

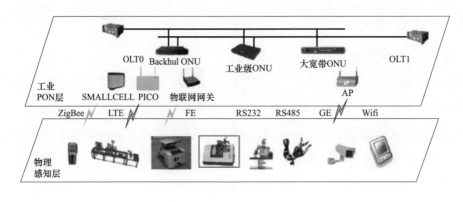

图 6-12　工业 PON 组网图

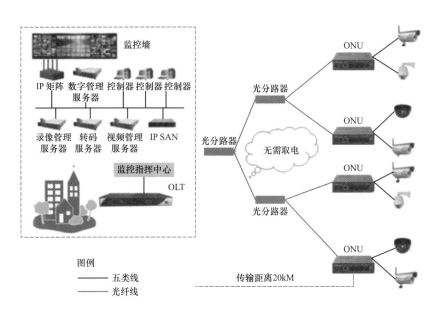

图 6-13　工业 PON 布局图

对于组成工业 PON 的三部分来讲，目前，OLT 根据 PON 口不同，在对工业 PON 布局的过程中，要考虑光衰的因素，单个 PON 口的整体光衰要控制在一定的电信标准范围内，建议在 -26dbm 内，其中，光功率衰减的主要影响因素有分光器的插入损耗（不同分光比有不同的插入损耗）；光缆本身的损耗，与长度有关；光缆熔接点损耗；尾纤 / 跳纤通过适配器端口连接的插入损耗等。因此，光传输距离，从 OLT 开始到 ONU 最多可采用二级分光。

对于工业 PON 组成设备中，OLT 光线路终端和 ONU 光网络单元需要 220V AC 供电，分光器分为 1 分 4、1 分 8、1 分 16 各种规格，无需供电（一个 PON 口根据光衰大概下接 64 个 ONU）。市面上的 OLT 产品一般可提供 16 口。48 口 OLT 可用 3 个 16 口 OLT 代替，除了内部芯片处理能力的不同，没有其他区别。对于长距离信号传输，PON 价格低，同样的视频接入数量，PON 比以太网的造价要低。

2. 工业 PON 主要设备介绍

（1）中兴工业 PON 设备类型及型号见表 6-3。

表 6-3　　　　　　　　　中兴工业 PON 设备类型及型号表

设备类型	设备型号	适用场景	建议安装地点	备注
光纤局端设备 OLT	大型局端设备 ZXA10 C300	大型工业企业，PON 口数量超过 20 个以上	数据机房（核心机房）	根据实际组网 PON 口数量需求
	中小型局端设备 ZXA10 C320	中小型工业企业，PON 口数量超过 20 个以下	数据机房（核心机房）	

续表

设备类型	设备型号	适用场景	建议安装地点	备注
ODN	分光器	星形组网采用等分分光器，链形组网采用内置不等分分光器		除设备内置分光器外，由集成商解决
用户侧设备 ONU	工业级 ONU ZXA10 F809	生产线现场信息箱内	接近生产控制设备，可以单独接一台设备，也可接多台设备	面向对环境要求较高场景，以及对于串口应用场景等
	BACKHAUL ONU ZXA10 F822（PoE）	数字化车间无线回传，连接 WLAN AP 等	车间立柱信息箱	
	大容量 MDU ZXA10 F832	提供千兆到工位及语音功能	工厂办公区域信息箱	
	纯数据 MDU ZXA10 F803	提供纯数据功能	工厂办公区域信息箱	
网管	NetNumen U31 统一网管平台		核心机房	建议用户自购硬件，商业软件

（2）华为工业 PON 设备类型及型号见表 6-4。

表 6-4 　　　　　　　　华为工业 PON 设备类型及型号表

设备类型	设备型号
光纤局端设备 OLT	MA5600T 系列、MA5800 系列
用户侧设备 ONU	工业级 ONU，SmartAX MA5621
	企业级大带宽接入 ONU MA5821、MA5822、MA5871
网管	eSight/U2000 统一网管平台

3. 投资估算

由于各电厂具体布置、业务应用场景、规模、数量等不相同，电厂采用工业 PON 方案的投资情况见表 6-5，工业 PON 投资估算仅按照设备、维护大概估算的，仅供参考。

表 6-5 　　　　　　　　电厂采用工业 PON 方案的投资情况

序号	模块	单位	金额（万元）
1	ONU	台	0.1
2	OLT	每 PON 口	0.1
3	布线施工、材料费用	12 芯光缆（每 km）	0.6
		24 芯光缆（每 km）	0.8
		每点位施工费	0.01
4	集成、运行维护费用		40%~50%

（二）5G

目前，市场上 5G 的上下游产业已经初步建立，运营商已经在很多城市、园区或是大型交通枢纽的室内空间部署了 5G 基站或是室分，所以 5G 的网络架构和软硬件设施已经初步形成。在电厂领域，也已有一些电厂项目规划了 5G 相关应用。

在政策方面，国家及地方也对 5G 的建设有了相应的政策性支持，比如：2020 年 3 月，工业和信息化部发文，明确提出了加快 5G 网络建设部署、丰富 5G 技术应用场景、持续加大 5G 技术研发力度、着力构建 5G 安全保障体系、加强组织实施五方面 18 项措施。其中，对于工业互联网领域，实施"5G+ 工业互联网"512 工程。打造 5 个产业公共服务平台，构建创新载体和公共服务能力；加快垂直领域"5G+ 工业互联网"的先导应用，内网建设改造覆盖 10 个重点行业；打造一批"5G+ 工业互联网"内网建设改造标杆网络、样板工程，形成至少 20 大典型工业应用场景。突破一批面向工业互联网特定需求的 5G 关键技术，显著提升"5G+ 工业互联网"产业基础支撑能力，促进"5G+ 工业互联网"融合创新发展。

鉴于此，本书对电厂 5G 网络规划给出了如下具体实施方案，分为运营商方案和 EUHT-5G 方案。

1. 运营商方案

（1）5G 网络覆盖。5G 宏站的布设需要根据厂区实际占地面积、信号覆盖情况等综合考虑，如某电厂总占地面积约为 1.5km²，厂区范围内可新增规划 6 个 5G 宏站点位，区域内站距可按照约 600m 估算。室内部分，根据室分的覆盖范围，以及结合视频监控摄像头的位置，部署相应的室分系统，以达到室内摄像头被 5G 信号无死角全覆盖。5G 承载网将通过信道化子接口 +FlexE 的网络切片技术，确保视频业务从承载网络入口到出口的端到端服务等级协议（Service Level Agreement，SLA）保障。

（2）移动边缘计算（Mobile Edge Computing，MEC）的部署。当现场就地设备大量采用 5G 传输时，数据量就会大增，此时，5G 网络架构可采用边缘计算 / 边缘云系统，此系统基于网络功能虚拟化（Network Functions Virtualization，NFV）标准三层架构进行扩展，采用由多样化硬件和异构开放、轻量化管理的基础平台层、核心能力层和业务应用层组成的全栈式融合架构，与云端协同，提供边缘计算服务，从而减少与云端交互的数据量，节省带宽，减小延时。各边缘节点根据实际边缘业务发展需求和投资效益评估可灵活选择所需组件，将试点各方面技术要求均作为参考并持续进行迭代优化。

5G+MEC 整体架构如图 6-14 所示。

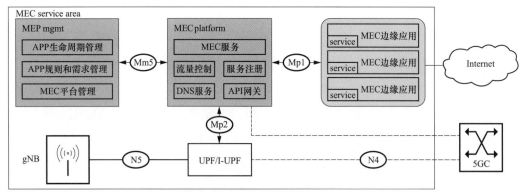

图 6-14　5G+MEC 整体架构

边缘云可选承载部署模式如下：

模式一：纯分流部署（只部署 UPF 分流）。

模式二：可选部署［UPF 分流 + 移动边缘平台（MEP）或者 UPF 分流 +IT］。

模式三：三类均需部署（UPF 分流 +MEP+IT）。

用户面功能（User Plane Function，UPF）是 3GPP 定义的 5G Core（核心网）基础设施系统架构的基本组成部分，负责用户侧数据包的处理和分流。

结合电厂项目实际，电厂一般可选择上述模式二"UPF 分流 +MEP"作为部署目标。该方式可使电厂用户独享基站、UPF 和 MEC，共享电信运营商的 5G 控制面网元，满足电厂用户高带宽、低延时、数据不出厂的需求。

（3）业务流分析。终端设备向 5G 网络发起注册，通过 5G 基站和 5G 承载网向 5G 核心网控制面发起注册流程。通过注册流程，终端会对 5G 核心网进行鉴权，验证 5G 网络的合法性，5G 核心网会对用户进行鉴权，验证终端是否合法，双向鉴权保证用户和 5G 网络之间的相互安全。通过 5G 基站 gNB 接入后，基于 5GC 的分流规则，将用户流量分流到本地 UPF，UPF 根据 MEC 提供的 DNS 服务，查找到边缘应用的 IP 地址，然后将业务流指向边缘应用。通过 MEC 平台对边缘 UPF/SMF/PCF 的 DNS 设置和路由进行控制，使得业务流量从边缘 UPF 流到边缘应用。

5G MEC 平台也可根据其平台应用相关信息（如视频应用的标识，此应用对应的 IP 地址、端口、视频流规则等）通过 5GC 网络的控制面模块的 N4 接口进行 UPF 的选择 / 重选以及通过 N3 接口到基站 gNB 的数据分组（PDU）会话的建立，打通上下行数据分流通道。

（4）5G+MEC 方案典型设备配置（见表 6-6）。本配置方案主要开列 5G 边缘计算平台配置，5G 网络搭建由电信运营商提供。

表 6-6 　　　　　　　　　　　　　　5G+MEC 方案典型配置

序号	名称	参数	数量	单位
		5G 边缘计算平台		
1	边缘计算服务器	Intel Xeon 5118×2、32GB DDR4×8、480 GB SATA SSD×2、10TB NL-SAS HDD×2、双端口 10GE 网卡（光口，含光模块）×2、1200W PSU×2	1	台
2	轻量边缘云虚拟化平台	（1）支持虚机 / 容器混合部署，最大支持 10 个虚机或 24 个容器 （2）支持物理服务器动态添加，最大支持 100 台物理服务器	1	个
3	管理平台	（1）提供集群、服务器、虚机 / 容器、应用等多级资源管理和部署。 （2）支持多节点管理，最大支持 100 个	1	套
4	Convergent MG GGSN/SAE-GW 基本硬件模块	基本硬件模块 v1.1，包括电源组件、2 个 Switch 交换模块及线缆	1	套
5	cMG，"O&M 管理模块 + MG 业务处理模块，LB 接口模块" 服务器	单 Server 支持 1 个 O&M+1 个 MG，1 个 LB+1 个 MG，其中： （1）O&M 模块负责系统管理维护，主备配置，最大 2 个 （2）MG 模块处理业务，最大 30 万 2/3/4/5G/ 物联网承载 PDP，单 server 最大 12 Gbit/s，N+1 配置。 （3）LB 模块负责外部接口，最少 2 个	2	块
6	CMG 吞吐量	按 5Gbit/s 本地旁路流量配置	5	1Gbit/s
7	CMG UPF 用户数	按 1k PDP 配置	1	1K PDP

2. EUHT-5G 方案

不同于 MEC 边缘云的方案，EUHT-5G 可省去边缘云的架构体系，直接利用其专有的 5G 通信协议，采用 RLLU 模式。

超高速无线通信网（EUHT-5G）主要由 5.8G 中心接入设备、5.8G 终端接入设备、软件系统、配套件组成。5.8G 中心接入设备通过光纤或以太网方式连接路由器接监控室，并采用定向天线辐射形成 EUHT-5G 无线网络区域覆盖，终端接入设备接收 EUHT-5G 信号后，将 EUHT-5G 信号转换为以太网数据可实现数据通信交互。中心接入设备根据覆盖区域的实际情况，选择便于安装的高点安装，实现 EUHT-5G 无线网络覆盖。终端接入设备与需进行通信的终端设备一一对应安装，满足终端设备的数据通信需求。根据现场环境及设施，EUHT-5G 覆盖网络架构示意图如图 6-15 所示。

EUHT-5G 基站和天线安装于覆盖区域的较高点且方便连接监控室交换机，要求天线周围空旷和无遮挡。

EUHT-5G 基站设备安装方式：

（1）基站设备由稳定可靠的 220V AC 供电，单基站的功耗不超过 40W。

（2）基站设备电箱可安装在既有的通信铁塔，通过安装孔和螺栓固定。

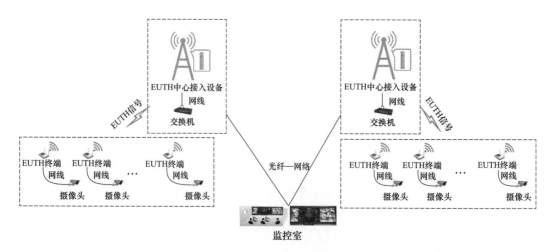

图 6-15　EUHT-5G 覆盖网络架构示意图

（3）所有布线需做好防护，走线路由按标准完成。

（4）基站设备和电箱均需良好接地，并且强电弱电分开走线。

（5）基站设备各接口、天线射频接口、各电缆连接处等在安装完成后要用防水胶布缠好，做好防水措施。

由中控室引至区间基站的电力电缆在区间设置防护箱；基站设备内置电源防雷保护模块，外部射频接口均加装防雷模块，包括天线防雷模块和 GPS 天线防雷模块；户外立杆全部加装避雷针作为直击雷保护措施。

EUHT-5G 基站设备接地就近纳入既有接地系统，接地母线采用铜制线，保护地线采用多股铜质黄绿色相间线。接地线有相应的绝缘保护，以免发生电源短路。

EUHT-5G 方案配置见表 6-7。

表 6-7　　　　　　　　　　EUHT-5G 方案配置表

序号	名称	参数	数量	单位
1	EUHT-5G 基站 JL1501-002	5.8G EUHT 中心接入设备： （1）尺寸：665mm × 165mm × 71mm。 （2）质量：4kg 电源：220V AC。 工作频率：5150~5850MHz 可配置	11	台
2	EUHT-5G 终端 JL1502-002	5.8G EUHT 终端： （1）尺寸：197mm × 110mm × 59mm。 （2）质量：265g 电源：12V/1.5A。 工作频率：5150~5850MHz 可配置	100	个

序号	名称	参数	数量	单位
3	网络管理服务系统（nms.i_rel.1.0.0）	（1）支持系统双机热备。 （2）支持用户管理、权限访问控制。 （3）支持邮件通知功能。 （4）支持日志管理。 （5）支持对工控机的状态监控、参数查看/配置、升级。 （6）支持对中心接入设备的状态监控、性能监控、参数查看/配置、设备升级/重启、告警监控、白名单控制。 （7）支持对终端接入设备的状态监控、参数查看/配置、设备升级	1	套
4	PC端管理软件（nms.i_rel_desktop.1.0.0）	（1）支持软件锁功能。 （2）支持日志管理。 （3）支持对工控机的状态监控、参数查看/配置、升级。 （4）支持对中心接入设备的状态监控、性能监控、参数查看/配置、设备升级/重启、告警监控、白名单控制。 （5）支持对终端接入设备的状态监控、参数查看/配置、设备升级	1	套

二、近期规划方案拓展

近期拓展方案中，考虑目前已经有项目实施了现场总线和WirelessHART，全厂网络结构图如图6-16所示。

（一）现场总线

1. 现场总线的适用场景

目前现场总线技术已经在火力发电领域有了较为广泛的应用。根据火力发电厂工艺系统与机组安全的关系，从机组安全、回路响应速度、技术经济各方面综合考虑，对以下系统是否用现场总线进行分析。

（1）锅炉炉膛安全监控系统（FSSS）中涉及锅炉本体保护的部分，汽轮机数字电液控制系统（DEH）中涉及转速、应力和负荷控制的基本控制部分，汽轮机本体紧急跳闸系统（ETS）以及旁路控制系统（BPC）等系统。以目前现场总线的信息处理速度及信号稳定性而言，这些系统的控制应用现场总线技术风险较大，采用成熟的常规控制方式较为合适。随着总线技术的进一步发展，待积累了较多的应用经验以后，再逐步研究以上系统应用总线的可行性。

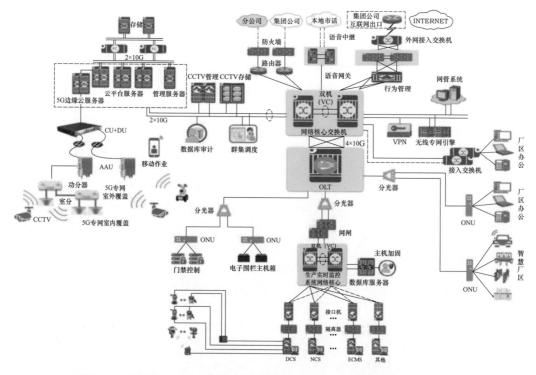

图 6-16　近期规划方案全厂网络结构图（引入现场总线和 WirelessHART）

（2）机组事故顺序记录（SOE）要求有 1ms 的分辨率，目前设计中接入 SOE 的多为主、辅机的跳闸接点信号和电气开关量，主、辅机跳闸首出原因由控制器逻辑判断。为保证 SOE 的分辨率指标要求，仍采用常规 SOE 卡比较合适。

（3）主机间冷系统、间冷循环泵房、辅机冷却系统的控制采用常规的 DCS 远程 I/O 站。从技术方面，这些系统的控制可以应用现场总线技术；但从经济性方面，与采用常规远程 I/O 相比，现场总线具备的大量节省电缆及安装费用的优势不够突出。采用常规远程 I/O 的性价比更高。

（4）现场相对集中的温度测点如炉膛壁温、汽轮机和发电机本体温度等测点，采用常规 DCS 远程 I/O 或国产智能前端设备接入 DCS。

除此之外的其他系统基本均可应用现场总线技术，如锅炉汽水 / 启动 / 疏水系统、风 / 烟 / 制粉系统、主蒸汽 / 再热蒸汽系统、闭式循环冷却水系统、加热器疏水系统、辅助蒸汽系统、凝结水系统、给水系统、抽汽系统、抽真空系统、轴封系统等。

2. 总线设计及安装

（1）现场总线网段的设计应考虑的几个方面。

1）网段总的电流负载、电缆型号、总线干线长度、总线支线长度、电压降和现场设备数量、总线的拓扑结构形式等。总线网段上可挂的设备最大数量受到设备之间的通信量、电源的容量、总线可分配的地址、每段电缆的阻抗等因素影响。

2）现场总线使用的经验表明现场总线回路故障的主要原因之一是来自网段上的干扰，而干扰的主要原因是现场总线网段和总线设备的不良安装。

（2）以 FF 总线为例，总线设计及安装主要注意点。

1）现场总线网段对绝缘要求很高，为了防止总线回路受潮，规定用增安型（EExe）接线箱，电缆穿入接线箱时使用防爆电缆密封接头。采用 FF 总线时，采用总线专用端子块与各总线设备连接。每个总线专业端子块具有短路保护作用，短路时指示灯亮，保证一个支路短路时不影响其他支路的正常工作，短路保护器将限制每个支路的短路电流不超过 60mA。

2）电缆屏蔽层的连接注意事项：

a. 在现场总线设备上，支线电缆的屏蔽线要剪断，并要用绝缘带包好，不能与表壳接地螺栓连接。各段总线电缆的屏蔽线应在接线箱内通过接地端子连接起来，屏蔽线只能在机柜侧（Marshalling）进行端子接地，中间任何地方对地绝缘要良好，不能有多点接地情况，这样可以起到防止静电感应和低频（50Hz）干扰的作用。

b. 如果干线电缆是多芯电缆，则不同总线网段的分屏线不应在接线箱内被互相连接在一起，也不能与总屏蔽线连在一起。

c. 电缆桥架要每隔一段距离接地。

3）现场总线电缆和现场设备安装之后应该经过严格测试，电缆线间绝缘电阻、对地绝缘、线间和对地电容以及总线信号的波形测试等应符合总线标准的系统工程设计要求。

（二）WirelessHART

符合 WirelessHART 标准的智能无线设备通过自组织网络结构，可使数据传递的可靠性达到 99.9%，确保数据在传递过程中不会丢失。

1. WirelessHART 相关设备

WirelessHART 相关设备由无线现场设备、WirelessHART 智能无线适配器、智能无线网关等构成。

（1）无线现场设备。现阶段艾默生公司已经推出了许多品种的无线现场设备，包括无线压力变送器和温度变送器、无线分析变送器、无线阀门位置变送器、无线开关量变送器，这些设备具有内置的 WirelessHART 功能。

（2）WirelessHART 智能无线适配器。如果设备不含有内置的 WirelessHART 功能，那么通过 WirelessHART 智能无线适配器，也可以方便、经济有效地将任何一个 HART 设备转换为无线设备，如储罐液位、雷达液位、超声波液位、流量、阀门、液体和气体

分析、压力和温度的测量。例如，目前虽然无
线水质分析变送器只有 pH 值和电导率两类参
数的变送器，但由于水质分析仪均具有 HART
通信功能，所以当它们选配了智能无线适配器
后，都可以升级成准无线设备，接入无线网络。

图 6-17　WirelessHART 智能无线适配器

WirelessHART 智能无线适配器如图 6-17 所示。

与此同时，智能无线适配器可以给 HART 设备增加以下功能：

1）获取先进诊断信息：智能无线适配器通过 AMS Suite 访问先进的诊断信息，实现
电磁流量计和科氏流量计的现场仪表校验功能。

2）增强阀门能力：智能无线适配器与 AMS ValveLink 软件可以很容易地实现
FIELDVUE 数字阀门控制器的新增功能，包括数字阀门控制器在线阀门测试、报警监控
和阀门的位置趋势。

3）远程设备管理和健康监测：用户通过智能无线适配器和 AMS 设备管理组合，在
控制室就可以检测 HART 设备的故障，不间断地监测设备，以优化维护时间表，减少停
机时间并减少人员在危险区的滞留时间。

目前已安装使用的 HART 仪表种类繁多，智能无线适配器也给这样一些仪表的功能
增加和应用扩展提供了一条新的途径。

（3）智能无线网关。智能无线网关是现场无线网络和主机控制系统的多种通信协议
接口，智能无线网关类型有 Modbus、TCP/IP、OPC、以太网等。与控制系统的集成可以
选择 Modbus 或 OPC 的方式，在某些情况下，智能无线网关可以像控制器一样直接挂在
控制网络上。在控制系统的操作员界面上可以清晰直观地获得无线设备的过程和设备诊
断信息。数据刷新速率从数秒到数十分钟可选，一台智能无线网关最多可连接十几台设备。
智能无线网关最终负责 WirelessHART 网络与工厂主干网或主机系统的连接。智能无线网
关如图 6-18 所示。

2. WirelessHART 应用案例

某电厂的除灰控制系统应用 WirelessHART 系统。在对灰
库进行改造的过程中，决定增加库顶风机压差信号、库底流化
风机和斜槽流化风机的压力信号。但在灰库上铺设电缆十分困
难，增加有线仪表的方案不可行。新的解决方案中由智能无线
网关和智能无线压力变送器组成智能无线网络，变送器分别安
装在除灰系统灰库的库顶风机、库底流化风机和斜槽流化风机
附近，分别监测风机的压差和压力信号。控制系统为 PLC，由

图 6-18　智能无线网关

于 PLC 中没有空余的 RS485 接口，无线网关将所有测量值通过 OPC 集成到 PLC 中，并由 HMI 人机界面显示。并且该项目投入运行至今，测量结果准确稳定，无线网络设备运行正常，实现了除灰系统的自动化监测。

三、远期方案

根据工业互联网产业联盟发布的《工业互联网体系架构（版本 2.0）》中内容，工业互联网的网络接入还有 Wi-Fi 6、WIA、ISA100.11a 等无线接入方式，鉴于目前相关通信技术的上下游产业尚未完全建立，故本部分可作为远期规划方案列入。

1. Wi-Fi 6

目前，支持 Wi-Fi 6 的路由器只有十几种，主要以华为、TP-LINK、小米，华硕为主，价格在几百至几千不等。在传输速率上面，Wi-Fi 6 在室内环境可以达到很高的速率，达到 9.6Gbit/s，因此，需要有更高的带宽接入，目前，中国联通、华为已经在深圳地铁某站点实现了 5G 网络接入，通过 Wi-Fi 6 技术进行网络拓展，将地铁枢纽建成全国首个应用 Wi-Fi 6 技术的地铁车站，实现 5G 与 Wi-Fi 6 技术的融合，开启 Wi-Fi 6 应用的新局面。

根据华为此前发布的 Wi-Fi 6（IEEE 802.11ax）技术白皮书则指出，Wi-Fi 6 得益于上行 MU-MIMO、1024-QAM 调制方式、160MHz 信道带宽、8×8 MIMO 等技术的引入，Wi-Fi 6 可以实现多个终端并行传输，不必排队等待、相互竞争，从而提升效率和降低时延，在后期电厂的使用中，Wi-Fi6 可以更好地支持厂内某个区域具有密集布置测点的信号接入。

目前，已经有了 Wi-Fi 6 的路由器产品，但是如果需要接入 Wi-Fi 6，还需就地侧仪表本身的 Wi-Fi 6 接口，才可以最终组成一个完整的 Wi-Fi 6 系统。相关产业链对于 Wi-Fi 6 的配套还处于较为初级的阶段。

对于远期电厂应用规划而言，可将点检仪、机器人运用 Wi-Fi6 的接入方式，以实现高速率传输现场实时信号。

2. WIA

从总体发展来看，国内外无线传感器网络的工业应用目前尚处于渐进发展和积累经验的阶段，能够系统地提供工业用无线变送器及其网络系统的厂商屈指可数。我国也已开发了具有自主知识产权的支持 WIA 无线协议的相关仪表。

上海自动化仪表厂推出了符合 WIA-PA 协议的无线阀门定位器、智能仪表等设备，其中有些无线变送器及其网络，已成功应用于上海锅炉厂集箱车间构成无线数据采集和处理系统，该系统为实时质量监控系统，实现了对焊接的过程参数进行可视化实时监控并记录，对产品实行完整的可追溯性流程，对产品的质量做到防差错控制。在环境较为恶劣的车间，WIA 网络的高可靠性得以发挥其优势，达到了信号传输的稳定性。

鉴于目前 WIA 产品研发处于早期阶段，随着相关上下游产业的不断提升，产品成本的降低，将会对整个工业控制领域产生极大的改变，毕竟，WIA 能够解决工业环境下遍布的各种大型器械、金属管道等对无线信号的反射、散射造成的多径效应，以及电动机、器械运转时产生电磁噪声对无线通信的干扰，提供一个能够满足工业应用需求的高可靠、实时无线通信服务。

3. ISA100.11a

目前，ISA100.11a 在工业无线市场上取得了少量应用，但尚未应用到电厂领域。横河电机（Yokogawa）和霍尼韦尔（Honeywell）开发出了 ISA100.11a 中等规模的系统解决方案，并且也生产了有相关带 ISA100.11a 协议的仪表。在一些特定场合，如检测参数总点数仅数十点，考虑设置控制系统经济上不划算，或为临时设置，或需经常移动，可以考虑按小型独立的无线通信网络选用一些有显示功能的网关设备。

横河电机 2013 年推出集成 ISA100.11a 无线网关功能的 GX20W 无线无纸记录仪，它是由 ISA100.11a YFGW710 无线网关 + GX20 无纸记录仪组合而成。GX20W 是一台具有强大数据采集、显示、通信功能的记录仪，甚至可以看成是一个小型的计算机数据采集系统。

虽然目前 ISA100.11a 的产品不够完善，但随着其在行业里越来越引人关注，其成果应用将会进一步丰富。

第七章　智能检测与控制

第一节　概述

　　智能检测是将先进技术运用于火力发电厂测量和控制全过程，实时获得难以直接测量的重要参数，提高一次参数测量和设备故障检测的实时性。通过运用先进算法与控制策略，实现被控参数的调节品质优于电网和环保的考核要求。

　　由于燃煤发电机组是一个多输入输出、大惯性、多扰动的复杂系统，所以普遍存在机组负荷调节能力差、一次调频性能差、蒸汽压力和蒸汽温度等关键参数波动大等问题。锅炉调节过程的滞后和惯性远大于汽轮机，造成供需能量的不平衡，是导致上述问题的主要原因。如何控制燃煤发电机组更加安全、高效、经济地运行一直是热工控制领域研究的重点问题。针对这一问题，各类智能控制技术应运而生，并与智能监测技术相结合，在提高机组运行效率和灵活性上取得了成绩。

第二节　智能检测技术

　　燃煤发电厂测量系统中，锅炉参数的测量是其重要内容。锅炉是燃煤电站将燃料的化学能转化为输入汽轮发电机组蒸汽热能的关键设备，燃烧是大空间内发生的高温、非均匀、带剧烈物理化学反应的复杂气固多相流动过程，涉及锅炉空间燃烧、高温化学反应、气固两相流动、固液气对流与辐射换热、工质相变等多个国际上公认的技术难题，相关参数的测量及其燃烧优化控制存在较大难度。长期以来，电站燃煤锅炉的控制以安全稳定性为主，经济性与排放的优化控制存在较大的发展潜力。

提高锅炉运行效率，降低相关污染物排放主要途径之一是优化燃烧。锅炉优化燃烧最重要的基础环节就是实现燃烧过程快速、准确检测，并在此基础上建立全方位燃烧诊断和优化运行系统。但是长期以来，由于缺乏对锅炉炉内工况有效的检测手段，大多是通过蒸汽侧的参数，借助运行人员的经验进行燃烧的运行调整，已远不能满足燃煤机组安全、灵活、高效、低污染运行的需要。

本节介绍的一些先进检测技术大都应用在锅炉，为后续的控制优化提供了有效的感知手段。

一、入炉煤质在线检测

现行的煤炭取制化方法是一种抽样检验、概率估算方法，取制样误差大，分析数据滞后，且不能连续实时获得大宗煤炭各子样煤质，无法满足煤炭生产企业控制商品煤质量和煤炭使用企业要求实时获得准确的煤质信息的要求。

煤质在线分析技术自20世纪80年代中期开始在美国、澳大利亚和欧洲得到发展，主要用于检测煤的灰分、水分、热值三项指标，有些装置还可检测出煤中的碳、氢、氧、氮、硫等多种元素成分及灰中硅、铝、铁、钙、钾等成分含量。此外，国外燃煤电厂对煤质在线分析装置的应用还体现在获得混煤的灰熔融性数据方面。近10年来各种在线煤质分析技术引入国内，经历了从设备进口到消化吸收逐渐国产化的过程，初期的引进单位多为选煤厂和洗煤厂，但存在精度较低，主要元件的寿命短、放射源的危险性、较大的系统投资等多方面问题。煤质在线分析仪器对于电厂提高煤质的检测速度的提高有很大的作用，为解决煤质检测结果落后于燃烧的问题提供了良好的解决方案。煤质在线分析与配煤掺烧结合可以更好地控制煤质波动，防止锅炉结焦，优化吹灰程序，达到高效燃用煤炭、优化燃烧、减少事故率、延长使用寿命的效果。

煤质的工业分析和元素分析是对煤质分析的主要内容。工业分析指灰分、水分、挥发成分以及固定碳进行分析，元素分析指对于碳、氧、氢、氮硫等元素进行分析。在进行工业以及元素分析时，依据的都是国家有关煤质分析的相关标准。由于煤中灰分和发热量之间有很好的相关性，传统的煤质工业分析一直沿用烧灼法进行测定。目前在线设备基本都是通过回归方程由灰分值计算出煤发热量。

（一）煤质在线分析技术原理

目前采用的在线分析技术主要使用在线或离线的核技术、光学或微波原理的快速监测仪器进行检测。按照是否有放射源可分为有源和无源。有源的方法主要有 γ 射线反散射法、双能 γ 射线透射法、中子活化分析法（Prompt Gamma Neutron Activation Analysis，PGNAA）等，能快速分析燃煤成分，但是只能对燃煤的一个或几个指标进行测量，且具有一定的放射危险性。无源主要是红外法、微波法等。按照分析的基本原理可分为吸收 / 散射法、受激辐射法、自然 γ 射线辐射法和性质变化法等。其中吸收 / 散射法是根据被测物对一束电磁辐射（X 射线、γ 射线、微波）或中子辐射能的吸收或散射的程度与被测量值的定量相关关系进行测量，包括低能 γ 射线反散射、微波、中子活化、近红外线等。受激辐射法根据被测物被外界的 X 射线、γ 射线、中子辐射源激发后产生的特征电磁辐射（X 射线或 γ 射线）与被测量的定量相关关系进行测量，包括单能 γ 射线透射、高能 γ 射线湮灭辐射、双能 γ 射线透射等。

（二）各种测量原理的比较

1. 测定精度

双能 γ 射线法的测量精度为 0.5%~1%。与其相比，中子活化技术的测量精度较高。近红外技术在采用分级建立校准方程的情况下，对有机物的测量能得到相对误差为 1% ~ 3%（相对于离线化验值）的精度。

2. 煤种相关性

双能 γ 射线法的主要缺点是其标定与煤种有关。该技术对煤中铁和钙元素较敏感，若电厂来煤的铁、钙元素变化范围较大，则采用双能 γ 射线测量方法的误差会较大。而中子活化技术则与煤种无关。

3. 防护要求

有源的技术中，γ 和中子源必须在当地办理辐射安全许可证，使用方才能合法地正常使用设备；无源设备则无此要求。与双能 γ 射线法相比，中子穿透力强，对人体的危害也更大，故对屏蔽防护要求高，一般要采用水或石蜡等含氢物质、镉片及铅片共同组成屏蔽防护。

4. 测量指标

双能 γ 射线法可测量煤的灰分、水分、发热量；中子活化技术除灰分、水分、发热量外，还可测定硫分、对锅炉结焦有影响的钠、氯，以及硅、钙等元素成分。

5. 中子源

大多数的 PGNAA 分析仪采用同位素中子源，造价高，中子通量也容易波动。半衰期为 2.5 年，之后直接更换中子源。因为设备不工作时辐射安全性较好，标定后不需额外维护，所以在正常工作时分析仪周围不需要操作或维护人员。设备周围的屏蔽主要采用碳氢元素。另一种中子源是中子管，体积较大，以电子脉冲式工作，寿命较短（约为 4000h）。

（三）影响检测的因素

煤质在线分析技术应用时所受影响因素较多，大致可归纳为以下几种情况：

（1）环境因素。包括温度、湿度和强磁场等。强磁场可以采取屏蔽或避让的措施。探测器和控制电路受温度影响较大。

（2）煤样因素。包括煤中有机质、煤样的粒度、堆密度及水分含量对分析结果有一定影响。

（3）煤灰成分影响。煤中无机矿物质主要是由硅、铝、钙、镁、硫等元素的化合物组成。而被测煤的元素组成不可能一成不变，即使同一品种煤其矿物质成分也不是固定的，因此，成分变化直接影响到 γ 射线的质量吸收系数，尤其是铁、硫对 γ 射线的衰减影响最为敏感。

（4）在线分析的煤流要求。煤层的厚度一般要求保持在 10~30cm，过厚的煤层不易穿透。

（5）安装方式。在线分析设备安装不当，包括测量点选择位置、安装方式不合适等。

二、炉膛火焰图像诊断

在煤电机组深度调峰过程中，锅炉系统的安全性、经济性和环保性都将受到严重的影响。特别是大型锅炉，每次事故引发的停炉检修都会带来非常巨大的损失。在势必进行深度调峰的要求下，切实有效地提高燃烧优化管理，保证系统在变负荷下的稳定运行，已经成为锅炉安全运行研究的重要内容。为实现这一目标，需要对燃烧状态进行连续监测，做出快速准确的判断，参与制定合理的控制和调整策略，并在燃烧发生异常之前采取措施，从而达到有效控制和优化燃烧的目的。由此可见，燃烧状态监测对于提高锅炉运行的整体性能具有重要作用。

火焰图像诊断技术已取得了实际应用成果，但大多方法并不具备深度调峰下的自适应性，无法应对频繁瞬变的燃烧工况，不能够迅速准确地获取燃烧信息，可靠性差。基于人工智能的炉膛火焰图像检测及燃烧状态诊断系统，可为锅炉燃烧提供有效的检测方法及手段，提高发电机组的控制品质，为锅炉运行、风煤配比、燃烧调整提供指导。

三、炉膛温度场在线监测

炉膛内温度场分布对燃烧状态的诊断及燃烧参数优化控制具有重要意义。锅炉炉膛温度测量技术主要有直接接触测温法，以及以红外、声学测温等为代表的非接触测温法。直接接触测温法应用最早，该方法将测温设备布置在温度场中进行测量，如传统的烟温探针，但它无法长时间承受炉膛区域的高温，难以实现对整个炉膛的在线监控测温。而非直接接触测温方法，在测量的过程中不与炉膛内烟气进行接触，在锅炉燃烧这种快速变化且不恒定的热力过程中，温度测量的精度更高。

红外测温以热力学第三定律为理论基础，通过红外光波本身具备的强温度效应来捕捉被测物体的辐射，并且运用红外光波的基本定律，将这些辐射转换为便于观察与研究分析的数据。这种方法具有反应速度快、测量温度宽、监视温度场整体分布的优点，也具有成本高、抗干扰能力弱、无标准可依等缺点。当前，红外烟温测量装置因其非接触、维护成本低、能进行连续测量等特点，在近10年投产的燃煤发电机组中得到了广泛应用，已基本替代了传统的炉膛烟温探针。

声学测温也是当前锅炉测温手段中较为常用的一种非接触式温度测量技术。其主要原理是通过在炉膛两侧设置声波发射器和接收器，在测量路径已确定的情况下，已知声速即可测得测量路径上的平均速度，从而算出其平均温度。这种方法具有探测范围大、性价比高以及可以将炉内的温度场信息实时可视化的优点，但同时它也有易受强噪声影响、只能测量二维温度场以及投资费用较高的缺陷。声学测温法有着较大的发展前景。

最新的锅炉CT技术也引起了行业内的关注。锅炉CT通过燃烧图像、激光、声波检测，进行全炉膛三维空间分布温度场、速度场的在线测量。在炉膛的多个截面布置网格式检测通道，在线检测锅炉燃烧时炉膛内部温度场、CO、O_2浓度等重要参数，并实时生成炉膛燃烧工况立体分析图。锅炉CT技术解决了锅炉炉膛内参数测量技术难题，实现了燃烧过程精确测量，为锅炉数字孪生系统实现燃烧优化和经济运行提供依据。

锅炉CT的主要技术特征包括：

（1）利用全波段光谱信号的获取和彩色图像辐射信息，监测全部燃烧器的稳定性，建立辐射传递模型和光学成像模型，求解辐射反函数，获得火焰温度场。

（2）基于人工智能的炉膛火焰图像检测及燃烧状态诊断技术，指导锅炉运行中风煤配比的调整。

（3）精确建立燃烧的三维数学模型，采用先进的控制逻辑、控制算法或人工智能技术，在线优化锅炉的配风、配煤等燃烧运行方式。

四、锅炉受热面超温监测与预警技术

电站锅炉过热器、再热器发生超温和爆管的主要原因之一是运行中沿烟道宽度的烟气温度偏差大，同时管屏的蒸汽流量偏差以及辐射和对流吸热的设计值与实际情况相差较大。由于炉内测量环境恶劣，通常在炉外管道上布置壁温热电偶作为监测手段，这些热电偶的测量结果更接近工质温度，而非炉内受热面壁温，由于缺乏可靠的只能通过炉外壁温计算炉内管道受热情况。

锅炉受热面超温监测与预警技术测综合考虑各管段由于结构尺寸、空间布置等引起的角系数差异，由于各处烟气温度、烟速差异及工质物性、流动参数差异导致的辐射换热系数与对流换热系数的不同，并考虑管壁的污染系数、材料的导热系数等影响因素。在计算烟气侧放热系数的时候预先假设一个壁温值，最后得出的壁温值与该假设值比较，若计算值与预选的假设值相差大于设定的误差范围，则重新选取假定值进行迭代计算，直到误差满足要求为止。通过利用锅炉上原有的炉外壁温测点在线计算炉内每根管子沿长度各点的蒸汽温度、壁温、寿命损耗及沿烟道宽度的烟气温度偏差，可及时指导运行人员调整运行情况，避免锅炉高温受热面超温、爆管事故发生。

五、锅炉四管状态智慧监测

锅炉四管状态智慧监测及预警系统具备以下功能：炉管寿命及焊点泄漏预测；泄漏提前预警、早期报警；泄漏故障点精准定位；泄漏区域管道的三维显示；设备故障及日常维护的智慧判断指导；辅助检修人员对发生泄漏的情况进行智慧判断指导；跟踪泄漏发展趋势；显示泄漏频谱；记录泄漏历史趋势；实时监听炉内噪声；实现装置远程诊断，辅助监视吹灰器运行工况；系统自检测试，传导管堵灰判别。

利用锅炉泄漏数据以及历史泄漏模型建立动态识别算法。首先对目标设备各类故障的声音信号进行分析，结合语音信号处理中的短时技术，对故障信号在时域、频域和时频域上进行分析；然后将特征参数输入深度神经网络实现故障的分类。在消除锅炉运行的各种复杂噪声干扰的基础上，利用计算机技术，进行声谱分析，泄漏装置使用及炉膛噪声与 DCS 实时交互，实现对锅炉炉管泄漏的早期测报，并对泄漏点进行精准定位及判断泄漏程度，使运行人员及时采取防护措施，防止事故扩大，缩短抢修时间，减少经济损失。

六、锅炉高温腐蚀与热偏差智能管理

锅炉高温腐蚀与热偏差智能管理利用关键物理量（CO 和 H_2S）的运行数据，实时监测燃烧器附近的气氛，建立并运行数据驱动的对象模型，优化关键运行参数并寻优合适的贴壁风门开度、总风量（氧量）、煤粉细度，以实现预防锅炉炉壁高温腐蚀，并能建立热偏差分析系统模型，实现热偏差智能优化。锅炉高温腐蚀与热偏差智能管理将实现以下功能：

（1）提供关键位置热偏差实时判断，智能生成管屏壁温热偏差视图，并实现热偏差智能优化。

（2）提供水冷壁相应区域的 CO 和 H_2S 值与贴壁风风门开度对应关系模型，提供炉膛出口 CO、H_2S 含量和 O_2 含量对应关系模型。

（3）提供准确的 CO、H_2S 监测与调控模型。

第三节　智能控制策略

一、锅炉燃烧优化

锅炉是现代化火力发电站的核心系统之一，但也是电站系统中自动化水平最低的子系统之一，大量的控制指令是由运行人员手动干预实现的最终控制。这一方面是因为锅炉燃烧是大空间、强对流、复杂的物理和化学综合作用，其机理十分复杂，至今仍缺乏具有明确指向性的定量理论机理和方法；另一方面，大空间紊流分布场、高温、腐蚀等恶劣环境大幅提升了相关参数和状态的测量成本和难度，限制了自动控制所需的测量环节的品质。

锅炉燃烧自动控制存在以下问题：

（1）国内燃用非设计煤种、煤质波动大、燃用劣质煤、配煤掺烧、分层掺烧等普遍存在，造成燃烧及配风方案需不断进行动态调整。

（2）机组负荷跟随电网要求调整频繁，容易出现受热面超温、烟气温度偏差大等异常情况，现有技术主要依赖人工干预，自动化水平低，对安全性问题的关注和处理，使优化燃烧和经济运行常常难以顾及。

（3）制粉系统设备磨损、煤质变化、预留升负荷裕度等，使磨煤机的运行组合常需运行人员干预调整，这给锅炉优化燃烧带来极大的难度。

（4）现场表计精度和测点布置密度都比较有限，难以满足锅炉性能在线分析的需求，导致基于历史数据或在线仪表的在线性能分析、评估和优化算法缺乏可靠的计算基础。

针对以上问题，通过采集机组大量运行数据，运用人工智能技术对大数据进行分析，在保证机组运行安全的条件下，优化锅炉配风配煤燃烧运行参数，提出锅炉燃烧优化方案。根据机组负荷和煤质的变化，自动调整燃烧运行参数（闭环优化控制）实现锅炉燃烧运行的全自动，达到节能减排的目的。

（一）一次风粉在线监测与自动调平控制技术

磨煤机出口一次风粉管道内的风粉分布直接决定每只燃烧器的热负荷强度，各燃烧器的风粉均匀性直接影响锅炉燃烧的安全性以及经济性。锅炉磨煤机出口一次风粉流速、浓度分布不均，将导致锅炉燃烧器输出功率分布不均，严重者将造成炉内热负荷偏差大、局部燃烧恶化、NO_x 生成量增加、两侧烟气温度/蒸汽温度偏差大、燃烧器配风困难等影响锅炉燃烧的经济环保和运行安全问题。一次风粉的精确监测以及调平，是制粉系统及锅炉安全经济运行的关键，也是整个燃烧调整的基础性要素。

燃烧优化控制系统采用先进的全截面煤粉参数在线测量技术准确测量一次风管道内风粉混合物的流速、浓度。通过风粉调整，对一次风煤粉浓度分配进行热态的在线精细控制，使煤粉进入锅炉的分布可测可控，实现在线燃烧器出口的风量和粉量的在线调平和有效控制。在煤粉精细调平的基础上，调平和优化燃烧器配风，实现锅炉的均衡高效燃烧，明显改善锅炉的燃烧状态，进而整体上优化锅炉燃烧。

1. 静电感应空间滤波一次风粉浓度

静电感应空间滤波技术利用输送管道中煤粉颗粒物的摩擦起电原理来测量煤粉的流动参数。静电感应空间滤波一次风粉浓度、速度的高精度测量装置为全截面环状非介入式结构，传感器仅对运动的带电煤粉产生感应，不会向被测流体中注入任何形式的能量，具有结构简单、耐磨损、工作性能稳定等优势。传感器消除了煤粉种类、湿度、颗粒尺寸、温度等复杂因素的影响，确保了此测量系统的测量误差小于 3%。

静电感应空间滤波技术特点如下：

（1）测量传感器采用全截面测量方式，其内径与一次风管平齐，确保其测量的准确性，不存在盲区。

（2）使用寿命长。

（3）采用被动静电检测原理，传感器只感应煤粉本身携带的静电，无需外界能量的注入，不干扰系统运行。

（4）测量传感器安装在近燃烧器端，以真实反映进入炉膛的各一次风管内煤粉浓度和流速的状态。

2. 风粉均衡调整装置

各磨煤机分离器出口各一次风管道上安装风粉均衡调整装置，用于连续改变磨煤机出口的风粉分布偏差，可以在热态的条件下使各燃烧器出口煤粉浓度保持均衡。

3. 燃烧器出口风粉的精细调整及热态调平

根据风粉的精确在线测量数据，利用风粉均衡调整装置等调节手段，系统可自动调整风粉分布偏差，实现燃烧器出口的风粉浓度在线热态调平，保证同层各燃烧器之间的风粉分布达到均衡状态，为实现锅炉均匀燃烧提供基础工况。

（二）低氮燃烧二次风智能配风控制技术

炉膛内各层二次风风量保持合理的配比，即保持适当的速度和风率，是在炉内建立正常的空气动力场，使风粉混合均匀，保证燃料良好着火和稳定燃烧所必需的条件。二次风速过高或过低都将破坏气流的正常混合扰动，从而降低燃烧的稳定性，造成蒸汽温度波动。

二次配风优化是按照锅炉实际使用的煤种通过配风调整试验确定合理的二次风分配原则，并通过试验找出各种不同负荷下二次风箱及各二次风门开度的合理值，不但满足静态工况下各参数的稳定，同时能够满足动态工况下各参数的稳定。

1. 静态工况下通过燃烧调整实验优化当前的配风方案

确定在稳定负荷工况下的配风方式，保证蒸汽温度、蒸汽压力、NO_x排放量、锅炉效率等参数在最优范围。上二次风的作用是压住火焰不使其过分上飘，使煤粉充分燃烧和燃尽，有效降低炉膛出口温度；中部二次风的作用是提供煤粉燃烧所需氧气，保证锅炉稳定运行；下二次风的作用是防止煤粉离析，托住火焰不向下冲，防止冲刷冷灰斗。周界风门的控制根据煤质的变化适当调整，对于可燃性差、挥发分含量低的煤种，在相同燃料量时，周界风门的开度应适当关小些，以保证稳定燃烧；反之，对于可燃性好的煤种，可适当增大周界风门的开度。

在二次配风调整上如侧重于锅炉燃烧的稳定性，在保证NO_x排放浓度下适当增加主燃区风量，加大中、下二次风比例；如侧重于控制炉膛NO_x浓度，在保证燃烧稳定的前提下，加大上二次风比例。根据煤质、磨煤机投运情况调整周界风门开度。在稳定工况下对二次风门开度应根据实际运行需要，综合分析比较后进行调整，达到各参数最佳效果。

2. 对启停磨等特殊工况下二次风门的控制方案

启停制粉系统时，会造成锅炉短时间内燃烧不稳定，参数波动大。同时，不同层磨煤机投用，会使火焰中心产生上下移动，火焰中心的变化直接导致蒸汽温度产生变化。

磨煤机启动时，相当于燃烧侧负荷突然加强，因此主蒸汽温度、再热蒸汽温度一般为上升趋势，并有可能超温。故在启动磨煤机以前可以先适当地降低蒸汽温度，启磨后适当地降低其他磨煤机的出力，保持总煤量在小范围内变化，并注意风量的调整，可适当提前开大中下层二次风门，防止缺风运行，保持氧量在合理的范围内。磨煤机停运时，可适度增加其他磨煤机的出力，保持总煤量小范围变化，注意风量的调整，尽量保证主燃区氧量小范围波动。

在不同磨煤机启动下，其周界风开度应根据煤质情况适度开大，同时启动过程中增大周围辅助风门开度，减小蒸汽温度波动；反之，磨煤机停运时，为减小蒸汽温度波动可暂时开大下层二次风门，待磨煤机停运后稳定时再关小相应风门及辅助风门。根据磨煤机的运行情况，确定周界风对磨煤机启停时的最优函数曲线。

3. 动态过程中二次风自动、配风控制

通过二次配风优化调整试验，在保证锅炉效率的前提下，降低炉膛出口的NO_x浓度与风烟系统电耗，保证蒸汽温度、蒸汽压力稳定，根据配风调整试验所得的优化参数设定二次风门挡板的自动控制逻辑，实现从锅炉点火吹扫到满负荷的全程风门挡板自动控制。

锅炉燃烧过程中，接受自动发电控制（AGC）指令升降负荷时，在变动工况的基础上，根据各参数变化情况，确立各二次风门与负荷的动态响应函数曲线，实时在线调整，实现二次风门精细化控制。

（三）制粉系统预测控制

正压直吹式制粉系统是一个典型的多变量非线性时变系统。各控制量和被控量之间存在着耦合关系，控制量扰动大，被控量滞后严重，基于经典 PID 设计的控制方案难以实现制粉系统的解耦控制。因此，在研究建立的制粉系统模型的基础上，可以设计制粉系统多变量预测控制方案。

二、调峰协调控制优化

针对超（超）临界机组，采用预测控制、神经网络及智能前馈等先进技术，可提出满足机组深度调峰工况的 AGC 智能协调控制策略、过热蒸汽温度和再热蒸汽温度的优化控制策略及脱硝优化控制策略。应用这些先进的控制策略后，可实现以下功能。

（1）实现机组深度调峰，可使超超临界机组负荷在 AGC 控制方式下直接深调到

20%P_e（额定功率），实现机组"干态/湿态"的一键自动转换及机组在湿态工况下的全程协调控制。

（2）机组的变负荷速率可达 2.0%P_e/min 以上，负荷调节精度、一次调频性能全部满足电网的考核要求。

（3）变负荷过程中，大幅减小关键参数的波动，主蒸汽压力的波动控制在 0.5MPa 之内，过热蒸汽温度和再热蒸汽温度的波动均在 5~7℃之内。

（4）烟囱入口处的 NO_x 可控制在 10~15mg/m³（标准状态）之内，减少喷氨量。

（一）设计原则

设计为三段式：干态协调控制系统、干/湿切换协调控制系统、湿态协调控制系统，协调相关主控回路在不同运行模式下有不同的控制结构和控制目标。

深度调峰协调控制系统整体设计原则如图 7-1 所示。

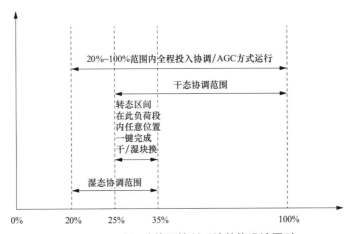

图 7-1　深度调峰协调控制系统整体设计原则

（二）干态工况下协调控制策略

采用先进的预测控制、智能控制等技术，拟定超（超）临界机组在干态工况下深度调峰的智能多模型预测控制策略，设计相关的智能预测协调控制系统。控制系统由汽轮机调节负荷，燃料、给水同步调节主蒸汽压力，燃料/给水比率调节中间点温度和主蒸汽温度，同时还要设计多项解耦策略来弥补机/炉侧动态响应特性的明显偏差，采用智能控制中的神经网络学习算法，对控制系统的参数进行自学习。该控制策略具有以下特点。

1. 采用预测控制技术作为机组闭环控制的核心环节

协调优化控制系统在整体控制结构上仍采用"前馈+反馈"的控制模式，但与常规

DCS控制策略不同的是其在反馈控制部分应用解决大滞后对象控制问题的预测控制技术，取代了原有的PID控制。采用这种技术能够提前预测被调量（如主蒸汽压力、蒸汽温度等参数）的未来变化趋势，而后根据被调量的未来变化量进行控制，有效提前调节过程，从而大幅提高机组协调控制系统的闭环稳定性和抗扰动能力。

2. 采用神经网络技术对控制系统参数进行自学习

常规DCS的控制回路，其控制参数一经整定结束就不会改变，对于日后机组工况的变化无能为力；协调优化控制系统采用竞争型的神经网络学习算法来实时校正机组运行中与控制系统密切相关的各种特性参数（包括燃料热值、汽耗率、机组滑压曲线、中间点温度设定曲线、制粉系统惯性时间等），并根据这些特性参数实时计算协调控制系统的前馈和反馈回路中的各项控制参数，使得整个系统始终处于在线学习的状态，控制性能不断向最优目标逼近。

3. 对AGC运行模式进行优化

常规DCS控制方案对于机组运行在CCS方式还是AGC是不加区分的，AGC优化控制系统中包含AGC运行模式下的特别优化模块：采用智能预测算法，一方面根据机组当前AGC指令、实发功率、电网频率等参数实时预测"调度EMS系统AGC指令"在未来时刻的变化趋势；另一方面根据机组的燃料量、风量、给水流量等参数实时预测表征锅炉做功能力的"锅炉热功率信号"在未来时刻的变化值，并依据这两者间的匹配程度来修正锅炉指令的变化量。增加AGC模式优化模块后，可在保证AGC负荷响应的基础上有效减小机组燃料量、风量、给水流量、减温水流量的波动幅度，有利于延长锅炉管材寿命，减少爆管。

（三）湿态协调控制策略

采用先进的预测控制技术、智能控制技术等，拟定超（超）临界机组在湿态工况下的智能多模型预测协调控制策略。湿态运行模式下，给水控制与协调控制分离，给水系统的控制目标转变为维持分离器水位稳定，并保证最低给水流量，该阶段的控制手段不再是单一的给水泵汽轮机转速，而是由给水泵汽轮机转速、给水旁路门、分离器疏水阀、炉水再循环阀综合参与完成控制功能。湿态工况下，相关的控制策略还包括：

1. 给水控制策略

湿态以及干/湿态切换过程中的给水控制依靠给水主控、小机流量控制、小机主/旁路门、分离器疏水阀、炉水再循环阀控制共同完成给水调节的任务。

2. 给水泵汽轮机流量控制

接受给水指令信号，由给水主控 PID 计算出给水泵汽轮机转速指令。整体设计上与干态时的控制策略并无不同，但由于低负荷时涉及单 / 双泵运行，系统压力较低后给水对象特性发生明显变化，需增加相应的变参数处理，并对给水流量 PID、给水泵汽轮机转速 PID 做进一步细调。给水泵汽轮机流量控制分为流量控制回路和给水泵汽轮机转速控制回路。

3. 给水主 / 旁路门控制

给水主/旁路门控制功能设计为保证给水泵汽轮机转速控制在合理的可调节范围内。一般给水旁路门设计为调节给水流量，这可能与给水泵汽轮机流量回路产生明显的互为干扰，因此在投入给水泵汽轮机流量自动后，给水旁路门设计为保证给水泵汽轮机转速在合理运行区间。

4. 分离器疏水阀 / 炉水再循环阀控制

投入湿态协调控制运行时，分离器疏水阀 / 炉水再循环阀处理分离器水位危急工况下的调节，具体为分离器水位高于设定值 3m 以上时，分离器疏水阀 1 开始参与调节；分离器水位高于设定值 3.5m 以上时，分离器疏水阀 2 开始参与调节；分离器水位低于设定值 3m 以上时，炉水再循环阀开始参与调节。分离器水位正常范围内的波动由给水主控回路完成调节。

5. 过冷水调节门控制

过冷水调节门在干态转湿态后期以及湿态工况下调节启动循环水泵入口水温与泵壳温差，在干态转湿态启动循环水泵开启之前需要提前超驰开 3% 左右，有利于建立分离器水位。在湿态转干态启动循环水泵停止之后再缓慢全关。

6. 干 / 湿态切换控制

采用基于运行人员操作经验的智能方法来设计超（超）临界机组"干态 / 湿态"自动切换的智能控制策略，设计有"干态→湿态切换""湿态→干态切换"两个一键切换过程。

（1）"干态→湿态切换"控制。"干态→湿态切换"的一键顺序控制设计实际上包含"干态→湿态切换预准备过程""干态→湿态切换过程"。在"干态→湿态切换预准备过程"中完成给水泵汽轮机汽源切换、双泵切单泵、主蒸汽温度预调整等多项辅助子系统的运行模式转换；而在"干态→湿态切换过程"中完成启动系统的运行方式切换，分离器水位建立、给水控制模式切换。

（2）"湿态→干态"切换控制。"湿态→干态切换"的一键顺序控制设计实际上包含"湿态→干态切换过程""干态协调控制投入预准备过程"。而在"湿态 →干态切换过程"

中完成启动系统的运行方式切换，分离器水位抽干、给水控制模式切换，在"干态协调控制投入预准备过程"中完成给水泵汽轮机汽源切换、并泵、主蒸汽温度恢复干态设定等多项辅助子系统的运行模式转换。

三、蒸汽温度控制优化

过热蒸汽温度和再热蒸汽温度控制的最大难点在于其被控过程具有大的纯滞后和惯性时间，且在不同的机组负荷下，蒸汽温度被控对象的动态特性会发生较大的变化，而各种扰动（如变负荷、启停磨煤机及吹灰等）对蒸汽温度的影响又较快，从而导致较大的蒸汽温度偏差。

传统的过热蒸汽温度和再热蒸汽温度控制方案均采用了基于 PID 控制策略的串级控制方案，但对于大滞后的被控对象，PID 控制策略很难协调好控制系统快速性和稳定性之间的矛盾，即为了要抑制蒸汽温度偏差，控制系统必须要快速动作，但动作一快，PID 控制系统就会振荡，这是由 PID 的本质特点所决定的。因此，只有采用先进的基于大滞后控制理论的蒸汽温度控制策略，才能对过热蒸汽温度和再热蒸汽温度进行有效控制。

在控制系统的反馈回路中，将多种大滞后控制技术如广义预测控制技术、相位补偿技术及状态变量控制技术有机地融合起来，在确保控制系统稳定性的前提条件下，加快喷水或烟气挡板的调节速度。而在控制系统的前馈通道中，采用了基于操作经验的模糊智能前馈技术，进一步加快喷水或烟气挡板的调节速度，有效地抑制过热和再热蒸汽温度的动态偏差。

与过热蒸汽温度的喷水被控过程相比，再热蒸汽温度的烟气挡板被控过程具有更长的纯滞后时间，且纯滞后会随着机组负荷的变化而变化。因此，在烟气挡板的再热蒸汽温度控制回路中，增加了自适应史密斯预估器特性补偿回路，以补偿再热蒸汽温度被控对象中可变的纯滞后时间，改善烟气挡板调节再热蒸汽温度的特性。

与烟气挡板控制相同，采用广义预测控制器（GPC）实现反馈控制，同时结合模糊智能前馈，并融入了如下控制思想：

（1）当烟气挡板关到某一位置时，烟气挡板的调节余量已较小，可切换到喷水调节再热蒸汽温度，以不致使再热蒸汽温度过高。

（2）当再热蒸汽温度已回调时，应及时关小喷水门，并根据回调情况及时关闭喷水门，尽可能减少喷水流量。

四、脱硝控制优化

燃煤机组普遍出现脱硝系统自动控制难、氨量过喷、脱硝 NO_x 监测数据与排放不一致、空气预热器堵塞等问题，影响机组的安全环保经济运行。综合应用设备结构优化、先进测量装置、大数据分析、智能控制等方法开展智能一体化脱硝控制技术研究，综合考虑燃烧经济性、脱硝运行成本及脱硝效率，解决喷氨过多、氨逃逸率偏大、NO_x 排放波动频繁、排放指标不佳的问题，使锅炉燃烧效率、炉内脱氮及烟气脱氮的总体运行成本达到最优。

1. 低氮燃烧及脱硝系统协同优化

基于脱硝运行成本及机组煤耗成本分析，通过实施燃烧器层组的优化组合、锅炉二次风配风层间优化组合及同层二次风的差异控制等锅炉燃烧调整实现低氮燃烧和脱硝系统的协同优化，在排放达到标准的前提下，使锅炉燃烧效率、炉内脱氮及烟气脱氮的总体运行成本达到最优。

2. 自适应调平精准喷氨

喷氨系统的各支管的喷氨量与 NO_x 分布不相匹配，将导致部分空间喷氨过多或喷氨不足现象，影响脱硝控制效果。利用数值模拟、脱硝系统性能试验等手段对炉内脱硝系统反应物分布情况及喷氨系统流体阻力特性进行匹配，通过对喷氨系统结构进行优化设计，实现自适应调平精准喷氨，降低氨逃逸率及氨耗量。

3. 多点轮测监测

脱硝系统烟道截面较大，烟气偏流现象普遍存在，脱硝监测数据不能真实反映脱硝区域各气体的分布情况，影响喷氨调平及脱硝控制效果。多点轮测监测技术对脱硝区域烟道截面进行网格划分，采用各网格内脱硝参数轮测策略，达到实时有效监测覆盖整个烟道截面的氨逃逸、氮氧化物浓度场的目的。

4. 脱硝智能控制

结合燃煤机组运行过程中 NO_x 的生成机理，基于数据挖掘技术，建立 SCR 入口 NO_x 预测模型，解决 NO_x 实测值迟延造成的喷氨控制不及时的问题。同时，针对机组负荷变动、磨煤机启停等特殊工况设计智能前馈控制功能，提高脱硝控制稳定性和准确性。

五、吹灰控制优化

受煤质波动与工况变化的影响，机组不同受热面的积灰情况不断发生显著的变化。锅炉常规吹灰方式认为受热面积灰结渣过程是时间的线性函数，一般按照运行班组进行定时定量吹灰操作。这种定时定量吹灰的方式并未充分考虑锅炉各受热面的实际灰污增长情况，很可能造成积灰结渣严重的受热面未得到及时吹扫，而较为洁净的受热面接受吹扫而白白浪费能量。频繁地吹灰不仅会磨损受热面，还会导致受热面发生热应变，缩短受热面的使用寿命，同时频繁吹灰也增加了吹灰器件的维护费用。

智能吹灰系统基于锅炉受热面的灰污生成特性及机理，采集锅炉结构参数、煤质输入、风烟参数、汽水参数等数据，经过计算模块获得表征受热面实时污染程度的评价指标。根据燃煤电厂不同机组锅炉的运行状况，通过对基础数据的全面综合分析，初步确定炉膛各对流受热面和空气预热器的吹灰优化目标方案。建立锅炉整体及局部软测量模型、统计回归、人工神经网络等分析运算体系，利用 DCS 系统采集的工质侧参数、省煤器后烟气侧参数和空气预热器进出口温度差或进出口压力差，按照飞灰可燃物及排烟氧量软测量模型，首先进行锅炉各项热损失和热效率的计算，继而从省煤器出口开始，逆烟气的流程逐段进行各受热面的污染率计算，建立起炉膛污染模型、对流受热面污染模型和空气预热器污染数学模型。实现积灰结焦清洁度监测预警。

计算工作基于下述受热面污染模型：

（1）炉膛辐射受热面污染监测模型。

（2）对流受热面污染监测模型。

（3）空气预热器污染监测模型。

依据上述模型计算结果，并根据吹灰频率与吹灰净收益之间关系确定最佳吹灰频率。同时以锅炉运行状态为限制条件，确定最佳吹灰频率和不同负荷下的临界污染洁净因子，给出相关吹灰指令，与锅炉吹灰程序控制逻辑连接，控制相应吹灰器动作，实现锅炉的吹灰优化。

污染监测所需测点包括烟气温度测点、蒸汽温度测点、给煤量信号、各风量信号和吹灰器动作信号。烟气温度测点包括水平烟道出口（一般为末级过热器出口烟气温度）以及竖直烟道各受热面进出口烟气温度。蒸汽温度包括锅炉每个有吹灰器的受热面进出口蒸汽温度、各级再热器进出口蒸汽温度、后屏过热器入口蒸汽温度。

基于在线监测数据的锅炉整体和各受热面的传热计算模型能够有效地根据在线采集的锅炉运行数据比较准确地定量监测炉内受热面的结渣和积灰状态，可以适应一定范围的煤质变化。智能吹灰优化软件可具有友好的人机界面和各种必要的显示和报警功能，使结渣、积灰和吹灰的过程及效果达到优化和可视化。同时，在线制定吹灰计划，与运行管理无缝融合，在每个运行班组接班后在线制定吹灰计划，辅助指导不同受热面段的吹灰，避免严重积灰结焦或过吹磨损。

六、机组自启停 APS

火力发电厂燃煤机组有启动、停运和正常三种运行工况，机组启动、停运过程的安全风险比正常运行要高得多。以 600MW 等级燃煤机组为例，机组冷态启动前，不计外围辅助车间，机组主厂房内炉、机、电等系统设备现场巡视检查和就地操作的项目超过 5000 多项，集控室内远方操作的设备超过五百多台套。由于现代大型机组参数高、工况转换迅速、工艺系统关联紧密，增加了人工操作的难度和启停时间，不利于机组的安全、经济运行。对于电厂来说，期望能以机组允许的最短时间安全、经济地启动机组。而 APS 可以依托 DCS 能够在燃煤机组规定的运行区间内分阶段递进导引热工控制系统完成机组启动或停止的自动程序控制。

APS 倡导一种高效、安全的理念，追求的目标是人工智能控制，目前的 APS 部分 DCS 逻辑模块和控制策略已经具备了智能化的特质。APS 对电厂自动化和智能化提出了要求，燃煤发电机组启动的复杂性和技术难度要求参与 APS 的 CCS、BMS、DEH、MEH、SCS 等热工控制系统必须具备机组自启停的控制水准，包括参与 APS 的顺序控制和模拟量调节。机组自启停控制系统成功必须具备两方面的条件，一方面须应用智能化的开关量控制模块，顺序控制自动步进过程中再不需要人工参与；另一方面，模拟量自动调节须实现自动投入，投自动的"纠偏"过程全程由控制系统自动完成。汽轮机转子应力计算、CCS 功能扩展、锅炉超前加速（BIR）、函数参量控制、并联式 PID、磨煤机出力自动控制、锅炉风烟系统全程启动、锅炉给水系统自动并列 / 解列等先进控制策略的应用是电厂高度自动化的核心策略。只有具备了坚实的自动化基础，APS 才能水到渠成。

APS 系统可分四层结构，即机组控制级、功能组控制级、功能子组控制级和设备驱动级。APS 包括机组自动启动和自动停止两部分，涵盖启动、并网、带负荷、升负荷、降负荷、停机 / 停炉、投盘车等整个机组启停各个阶段的控制。根据机组的不同工况（冷态、热态、温态、极热态）采用相应的上层控制逻辑，通过 DCS 系统数据高速公路，发控制指令到相应各个子系统。

机组控制级是整个机组启停控制管理中心，它根据系统和设备运行情况及既定的控制策略，向下层功能组及功能子组发出启动和退出的指令，实现机组的自动启动和自动停运。

APS 的成功实施可显著增加机组控制系统的自动化水平，最大限度地减少运行人员的操作强度和人员数量，实现减员增效。

第四节　智能监盘

　　智能监盘属于智能电厂中的智慧运行范畴。智慧运行是利用大数据、人工智能与机器人等先进技术，实现电力生产全过程的运行智慧化，使发电机组能自适应工况（煤质、网调负荷、环境温度、设备状况等）变化，实现安全、环保、节能、灵活运行，智能指导现场监盘人员更好、更优地调整机组运行，降低运行人员工作强度，提高工作效率，降低误操作风险。

　　智能监盘以广泛梳理火电机组运行监盘工作经验为基础，重点关注监盘工作的普遍痛点和盲点，智能辅助运行监盘人员全面掌握机组、系统、设备运行情况，主要实现机组多维指标智能监盘、简洁高效的智慧报警、试验与设备轮换等定期工作实时提醒、系统及设备异常标准化识别与处理指导。指导监盘人员正确、安全地完成各项运行操作内容，提高集控运行工作效率、降低运行人员工作量。智能监盘模块及功能描述见表 7-1。

表 7-1　　　　　　　　　　　智能监盘模块及功能描述

模块	功能描述
多维指标智能监盘	（1）基于大数据的系统与设备参数主动监测。 （2）安全、经济、环保、灵活多维指标量化监测
智慧报警	（1）报警分类、分级、分系统的声光报警优化。 （2）有效减少无效报警，实现滋扰报警抑制
定期工作实时提醒	（1）吹灰、定期试验定期提醒。 （2）辅机设备定期轮换实时提醒
异常识别与处理指导	（1）设备与系统异常的标准化识别。 （2）设备与系统异常的规范化处理指导

1. 智能监盘架构

　　由于智能监盘需要基于实时可靠的数据分析与人机交互应用，因此，如图 7-2 所示，智能监盘采用控制安全区的数据平台为支撑，向上可与智能电厂大数据平台进行单向隔离输出，向下关联基于 DCS 系统的自动巡航、APS 应用和基于分布式智能控制器的优化控制模块，为运行监盘人员提供智慧化交互接口，利用专家经验与大数据分析技术，辅助提高监盘效率和质量。

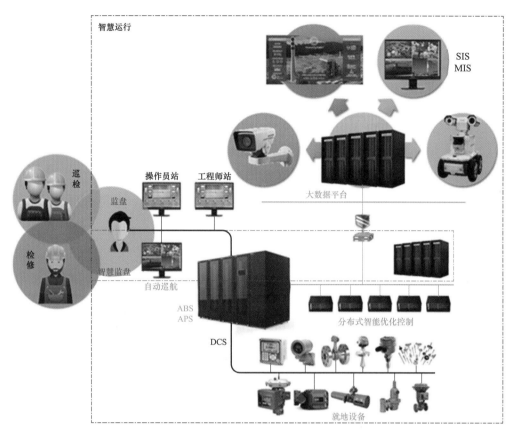

图 7-2　智能监盘架构定位

2. 智能监盘功能特点

传统 DCS 监盘画面以运行人员报警查看与主动翻阅画面的参数查看为主,根据操盘人员经验实现故障风险判断、参数调整与异常处置,严重依赖运行人员个人素质,重复劳动多,变工况时劳动强度大。

智能监盘实现了监盘模式的转变,从广大一线运行人员的工作经验和实际诉求出发,有效辅助运行人员更好、更优地调整机组运行,降低运行人员工作强度,提高工作效率,降低误操作风险。

主要功能如下:

(1)单画面综合量化监盘模式,智能主动监视各系统参数变化,无需手动翻看和定期进行人工参数记录。

(2)大数据驱动分析,智能识别相似工况并检测参数变化异常,精准早期提示系统与设备参数异常。

(3)梳理优化 DCS 报警,实现报警分类、分级、分系统,采用先进算法抑制无效报警,消除滋扰报警,综合利用声光手段优化报警展示,简化报警响应工作量。

（4）根据定期工作计划、执行情况和可执行条件，并结合相关系统、设备参数大数据计算优化各项定期工作的执行时间，实时提示吹灰、定期试验与设备定期轮换等定期工作。

（5）主动识别常见故障，主动提示指导异常处置的标准化流程。

3. 智能监盘案例

某公司智能监盘系统采用独立的主监盘画面，参考原 DCS 系统画面的系统分页，采用锅炉、汽轮机、电气分列，每个热力系统画面形成一个独立单元，与"主监盘画面"建立关联。在该"主监盘画面"中通过直观的评分体系展示机组、系统、设备的多维状态量化指标，迅速、准确地对当前机组运行状态进行在线分析，并向 DCS 报告状态是否正常，智能辅助运行监盘人员全面掌握机组、系统、设备运行情况。

"主监盘画面"信息简洁、清晰，综合量化显示机组级主要参数、机组健康度指标；采用五角表盘对每个重要系统"安全、经济、参数、灵活、故障"五个维度进行健康度综合评分，展现每个子系统健康度评价得分。对健康度不足的子系统除五角表盘对应颜色和分数变化显示外，对不同级别的监盘响应需求 (需处置的安全风险、需调整的参数、需关注的特性) 在对应的机组系统流程画面上显示对应位置的分级提示（闪烁、警告图标、提醒图标）。智能监盘画面如图 7-3 所示。

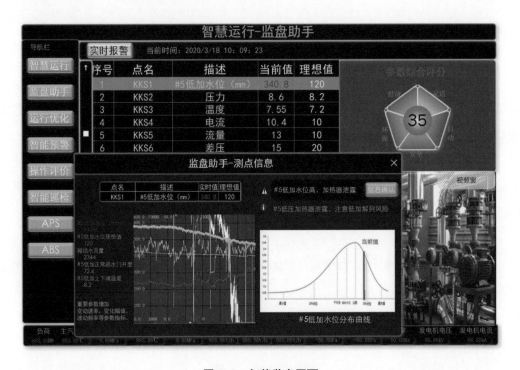

图 7-3　智能监盘画面

任意五角表盘、流程位置或提示图标都可以单击弹出对应子系统界面内（二级）展

现该系统健康度五个方面的评价得分及主要参数趋势曲线。设备状态分析画面如图 7-4
所示，主要包括重要参数测点、多维指标曲线、当前工况的历史分布、当前工况对应的
参数或操作的历史分布、不同参数指标的统计规律、不同工况的操作性能等高线、最优
历史工况参数与当前参数的实时变化曲线。

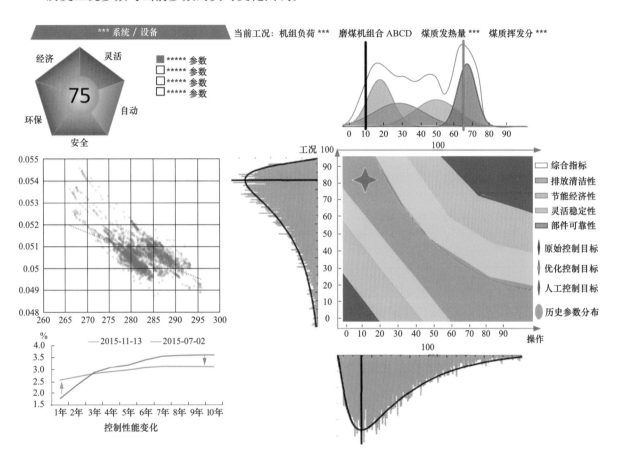

图 7-4　设备状态分析画面

第八章　智能运行维护与管理

第一节　概述

智能运行维护与管理功能是智能电厂整体架构的顶层建筑，也是电厂智能化技术集中展现与应用的平台。通过各种智慧管理功能的有效应用，实现智能电厂建设的核心价值。

基于智能监测和智能控制提供的丰富数据，通过云计算技术、大数据技术、人工智能、专家系统等多种技术手段，提高电厂信息系统的智能化水平。通过优化管理软件对设备进行预警、故障诊断和预测性维护，有效地控制发电生产成本。在各管理功能的基础上，建设企业的决策支持系统，为企业管理者提供智慧化的决策支持信息，从而提高效率、降低能耗、使发电企业的效益最大化。通过融入先进的管理思想，建立贯通基建、生产、经营、管理等各环节的信息网络，实现各类运行维护与管理工作的标准化、流程化、智能化管理，使信息技术与工业生产、管理手段全面融合，提升企业管理水平，增强企业核心竞争力。

智能运行维护与管理功能，总体上可以分为三大类：

（1）以设备可靠性、健康度为指标的状态检修、预测性维护，实现全生命周期资产管理：包括资产管理功能、趋势预警与故障诊断功能、预测性维护功能等。

（2）以减员增效、提高企业管理水平及效率为目的的生产运营优化管理：包括智能巡检、智能燃料管理等。

（3）以企业生产经济效益、环保指标，以及电力交易新机制下企业竞争力为考评的经营决策支持功能。

第二节　智能巡检

一、智能巡检的方案设计

智能巡检方案力图采用现代信息技术辅助或替代人工巡检的方法，将人工巡检项目逐一拆解，分别用仪器代替进行智能巡检，提高巡检效率，实现少人甚至无人巡检，提高人身及设备安全性，事故提前预警，达到减员增效的目的。

（一）设备分级及功能需求

国家发展改革委发布的《电力可靠性管理办法（暂行）》中要求，电力企业应当建立发电设备分级管理制度，完善事故预警机制，构建设备标准化管理流程。对电厂中有巡检需求的设备（或系统）可按照重要性和对系统的影响进行分级，根据实际情况需要设计巡检方式。如可按 A、B、C 三类进行分级，分级原则如下：

（1）A 类设备是指设备损坏后，对人员、机组或其他重要设备的安全构成严重威胁的设备。

（2）B 类设备是指设备损坏或在自身和备用设备均失去作用的情况下，会直接导致机组的可用性、安全性、可靠性、经济性降低；或者设备本身价值昂贵、故障检修周期或备件采购周期较长的设备。

（3）C 类设备是指不属于 A 类、B 类的其他设备。

分级方法一般可采用直接指定法和公式判定法两种方法。直接指定法是依据设备对电厂生产影响的重要程度和设备价值直接进行指定。公式判定法则是指对各设备进行综合分析，按照规定的指标项目进行打分评价，指标项目可包括影响程度、价值大小、设备备用量、维修难度、检修频次、设备故障率等。

电厂可根据自身情况建立设备分级制度，作为相关智能化运行维护模块的设计依据。

（二）巡检任务分解

对不同设备的巡检任务进行分解，将传统的"看、摸、听、闻"的巡检方法，用数字化、智能化的技术手段和仪器设备加以替代。巡检任务分解及可选的技术手段见表 8-1。

表 8-1　　　　　　　　　巡检任务分解及可选的技术手段

类别	内容	技术手段	可选仪器设备
看	跑冒滴漏、外观变化、读表等	图像拍摄与识别	AI 摄像机、智能成像仪等
摸	温度变化等	红外测温与红外成像	红外测温仪、红外相机等
听	设备异响、异常振动等	设备声音、振动信号采集	声学设备、测振仪等
闻	气体泄漏、设备故障导致的异味等	气味监测	化学设备

1."看"

例如，对于普通设备，最简单的方法就是利用普通摄像头进行拍摄，然后把实时图像传至智能管理平台，使运行人员在控制室、管理人员在办公室就可以看到现场状况。对于重要设备，可以采用高清变焦摄像头进行拍摄，便于随时放大细节；也可以采用智能摄像头进行定时拍摄或者动态捕捉，利用图像对比和机器视觉的算法，进行深入挖掘，及时发现故障，如：采用图像对比识别设备（管道）泄漏、采用图像对比识别设备（管道、皮带、料仓）泄漏、采用图像对比识别设备异常等。

2."摸"

例如，对于普通设备，通过红外测温仪测量某个固定点的温度即可满足巡检要求；而对于重要设备，则需要利用红外相机（或红外成像仪）进行红外扫描，生成红外图像，以此了解整个设备的温度场，判断设备是否出现异常，图 8-1 所示为利用巡检机器人上的红外相机扫描生成设备红外图像。

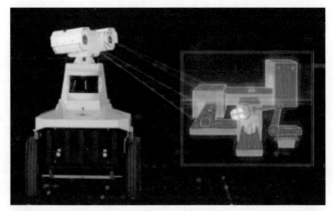

"摸"的数据采集是一项重要措施，利用"摸"来的温度历史数据可以判断设备（管道）的泄漏情况，可以判断轴承的超温情况，可以判断阀门的内漏情况等。

图 8-1 利用巡检机器人上的红外相机扫描生成设备红外图像

3."听"

例如，根据现场条件，通过定向拾音器来采集某个设备的声音变化过程，从而判断设备是否发生了故障，如主轴磨损、设备泄漏等。必要时，还可进行振动监测。

4."闻"

例如，根据需要，通过气味探测器或气味芯片进行一种或多种气味的探测，以此了解气体泄漏情况，或者监测电缆着火、轴瓦磨损等所产生的各种挥发性有机物，侧面监控设备、电缆等是否工作正常。

对于具体设备而言，完成上述四方面的工作后，即可构建该设备的智能巡检模块，其中包括"看、摸、听、闻"涉及的仪器设备、巡检流程、应采集的数据对象及采集方法等。采用这种模块化架构，有利于形成标准化工作，在日后遇到同类设备时可快速形成巡检方案。

比如：针对引风机，可以由用户根据巡检经验布置多个高清摄像头，既提供现场画面，又可利用图像对比来发现异常；布置红外摄像机可以监测引风机及烟风管道的温度场，监测异常高温和升温趋势，判断烟道是否泄漏等；布置拾音器可以监听异响；布置气味仪器可以监测引风机周围的异味可能是电缆高温、轴承磨损、烟道泄漏等引起。

（三）巡检数据展示与分析

智能巡检模块所采集的图像、声音、温度、振动、气味等数据都会传到智能管理平台，通过该平台可对这些数据进行分析，展示现场情况，从而减少现场巡检时间和巡检强度。在管理平台上，可以对高清摄像头所采集的图像进行前后对比与识别，准确地发现"异常情况"，如冒白烟、滴水、变形、漏油等。

（四）大数据分析

"看、摸、听、闻"可实现大数据分析。例如，智能摄像头可实现定时拍照，每天都能获得一定数量的设备图像，长期运行即可形成设备图像库。又如，对于整个管网的压力、流量、温度等值，可以利用管网关系，对某一时刻的所有运行参数进行实时计算，得到理论值，将其与实际值对比，并记录两者的差值。这样可以根据长期设备的三维模型，以三维模型为纽带建立连通机制，打通各个系统，"一点触发、全面联动"，实现信息查询综合化。

（五）综合调试

在设备智能巡检模块和智能管理平台构建完成后，必须将两者关联起来进行综合调试，确保整个系统正常运行。

二、移动检修

结合移动终端，打破原有检修人员等检修任务的方式，通过移动终端及时提醒检修人员需要处理的事情，方便检修人员及时了解设备的信息及设备检修事项，提高设备可靠性。在全厂无线覆盖的网络环境下，在现场设备二维码或 RFID 射频识别技术基础上，可以开展不同深度的动态巡检工作。巡检人员可利用移动设备中的移动应用，通过 IPAD、手机、点检仪等移动设备扫描设备上的设备二维码，获取巡检设备相关的动静态信息，并完成设备巡检数据的记录并上传，从而实现动态巡检。移动检修系统的功能包括：

1. 二维码扫描

在现场挂贴设备二维码，并通过扫码执行缺陷、安检、工作票、定期工作等。

2. 移动安检

在移动端填报隐患，实现设备隐患实时上报。

3. 移动设备监视

通过扫描设备二维码，查看设备静态、动态信息，与 SIS 系统互联，实现在移动端查看设备实时信息。

4.移动缺陷上报

在移动端填报缺陷，并进行流程提交，通过设备巡点检、设备预警等生成设备缺陷，支持设备缺陷现场图片、视频、录音上传。

5.移动预防性维护处理

在移动端进行预防性维护任务处理，包括任务提醒、任务执行、任务取消等功能，并与预防性维护功能同步。

6.拍照、视频等

支持在移动端填报缺陷、安全检查、定期工作等任务时，通过拍照、拍视频、录音等手段上传现场情况。

三、巡检机器人

部分场景可采用巡检机器人的方式进行数据采集，最终数据进入大数据平台进行分析预警。

智能机器人巡检系统是一个融合智能设备、新进技术以及先进管理理念的系统。系统以物联网为基础，结合大数据、人工智能、三维、视频识别、红外识别等新技术，实现生产现场的自动巡检、异常的自动识别、异常的自动报警。通过三维视频融合技术立体直观地监控现场巡检的情况。构建设备异常模型，将现场巡检的结果推送至大数据平台，形成巡检知识库，指导电厂智能巡点检系统的建设，使巡检工作高效、安全、可靠，降低设备管理成本，提升设备可靠性。

电厂环境复杂，设备和仪表种类繁多，可通过机器人对需要巡检范围内各类设备和仪表进行自动巡检，并判断报警。巡检区域包括汽机房、锅炉房、化水车间、主变压器、供热系统、锅炉水泵区、输煤栈桥等。可利用轮式机器人搭载摄像机、热成像仪、测振仪、传感器，同时结合充电系统、无线通信系统、后台管理系统和液体泄漏检测系统等实现全自动巡检。

1.巡检机器人种类

目前，可用的巡检机器人有以下几种。

（1）高压开关室智能巡检机器人。利用视频信息及多传感器融合技术，结合分析算法，对关键设备进行实时监控，实现辅助巡检，并通过机器人倒闸操作实现对高危关键工位进行操作，可有效确保人员安全，降低事故发生率。

高压开关室智能巡检机器人如图8-2所示。

（2）锅炉、汽轮机智能巡检机器人。其具有满足现场复杂地形和设备运行工况的检测控制平台技术，同时增加了温度检测、声音振动监测等功能，可以达到代替人工常规巡检的效果，成功实现了机组巡检的无人化、智能化。锅炉、汽轮机智能巡检机器人如图8-3所示。

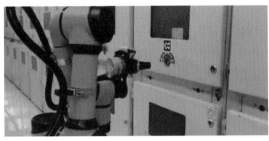

图 8-2　高压开关室智能巡检机器人 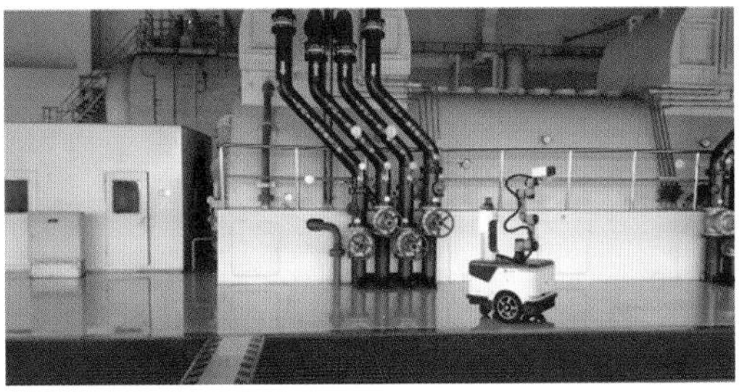　　　图 8-3　锅炉、汽轮机智能巡检机器人

（3）输煤廊道智能巡检机器人。其可在输煤廊道全覆盖往复巡视，检测输煤廊道积煤积粉、廊道粉尘浓度、电缆、电动机、减速机的温度等，有效预防皮带跑偏、漏煤、煤粉自燃、廊道火灾等事故发生，进一步规范安全管理，提高重要输煤系统的安全等级。

输煤廊道智能巡检机器人如图8-4所示。

（4）爬壁机器人。其利用机器人取代人工，对有需求设备进行清洗除渣、宏观检查、厚度检查、无损检测、数据测绘等。

（5）管道机器人。其为管道维修、护理提供全方位的数据资料，通过分析软件处理从而了解管道内真实生产现状及异物异体的活动情况。

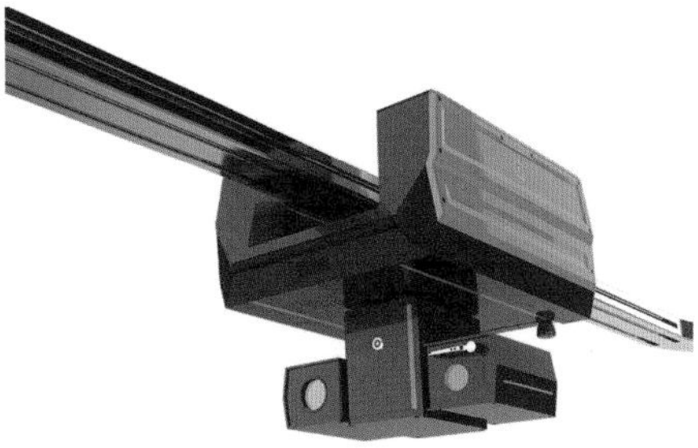

图 8-4　输煤廊道智能巡检机器人

（6）管廊智能巡检机器人。其通过铺设铝合金轨道，机器人能够快速稳定地运行在环境复杂的隧道中，搭载高清的相机及热成像镜头，对关键巡检点进行定时巡查。

（7）无人机。通过无人机进行锅炉内部、烟囱冷却器厂区、供热管线和控制装置等巡检。

（8）进入式凝汽器清洗机器人。其由机器人本体（机械臂）、清洗系统（含绞盘、高压清洗机、清洗软管）和运动控制系统组成。可按照设定的运动控制模式在约0.3MPa压力的循环水中长期工作。

2. 巡检机器人的功能

巡检机器人系统在适用的原则下实现环境监测，实现生产运行系统信息交互、图像展示、数据展示、预警、辅助决策、信息统计分析等功能。巡检机器人系统的主要功能包括：

（1）设备状态智能巡检功能。巡检机器人支持全自主和遥控巡检模式。全自主模式包括常规和特殊巡检两种方式。常规下系统根据预先设定的巡检任务内容、时间、路径等参数信息，自主启动并完成巡视任务；特殊巡检由操作人员设定巡视点，机器人对巡检点自主完成巡检任务。遥控巡检模式由操作人员手动遥控机器人，完成巡视工作。可实现对现场设备进行反复巡检，并实现对设备状态的连续、动态的数据采集及系统存储。

（2）环境内有害气体、粉尘浓度、噪声检测功能。巡检机器人应具备恶劣环境有毒气体、粉尘浓度、噪声检测功能，为管理人员提供环境健康依据，推断设备异常状态。

（3）设备状态检测功能。巡检机器人可将现场的视频图像、红外测温图像、环境温度、电机本体及轴承温度，电机前后端轴承、减速机输出、输入端轴承振动等设备情况发送回上位机。当设备出现异常情况时巡检机器人需停止巡检并停留在原地，并在现场及上位机上发出报警，异常情况消除后可以人为控制继续巡检。

（4）复杂地形适应行走功能。环境存在较多爬坡地段，挂轨式巡检机器人可以具备90°爬坡能力，以满足现场巡检要求。

（5）智能自主充电功能：采用分布式充电站＋锂电池供电方式，分布式充电站采用接触式防打火安全充电技术，具备充电效率高，安全可靠特性。

（6）巡检机器人的监控手段：巡检机器人安装多种现场监控手段，包括基于360°全方位云台的可见光视频监控和热成像监控，可以实现巡检机器人运动过程中的对设备进行视频巡检和红外测温。

（7）巡检机器人自检功能。巡检机器人应具备自检功能，自检内容包括电源、驱动、通信和检测设备等部件的工作状态，发生异常时应能立刻发出警报，并能上传故障类型等信息至监控后台。

（8）数据远传通信功能。巡检机器人的通信设备需保证数据传输的稳定、可靠，能实现巡检后台和巡检机器人之间的双向通信，能为监控后台提供良好的用户体验。

（9）防碰撞系统。巡检机器人安装防碰撞接触装置，与超声波雷达构筑双重安全保障，在超声波雷达失效情况下防止与障碍物的激烈碰撞，进行系统安全报警并在明显位置安装有闪动警示灯，提醒人员注意。

（10）系统集中管理功能。系统可进行多台巡检机器人联动管理，巡检机器人应能正确接收监控后台的控制指令，实现云台转动、车体运动、自动充电和设备检测等功能，并正确反馈状态信息；及时上报机器人本体的各类预警和告警信息。

第三节　设备智能管理与状态检修

设备的状态检修主要是对电厂重要设备和装置的运行状况进行分析，确定是否需要维修，从而产生工作单。状态维修是在预防性维修基础之上的更高层次的维修方式。针对发电企业的实际情况及需求，对得到的设备运行状态信息加以一定的经验分析，供管理者决策参考，以此决策设备或装置是否需求进行维修。

一、设备状态检修管理

设备状态检修管理系统主要分为 3 个层次：

1. 设备信息集成与管理

以设备为中心，从各信息系统中将设备的相关信息抽取出来，将设备基础信息、设备的各类监测检查数据、设备检维修履历、设备状态、设备缺陷、设备技术资料、设备维护保养等围绕设备这个中心紧密地结合在一起，形成设备的大台账。

2. 设备故障诊断与状态评估

设备状态检修管理系统针对不同类型数据提供相应的分析工具、图形展示工具。如针对旋转机械的振动数据，提供趋势分析、时域波形分析、频谱分析、包络分析工具。

根据不同对象建立相应的设备故障专家知识库，设置专家知识和分析帮助。知识库根据设备的机械分类，包括故障特征、可能故障模式、故障影响等级、可能故障原因、对应消除措施，为设备的故障分析与消除提供帮助。对监测手段与诊断规则相对成熟的设备，选择成熟的诊断规则和专家知识供设备管理人员参考或学习。

比如，设置旋转机械振动故障诊断规则与推理功能模块，提供开放的规则编辑器，供专家与设备管理人员根据实际情况调整和增加振动诊断规则；设置滚动轴承故障诊断模块，根据轴承型号和转速，计算故障特征频率，为滚动轴承状态分析提供帮助。对存在耦合关系的设备参数，系统提供相关性分析工具对设备数据进行分析和挖掘，为设备状态分析提供辅助手段和信息。

设备状态检修管理系统从设备安全可靠性和经济性两方面，根据实时在线监测数据或定期人工采集数据对设备的状态进行评估，根据所评估的技术内容提供相应的标准、准则等。

3. 设备检修策略优化

发电设备状态检修管理系统根据设备故障诊断或状态分析与评估结果，结合设备风险分析技术，为设备检修与维护提供具体的依据，为设备检修计划的制定和调整提供客观的分析结论，为设备的技术监测或检查提供具体的指导。

设备故障预警预测主要为机组提供越限预警、故障主因诊断、辅机设备及部件劣化趋势、误操作等报警提示信息，达到减少运行人员误判，为运行人员赢得故障处理时间，同时依据数据分析，建模优化运行方式等提高机组运行水平。其数据来源于旋转机械振动采集设备（TDM）、锅炉防磨防爆系统、发电机诊断系统、凝汽器诊断系统等。各模块将各自的诊断分析结果传输至远程诊断中心数据平台，再根据分析结果进行专业计算和分析。比如TDM服务器中的TDM软件实现振动频谱分析，将结果传送到远程诊断中心，数据分析模块再利用数据挖掘算法将大量分散并缺乏连贯性的数据资源进行整合，利用计算机代理技术人员在海量数据中找到相关特征，自动分析振动和相关过程参数之间的关系，甚至能确认两个参数变化过程中的延时时间，提供旋转机械的趋势分析、设备预警、故障诊断等高级应用。

二、智能设备维护对象与范围

智能设备维护要求监测诊断的主要对象范围见表8-2。

表8-2　　　　智能设备维护要求监测诊断的主要对象范围

设备	故障类型
锅炉	锅炉满水、水冷壁损坏、过热器破裂、炉膛爆炸、锅炉灭火、一次风管堵塞、空气预热器泄漏等
汽轮机	超速、轴弯曲、轴裂纹、机电系统振荡、各种异常振动、烧瓦、叶片断裂、汽流激振、动静碰摩、轴承刚度低、轴系不对中、松动、通流部件脱落、回热系统故障、凝汽器管束结垢等
发电机	定子绕组故障、定子铁心故障、绕组绝缘故障、发电机匝间短路、三相电流不平衡、磁场中心不重合、局部放电等
给水泵汽轮机（含给水泵）	超速、振动、烧瓦、断叶片
重要风机	断轴、轴承损坏、叶片断裂、不对中、异常振动、失速、电动机电气故障等
重要水泵	异常振动、叶片断裂、异常噪声、轴承损坏、流量不足等

进行监测的设备包括锅炉、汽轮机、发电机、给水泵汽轮机组（包括给水泵）、引风机、送风机、一次风机、循环水泵、凝结水泵等。

（1）锅炉故障诊断主要针对汽水系统、烟气系统和燃烧系统三个主要部分。

（2）汽轮机故障诊断主要针对汽轮机主机及主要辅机安全运行、经济运行相关的故障。

（3）发电机组故障诊断主要针对振动（轴振、瓦振），发电机有功、无功、励磁电流、励磁电压，发电机定子绕组温度，发电机轴承油温、油压，氢温、氢压，密封油温、油压。

（4）给水泵汽轮机故障诊断主要针对振动（轴振、瓦振），进汽温度、压力、流量，排汽温度、压力等。

（5）重要辅机设备故障诊断主要针对引风机、送风机、循环水泵等重要辅机。

三、可视化汽轮发电机组故障监测与诊断

可视化汽轮发电机组智能安全预控系统通过对汽轮发电机组轴系各种动静间隙的实时计算，在主控室操作员站屏幕上，以透视的方式实时监视汽缸内高速转动的各转子的运行状态；高精度显示各转子的动态间隙变化，包括各轴颈处的油膜厚度、盘车状态下的大轴顶起高度、各轴封间隙、各隔板汽封间隙等，根据间隙变化和机组的振动水平确定密封和机组的状态，并以不同的颜色显示。从监测画面上可以直观地判断机组常见的不平衡、不对中、油膜涡动、汽流激振、部件脱落、松动和碰磨等故障，具有形象生动，易于理解和准确可靠的特点。

根据汽轮发电机组的传感器、转子、叶轮、隔板、密封和轴承以及其他本体结构参数，形成可视化监测画面，并可以根据需要修改的参数进行调整。系统具有如下功能：

1. 实时监测

以监视图、棒表、数据表格、曲线等方式实时动态显示所监测的数据和状态，能够自动识别盘车、升降速、定速、带负荷和正常运行等状态。并可利用 TSI 系统涡流传感器直流电压输出信号，可视化显示轴承和轴系各间隙的变化，具备颜色报警功能，并可在智能报警系统中进行声光报警，及时提醒运行人员。

2. 智能故障诊断

系统建立机组的故障诊断知识库，在科学诊断理论的指导下，根据故障机理和现场诊断经验，分析汽轮发电机组常见的质量不平衡、部件脱落、大轴弯曲、不对中、转子碰磨、松动、电磁力不平衡、油膜振荡、汽流激振、基础振动和共振等故障存在的充要条件，通过 TSI 系统参数收集，建立汽轮发电机振动模型，依靠各种信号分析结果，自动计算常见振动故障的可信度，结合影响故障的转速和负荷等因素，确定故障的严重程度，将故障严重程度和变化趋势直接显示在屏幕上。

3. 运行指导和故障处理

系统能够根据振动、转速、负荷和温度等之间的内在联系，自动给予机组启

动、停止及继续运行的建议，指导机组快速安全启动，减少机组启动时间，减少停机时间。

4. 专业振动图谱和趋势分析

振动数据分析应具有机组升、降速数据分析及设备启、停数据分析（即瞬态数据分析），并有波特图、极坐标图、波形图、频谱图、级联图、三维频谱图、轴心轨迹图及轴心位置图等图形显示；日常运行数据分析（即稳态数据分析），并有趋势图（趋势图有日、周、月、季等四种）、快速趋势图、三维频谱图、频谱图、轴心轨迹图、波形图等图形显示；超限、危急数据分析，并有趋势图、三维频谱图、波形图、频谱图、轴心轨迹图等图形显示。可分析任一个或多个参量相对某个参量的变化趋势，其中横轴和纵轴可任意选定，时间段可任意设定。

5. 事件列表与数据管理

记录每一事件发生时的详细资料。自动存储有关数据，形成历史数据库、升降速数据库、黑匣子数据库等；其中历史数据库分为年、月、周、日和当前数据库。历史数据的存储与备份，实时显示数据存储状态，异常时对用户有提示；各种类型的数据库可以有选择地进行备份，并提供备份手段。

6. 滑动轴承设计优化建议

根据可视化监测及滑动轴承的设计经验积累，对机组滑动轴承进行优化设计及运行维护建议。

7. 防止汽轮机超速

通过监测汽轮机转速及对高频扭振信号的分析，及时准确预警运行维护人员采取可靠措施，避免汽轮机超速事故的发生。

8. 防止汽轮机断轴

通过扭振监测模块，及时发现次同步故障及故障的先兆，并提前预警，准确指导运行维护人员正确及时调整运行参数，避免恶性断轴事故的发生。

9. 防止汽轮机大轴永久弯曲

通过监测波特图及相位，以"透视的眼光"监测动静碰磨状态，精确指导启停机的操作过程，结合紧急状态下的"闷缸技术"，避免大轴永久弯曲的恶性事故。

10. 杜绝汽轮机烧瓦

通过可视化监测油膜厚度及转子顶起高度，精确调整各轴瓦的载荷分布及偏心率，避免油膜形成不良或断油而导致的烧瓦事故。

11. 汽轮机可视化调节阀阀序优化

分析汽轮机轴系振动和汽轮机调节阀阀序间的内在关系，为汽轮机调节阀阀序调整优化提供可视化科学依据。

四、可视化大型转机故障监测与诊断

传统的转机监测数据只有振动超标报警值输出及保护跳机值输出，对确定故障部位及严重程度，没有任何诊断价值，更无法精确指导设备的优化检修和精细化检修。可视化大型转机故障监测与诊断系统能够设置、采集、自动分析处理机械设备的振动数据，并自动给出分析诊断结果，报告机械设备的运转状态，提供维护检修建议，协助设备管理者做出科学的检修计划决策。系统给出设备的状态信息和诊断结果，可以快速了解到诊断结果和推荐的检修建议，并到现场加以确认。系统自动实时采集振动数据，准确智能评价机器状态，具备自动诊断与频谱叠加功能，数据能够实现统一存储，具备开放的数据接口。

系统具有的功能如下：

1. 设备状态实时在线监测及传输

（1）多通道同步整周期实时在线采样数据。

（2）具有完备可靠的现场信号拾取功能。

（3）精确诊断设备的健康状态到部件级，专家诊断数据库有足够多的故障识别规则，针对各种故障类型做出准确判断，给出严重程度和维修建议，做到有的放矢。

2. 设备故障自动智能诊断分析

（1）系统应具有智能自动诊断和自学习功能，诊断准确。

（2）具有自动生成设备故障改善方案。

（3）具有所有监测设备预警、风险评估、寿命评估等管理功能。

（4）具有判断叶片裂纹预警。

3. 图谱功能

系统采集转动机械的频谱图、时域波形图、冲击解调频谱图、冲击解调波形图、倒频谱等对设备进行频谱分析、固有频率分析、冲击解调分析，精确诊断设备的健康状态应能到达部件级。

4. 多种方式报警

系统有多种分析方式来对报警的数据进行分析。包括波形分析、频谱分析、包络谱分析、故障频率分析、瀑布图分析、趋势分析等分析功能。

监测对象可以包括六大风机、给水泵汽轮机前置泵、给水泵、循环水泵、凝结水泵等大型转机设备。

五、可视化电站锅炉智能安全预控

可视化电站锅炉智能安全预控系统涉及的主要设备是锅炉本体系统、四大管道系统。系统以实际应用出发，以台账为基准，以处理金属技术监督工作及锅炉压力容器管理流程为主线，提供三维矢量数字模型的建立、修改和维护功能。可使各层级管理和参与人员在一个平台上进行管理与操作，也便于集团公司全面掌握各电站锅炉状况，使各类统计查询工作更为准确，形式更为灵活、直观，形成自下而上的可视化操作与管理跟踪平台。系统还具备四管泄漏定量定位技术、氧化皮可视化定量检测技术、应力检测技术、锅炉整体变形分析技术等新技术检测的支持与对接。

系统基本功能模块包括：

（1）基础管理模块：含金属材料管理、基建管理、焊接管理、监督网管理、人员设备管理、标准资料管理。

（2）监督管理模块：含设备台账管理、统计报表管理、试验及检验管理、运行信息管理、检修信息管理、改造更换管理。

（3）系统分析模块：含任务提醒（定期工作）、问题预警、事故分析查询、统计分析、缺陷管理。

（4）可视化管理模块：含三维模型管理、图面信息查询、图形三维操作。

（5）系统管理模块：含用户管理、系统备份。

完成上述功能模块的建立需要构建模型的原始数据，以及现场设备的基础资料及状况，包括设备名称、型号、规格、材质、量程和安装方式以及原来的历史记录和原始报告，并与金属检测系统的适应性改造和本地化的管理要求相结合。

六、健康状态预警

健康状态预警画面显示设备及其子系统的实时健康指标信息、历史健康趋势和未来一定时间段的健康走势预测，并在此基础上给出健康评价，此外，给出相关设备和同类设备健康查看的入口进行进一步对比分析。主要功能包括：

（1）设备实时健康：设备健康分实时展示、部件健康分实时展示等。

（2）设备历史健康：不同时间段健康历史趋势、部件健康历史趋势、设备健康详情历史查询等。

（3）设备健康预测：1h健康走势趋势预测、12h健康小时值预测、部件健康值预测、基于规则的建议、关联设备和同类设备健康等。

七、设备台账

通过统一的编码体系为纽带，从设备、设备位置和设备类型三维角度建立电厂全部设备的整体框架和各类设备管理台账，对设备的基础信息、检修历史、成本信息、备件清单等信息进行综合管理。通过设备数据库形成设备知识库，并构建树状结构，可以快速地查询、显示有关设备的运行状况、检修历史、异动状况等信息，能够及时采取措施，保障正常安全生产，从而使设备管理达到信息化、智能化，以满足各类工作流程的需求。

以设备为中心，从各信息系统中将设备的相关信息抽取出来，将设备基础信息、设备的各类监测检查数据、设备维修履历、设备状态、设备缺陷、设备技术资料、设备维护保养等围绕设备这个中心紧密地结合在一起，形成设备台账。设备台账是建立在大数据平台基础上的，通过大数据平台可以方便地获取各种静态和动态台账，包括：

（1）基础信息台账。记录设备、设备位置和设备类型的供应商信息、标准参数、评级记录、安装日期、原始价格、购买日期、对应采购编号、对应检修部门、检修班组、点检员等信息。

（2）规格参数台账。记录设备、设备类型的规格参数项和参数值。

（3）备品备件台账。建立设备、设备类型的备品备件清单，在策划检修工作和检修项目的时候方便地调入所需要的备品备件。此功能为检修部门编制备品备件需求计划提供了有效的支持。

（4）检修作业标准台账。对于设备、设备类型经常要进行的检修活动，可以制定成标准化的检修作业包，在该检修作业包里可以定义工作任务、步骤、额定工时、额定工种、额定物料。当该设备需要检修时，可以很方便地从检修作业标准台账中选择合适的标准检修作业包生成工单。

（5）维护保养标准。根据不同设备、设备类型，制定基于时间或事件为触发条件维护保养、检修作业标准台账。该检修标准台账定义包括类型（维护保养或定修）、触发条件类型（时间类）、触发条件（时间周期）、对应调用的标准检修作业包等。设备、设备类型所对应的不同检修工作标准可以各自独立制定。

（6）故障历史台账。每个设备发生过的故障和检修工单都会按故障代码自动过账到该设备上。通过这个台账，用户可以查询到该设备上曾经发生的故障类别和各种故障的时间。

（7）检修历史台账。用户可以查询到某设备历史上所发生过的检修工单。

（8）检修成本台账。每次的检修活动所发生的检修成本和检修工时会自动按照一定的分类过账到该设备上。也可以查询到该设备的合计检修成本。

第四节　智能燃料管控

一、概述

为进一步加强煤场管理力度，让管理者更好地了解煤场管理现状。本着简单实用原则，数字化煤场建设以煤场精细化管理为目标，集煤场管理、配煤掺烧于一体，运用信息化技术、对煤场"量、质、价、进、耗、存"进行信息化管理，通过与轨道衡、汽车衡、斗轮机、皮带秤、盘煤仪、化验室仪器等设备和SIS、燃料智能化集中管控系统等信息系统直接或间接实时采集数据，以图、表等信息化手段展示煤场信息，辅以视频监控等设备，在煤场精细化、信息化管理下，结合配煤掺烧管理软件系统，运用信息化技术提高配煤掺烧精准度，进而降低燃料成本，提高经济效益，同时取得良好的环境效益。

数字化煤场管理系统建设，实现数字化3D煤场配煤参烧、分析、报表统计业务的精细化管理。智能燃料管控网络架构图如图8-5所示。

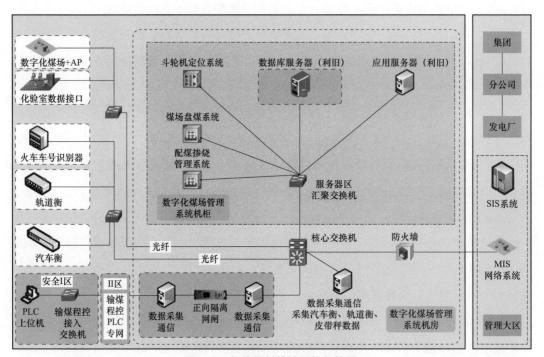

图 8-5　智能燃料管控网络架构图

智能燃料建设包括燃料智能管控系统（燃料入厂验收监管）、燃料管理信息系统、电子采购平台、燃料调度中心、智慧煤场管理等功能，实现燃煤的进、耗、存对应量、质、价信息的精准化管理与全过程闭环管控。

智能燃料系统建设包括燃煤计划、合同、调运、入厂、计量、采制化、统计、暂估、结算、煤样暂存转运、视频监控与门禁系统、设备集中管控系统、设备等环节。通过智能燃料系统的建设，实现燃料入厂验收过程管理的规范化、标准化、信息化、科学化，堵塞管理漏洞，减少人为干扰，降低劳动强度，使燃料入厂验收环节的量、质、价数据能够及时、动态、准确地传递到相关管理信息系统，为企业生产、经营提供真实可靠的决策依据，增加企业效益。

通过智能燃料系统建设，实现如下目标：

（1）实现入厂煤验收设备自动化。对燃料入厂、计量、采样、制样、化验等设备进行集中管控，车号识别、轨道衡计量、地磅计量、采样和制样工作均能实现无人值守。

（2）实现入厂煤验收管理信息化。自动采集和传输燃煤入厂、计量、采制化、接卸各环节数据信息，进厂煤采制样信息、化验数据和计量数据直接储存在信息系统中。

（3）实现入厂煤验收过程可视化。通过各种监控设备对燃料管理设备状态和现场画面集中管控，对工作集中调度。

二、智能燃料管控系统

智能燃料管控系统是对燃料入厂验收环节的所有设备运行状态进行监控、调度生产。保证生产的有序、运行的安全。具体功能如下：对涉及燃料入厂验收的设备进行智能化管理，实现自助或者无人入厂登记、无人值守计量、全自动采样、全自动制样、煤样自动存储及传输、化验数据上传，具体还包含离线人工计量、采制化的管理；样品编码三级扭转；燃料智能管控系统则对燃料入厂验收过程中的所有在线设备状态进行集中监控（含远程启停）、协调调度、指挥生产。

智能燃料管控系统是对燃料入厂（入炉）验收、接卸、存储等现场作业类业务进行综合处理的系统，应包含燃料运输及采样、制样、样品管理等现场设备运行的自动化生产管理，如来煤入厂、计量、采样、卸车、出厂；采制化样品管理过程中的批次、编码、采样、制样、样品存取交接、化验、监督抽查等现场作业业务管理功能。系统还应具有在线及离线模式。

具体功能需涵盖批次管理模块、采样管理、原煤样转运管理、制样管理、在线全水测定管理、存样管理、送样管理、化验管理、燃料入厂验收环节的所有设备监控、各设备运行画面及控制等内容。

燃料入厂验收环节的所有设备包含采样（汽车采样机、火车采样机、皮带采样机）、计量设备（轨道衡、汽车衡、皮带秤）、制样设备（全自动制样系统、传统制样设备）、化验设备、煤样存储及智能传输设备等。设备需统一规划和配合建设。

采样、制样与化验是进行煤质检验的三个相互联系又相对独立的环节,任何一个环节上发生差错,都将对煤质检验结果带来影响。由于煤炭是极不均匀的混合物,为了让所采煤样更具代表性,采样方案的确定十分关键,采样机械及采样程序应在采样子样数量、采样重量、采样点等方面满足相应要求,否则将使采样代表性受到影响,甚至使所采样品完全不具代表性。燃煤制样程序复杂,包括分样、筛分、混样、缩分、破碎、烘干、制粉等。目前国内手工制样方式存在工作量大、效率较低、管理盲区多的现象,无法保证各个环节的化验数据正确率和准确性。

通过测距装置、定位装置等智能化技术及应用,确定采样区域,再根据系统随机生成的采样方案进行自动采样,实现无人控制、无人值守,随机布点、全断面采样,采样过程数据自动记录、自动存储、自动上传至集中管控系统。结合全自动制样机、自动封包及样品输送系统,实现煤样的采制一体化、自动化和智能化。

三、燃料管理信息系统

燃料信息管理系统主要负责整个燃料业务的管控流程审批、业务数据统计分析、业务数据管理,涵盖燃料计划、供应商、合同、调运、入厂数量质量验收、接卸、煤场管理、入炉耗用、结算、厂内费用、燃料成本核算等燃料管理各环节,实现燃料管理全过程信息化。系统能够实时分析展示燃料供应、耗用、库存的数量、质量和价格等信息,自动核算标煤单价。系统具备完善的燃料管理相关报表,并具有报表数据分析功能。系统具备自定义报表功能。

系统建设要求涵盖燃料业务链所有环节,覆盖燃料计划、采购、合同、调运、验收、储耗、结算、统计分析等业务。

四、电子采购平台

电子采购平台通过从电厂或者分子公司燃料信息化管理系统内部平台加载采购计划,采购计划审批通过后在电子采购平台进行发布。电子采购平台能够进行信息发布、供应商管理、网上报价,展示各采购信息发布单位的竞价公告、承运公告、通知信息等信息,提供单位成员登录及供应商注册入口。系统能够自动统计报价信息,自动评分排序,根据最终的评标情况,形成最终的采购计划建议表。系统要求所有数据能够与燃料信息管理系统横向集成、纵向贯通。

五、燃料调度中心

燃料调度中心的总体业务需求是实现燃料管理业务的全流程、全覆盖,以燃料供应链为主线,将供应商、燃料采购、交易、库存、调运、价格和质量等管理贯穿其中,构成基层电厂操作、分子公司管理和集团监控、决策三位一体的业务运行体系,支持"集中规划、共同参与、分散操作、规范交易、统一调运、全程透明"的燃料管理模式。

六、智能煤场管理

智能煤场管理对煤场进行智能化建设,其目的是煤场实现集配煤掺烧、自动盘煤、煤场三维成像系统、斗轮机无人值守(堆、取料)、自动计量、煤场无人巡检、煤场数字化的智慧煤场。

1. 智能配煤掺烧

智能配煤掺烧以精确计算、精益实施、精细管理为目标,以配煤掺烧模型为基础,以锅炉设计参数、来煤信息、发电计划、负荷分布、煤场库存、掺配评价等因素为基础实现最经济、最环保、综合最优的掺配方案,同时根据锅炉掺烧试验及实际运行记录(制粉系统、火焰稳定性、结焦情况、污染物排放等情况),了解和掌握锅炉在不同负荷下掺烧不同煤种的实际运行状况及环保排放技术指标,对机组的运行状况做出准确评价,并且对系统给出的最佳掺配方案进行验证。

2. 自动盘煤

利用激光扫描仪,对煤场内的料堆进行高精度扫描,并利用智能化建模技术对料堆进行数值化重建,用以获得高精度料堆数字化模型。实现煤场盘点无人化,通过盘煤系统可实现实时、定时,一键盘存为燃料管理、煤场管理、生产运行、配煤掺烧等提供数据支撑。

3. 煤场三维成像系统

煤场三维成像系统通过激光扫描仪对煤场内的料堆进行扫描后获取的数据,利用三维建模技术对料堆进行重建,对煤场进行现场 3D 还原、三维巡游等。

4. 斗轮机无人值守(堆、取料)

通过斗轮机全自动无人值守改造可提高斗轮机堆、取煤效率,提高煤场利用率,减少堆、取煤作业时间,降低输煤能耗,减少斗轮机作业人员,减少输煤设备的磨损,延长设备维修周期,降低维护成本,同时还可以减少推煤机协同工作时间。斗轮机无人值守(堆、取料)需要自动盘煤系统配合,效果更佳。

5. 自动计量

加强煤场进出计量管理，实现进出计量数据自动上传，实时监督。对于入炉煤，具备条件的需进行分炉、分班、分仓计量管理改造。

6. 煤场无人巡检

煤场无人巡检系统可大范围覆盖煤场，可实现煤堆温度监测、自燃预警、超温预警、报警区域自动定位、报警记录存储（视频图像、可见光照片、红外照片、温度），以及煤堆温度日报、月报自动生成等。

7. 煤场数字化

数字化煤场管理系统结合燃料智能管控系统（燃料入厂验收监管）、燃料管理信息系统数据，可展示出煤堆的煤种、矿点、煤量、煤质、存放位置等信息，以及煤堆最近堆煤来源的入厂批次信息，为电厂人员配煤掺烧提供指导。

显示每一次堆、取料机操作后煤场相应区域图形变化，实时了解当前的实际用煤量以及剩余存储量，实现对煤场的数字化实时存煤监控管理。可分类查询不同煤种来料时间、堆料和取料情况，并进行动态更新。系统可进行煤场报表数据统计分析、盘点报告自动生成，根据煤场存煤结构、配煤掺烧情况指导燃料采购等。

七、配煤掺烧管理软件系统

配煤掺烧管理软件系统包括燃料工作流程，煤仓内煤种及煤种分界面的监视，制粉系统运行参数、锅炉燃烧、污染物排放、电厂经济指标有关参数的监测，优化采购决策及优化运行指导内容。

配煤掺烧管理软件系统主要包括煤质分类与查询、配煤计算、煤质约束配煤计算、安全约束配煤计算、环保约束配煤计算、配煤经济性计算、配煤方案评价、自动配煤计算、平台管理九大功能。配煤掺烧管理系统如图8-6所示。

（一）煤场分区信息

通过与煤场盘煤系统数据形成对接，掌握煤场煤种分布和来煤情况，提供上仓方案决策的基础数据。动态掌握煤场存煤的量、质、价情况，是实现动态经济配煤决策的基础。

（1）实现煤场分区、煤场量质价信息管理。

（2）通过燃料系统数据的接入，精确展示煤场存煤信息出库、入库信息。具体数据有煤场分区、煤质、煤量、燃料价格。

（3）支持煤场、煤堆、煤种以及煤质指标的筛选和排序。

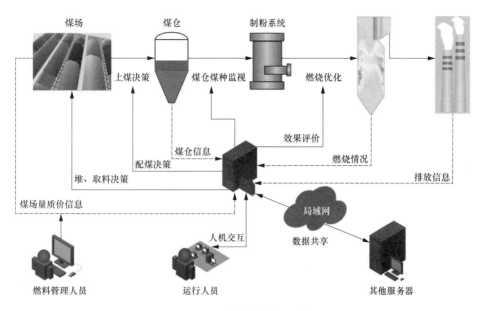

图 8-6　配煤掺烧管理系统

（二）配煤掺烧决策

（1）建立度电成本最优的寻优数学模型，在考虑配煤约束条件如煤质约束、煤区约束、设备约束、存煤结构约束、来煤约束等情况，通过神经网络模型对煤质特性进行预测，遗传算法通过综合度电成本最低、历史方案寻优给出配煤方案。

（2）试烧模拟计算功能，用户通过不同煤堆的比例，自动预测出该比例下的混煤特性、锅炉经济特性。

（3）分磨上煤方案选择，支持分磨掺烧方式，根据混煤比例通过神经网络模型对煤质特性、结焦结渣特性、锅炉经济指标进行预测。

系统提供多种配煤优化计算模型，主要有综合成本最优方案、历史寻优方案以及分磨掺配方案，以适合不同电厂的多种掺配形式。

提供自适应调度单模板。调度单编辑方便，其中掺配总体目标、堆煤卸煤要求、注意事项自动关联上一次调度单内容，避免重复人工录入。

（三）在线运行指导

实时展示锅炉运行参数，掺配经济、安全、环保评价指标数据，为运行人员炉前掺配提供参考。依据上仓记录实时计算当前煤仓中各煤种煤位，锅炉专工可根据煤种燃料情况维护在线指导建议，建立配煤掺烧的在线经济性评价模型、环保评价模型和安全性评价模型。实时指导掺烧，提高锅炉燃烧效率。

（四）配煤掺烧评价

根据运行在线指导数据按班生成配煤评价记录，以及配煤值次排名信息，作为以班为单位的掺烧经验数据，为掺配决策和来煤需求积累数据经验。

（五）采购优化指导

该模块基于配煤掺烧情况和掺烧评价数据自动生成采购需求指导，依据配煤评价更加准确地提出来煤需求。

（1）可对历史掺烧情况进行查询，分机组、煤仓、煤种统计历史上煤量和掺配比例。

（2）根据机组历史最佳配煤案例自动填写来煤需求指导表格，支持信息修改或信息全手动填写，对下一阶段来煤进行指导。

（3）在总量一定的情况下，给出建议煤种掺配比例，可以从经济、环保、安全的角度来给出指导建议。列出下阶段来煤计划，计划的百分比以近期燃煤百分比进行列出。

（4）输入时长和对应的负荷或多个时长和多个负荷，通过神经网络、遗传算法计算出综合供电成本最低的采购配比，指导燃料采购。

（六）掺烧执行监督

掺烧能够带来效益，因此管理层面会制定月度、年度掺配目标。生产管理层面需要定期监督掺配目标的执行情况、掺配带来的效益情况。另外，掺烧方案煤质预测值是基于入厂化验数据，入炉煤化验是实际掺烧煤质化验，入厂、入炉煤质数据因各种原因会存在偏差，也需要分析偏差原因。

掺烧执行监督模块帮助分析与监督掺烧方案执行存在的问题，如入厂煤问题、入炉问题或者采样机问题等。月度、年度掺烧目标完成情况和效益情况能够实现自动计算和报表自动生成，减少人工统计工作量。

第五节　智能经营

一、火力发电厂生产实时成本分析模块

火力发电厂生产实时成本分析模块是在分析火力发电厂所处地域电力交易规则的基础上，研究开发以生产运行实时成本技术为核心，在计算分析得到发电公司的总成本、总收益、机组启停曲线、盈亏平衡曲线及发电市场价格后，给发电厂或发电公司的生产

及售电与竞价策略提供重要参考依据。系统的建立可以为电厂或发电公司的售电与竞价系统提供决策支持，是发电公司竞价与运营决策一体化平台的重要组成部分。主要实现内容如下：

1.通过有效的求解算法给出火力发电厂实时生产成本的计算与分析模型

（1）计算和机组运行有关的费用，主要包括燃料、减排所涉及的费用。

（2）在模型明确的基础上，通过算法求解，结合生产现场数据，给出火力发电机组重要的实时生产成本曲线。

（3）给出火力发电厂平均成本曲线，即盈亏平衡曲线，它和成本计划、成本分摊、燃料费等有密切的关系，根据平均成本和市场的电价可以知道公司的利润空间。

（4）给出火力发电厂平均变动成本曲线，即机组启停参考点。在平均变动成本与平均成本之间进行运行，虽然是在亏损，但可以保证回收变动成本，以进行策略性的市场竞争。而如果市场价格一直低于平均变动成本，则考虑机组停机。

（5）给出火力发电厂总成本曲线及总收益曲线，由此可以得到一段时间内发电公司的总的盈亏状况。

（6）给出电量与火力发电厂成本之间的分析计算；由于发电公司同售电公司或用户的交易大多是年度电量交易或月度电量交易，所以需要提供电量而非电力的成本计算。

（7）对于热电联产机组，给出热电联产机组热电成本合理分摊的优化模型，做到热电两种不同产品的成本计算、收益及利润计算与分析。实时计算更加合理的供热成本及供电成本，并在此基础上，给出电厂及管理人员最优热电比的运行智能决策方案。

2.火力发电厂生产实时成本分析系统功能模块

火力发电厂生产实时成本分析系统功能模块主要包括以下功能模块：基本信息、成本预算、成本分摊、成本分析、成本核算、成本调整、综合信息查询与系统管理等。

二、竞价策略分析

能够基于机组经济性曲线、结合实时标煤单价，计算出盈亏临界点，给出深度调峰各档位报价及机组负荷分配的最佳方案。具体内容包括：

（1）结合生产现场实时与历史数据，利用大数据分析技术，给出燃煤机组煤耗与负荷关系曲线、负荷与厂用电率关系曲线；图8-7展示了机组煤耗率与负荷关系曲线。

（2）根据机组煤耗率曲线与实时标煤单价（要考虑配煤掺烧），依托燃煤机组成本分析计算的关键技术，建立相关决策模型和算法。成本里面需要计算总成本、平均成本、平均变动成本及边际成本。

（3）通过机组负荷、成本曲线、上网电价、各档位调峰报价、不参与调峰分摊等信息给出机组及全厂运营的利润平衡点及实时的经济效益分析。

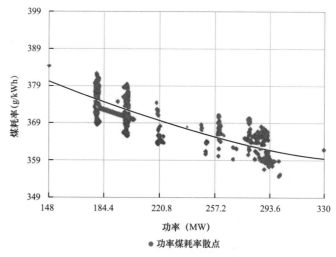

图 8-7　机组煤耗率与负荷关系曲线

1）不参与调峰利润可通过下式计算得到，即

机组利润 = 机组供电电量 × 上网电价 − 机组发电成本 − 调峰分摊费用

2）参与调峰利润计算为

机组利润 = 机组供电电量 × 上网电价 + 调峰电量 × 各档位调峰报价 − 机组发电成本

根据以上原则，进行智能报价优化决策，给出两台机组各自的负荷区域亏损区、盈亏平衡区、微盈利区和盈利区。

（4）根据实时的最终电厂总负荷，给出两台机组的负荷最优分配建议。

1）目标函数：最大化利润（机组 1 利润 + 机组 2 利润）。

2）约束：机组 1 实时负荷 + 机组 2 实时负荷 = 全厂实时总负荷。

（5）统计深度调峰期间的利用小时数，可以查询因深度调峰损失的利用小时是否补回。

（6）统计与展示燃煤机组的实时经济效益分析；通过此功能，发电企业管理与生产人员可以及时了解电厂日、周、月及年准确的生产经营状况。

第六节　智能安全管理

一、方案概述

发电企业是安全生产直接责任主体，电厂生产作业流程复杂，安全管理工作是厂内生产管理难点，虽然相关制度、标准逐渐完善，但在执行过程中受限于安全监管人员有限、有效监督手段不足等客观因素，难以解决作业过程中缺乏实时监管、作业不规范、督查管理不到位、现场违规未能及时预警或缺乏违规预警等一系列问题。

国家能源局统计结果显示，近年来全国电力人身伤亡责任事故呈高发态势，事故发生屡治不绝。正是由于传统管理手段落后、现场人员素质参差不齐、管理难度大、过程执行标准不统一、沟通时效性差等方面的原因，发电企业迫切需要一套具有现代信息技术的软件平台及配套管理制度，为安全生产提供基础保障。

二、主要功能模块

基于三维数字化、大数据、物联网、智能门禁、生产管控、人员定位、机器人巡检、移动互联等多种技术手段，实现辅助监测设备智能分析、升级主动安全管理、统一安全生产工作监督流程，通过从根本上发现设备安全隐患、规范生产现场作业流程、杜绝作业人员的不安全行为，构建闭环主动安全管控平台，利用互联网创新思维提高发电企业整体安全管理水平。

系统主要功能模块应包括但不限于以下内容：

（1）实时设备安全管理模块。

（2）设备检修维护管理模块。

（3）档案管理模块。

（4）培训考试模块。

（5）人员安全管理模块。

（6）现场作业安全管理模块。

（7）作业流程管理模块。

三、功能设计

基于三维数字化平台、智慧检修、物联网、机器人等，与系统人员定位、智能视频分析、ERP设备管理、智能点巡检、智能门禁等模块进行整合，将各平台数据进行集成和标准化，作为项目应用的数据基础。结合电厂已有的安全管控管理规定和制度，通过平台手段落实安全管控标准化流程，确保安全管理各项工作的高效、闭环管理。

（一）基于设备诊断、机器人巡检等技术的设备安全管控

基于智慧检修的成果、数据，进行挖掘、处理，通过人工和模型分析，实现重点、预警设备的点巡检任务优化，主动提升设备安全管理水平，同时基于智能终端数据自定

义阈值报警功能，实现厂内设备运行工况实时报警管理，整体提升设备运行安全级别。通过大数据及点巡检数据汇总分析，为实现重要辅机的安全稳定运行提供数据支撑，整体提升设备运行安全级别。

通过机器人巡检系统，实现对现场液体滴漏、着火以及蒸汽泄漏等异常进行识别，实现对设备及其环境的感知，消除参数测点人工监测无法精确覆盖、常规点巡检难以识别等因素导致的设备安防盲区，实时、动态、多维度地保障设备安全。

（二）基于人员定位、电子围栏、三维数字化技术的现场作业安全防护管理

基于人员定位、电子围栏、三维数字化技术，实现位置、路径的记录，同时，对重点区域形成虚拟电子围栏，对未授权人员进入区域发出报警，实现基于位置的主动安全布控。三维模型以智能定位标签为个人定位终端，结合两票系统、人员定位系统、门禁系统，形成一套完整的生产现场人员安全定位可视化系统。通过对现场作业人员的位置实时动态展示、轨迹回放、虚拟围栏及入侵告警等功能，配合企业安全管理制度，实现对现场生产环境及过程的主动式安全防护及监控。

三维电子围栏示例如图 8-8 所示。

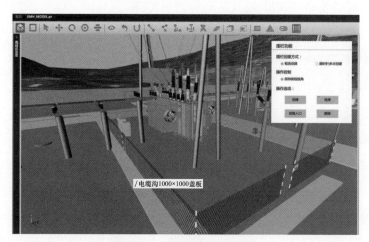

图 8-8　三维电子围栏示例

对于大数据和视频分析进行现场环境监测和设备风险识别，实时将风险推送至前端并建立虚拟围栏，同时将相关数据传送至现场作业流程中（两票、点巡检），提醒作业人员进行风险规避，对于特殊情况可进行风险应急处理，避免发生危险。

通过与两票和点巡检数据进行集成，实现在移动端，对现场作业对象（设备、区域、人员）的识别（二维码等），确保现场作业的对象准确无误。

根据区域、设备的风险因素识别、设备状态（运转、停机、检修）等规则，进行虚拟电子围栏构建，并根据工作内容和定位技术实现对相关人员进行进入授权，无关人员

闯入报警；根据现场作业的开展情况，以及区域、设备的风险评估结果，对进入现场作业人员进行门禁智能授权（基于对象和时间），避免因无关人员进入现场作业，如走错电气间隔，导致事故的发生。

（三）基于智能门禁、电子档案、生产管控系统的人员管控平台

构建电子人员档案库，包含外委施工队人员信息录入，包括基本信息、安全取证、安全培训和考试、身体状况、特殊作业许可等信息。通过对工作证二维码等相关信息的检索，可以快速查询人员相关信息，通过移动和电子审批权限，大大减少审核时间，降低重复录入的工作量，让管理更加准确、便捷。

汇总门禁系统权限、视频系统等第三方系统权限，做到一体化平台统一管理。结合人员定位成果，结合门禁等数据的交叉校验，进行实时动态的现场人员统计，包括区域、所属单位等出勤情况。各类门禁授权，实现方便快捷准确管理，有效对进厂人员管控，完善管理痕迹。

通过录入标准课件和标准题库，通过网络安全知识培训课程和学时管理，设置学时限制，方便全体成员能够通过网络自主学习，实现自动授权学习、记录课时；设置出题规则实现自动组卷功能，实现自动出题考试，考试完成当时即能判定是否合格，同时设置重新学习和考试，减少阅卷时间，让人员入厂考试更加科学完善，相关记录也更加完整、便于查阅。

通过移动端和桌面端实现违章"随手拍"发起流程，结合工作流引擎，实现违章后考核、整改、再教育等一系列工作的闭环管理，加大违章的监察和处罚的覆盖程度，确保违章的闭环管理。

（四）基于 ERP 设备管理、智能两票的作业流程管理

基于电厂 ERP 设备管理、门禁管理、两票管理等系统，整合安全管控业务流程，实现资源共享、信息互通互联；充分发挥一体化管控的技术优势，进行标准化、流程化的管理，构建多系统的协同化，实现多系统智能联动。

自动汇总来自 ERP 的设备缺陷、维护和检修记录，建立设备运行安全等级评定规则，并依据上述数据进行设备安全可靠性评级。基于缺陷、可靠性评级、状态检修结论等，为检修维护人员的工作开展提供指导；关联两票数据，通过点检任务计划功能，优化缺陷工单、检修任务及工作票的发布、审核、接收、执行、试运、终结等流程，实现设备点检系统闭环管理。对于评级异常的设备，系统将进行主动推送，为检修维护人员的工作开展提供指导。

1. 操作票管理

（1）操作票管理打破传统观念，生产操作票分 DCS 部分和手动操作部分，发挥智能 DCS 顺序控制功能，实现操作主要步骤自动化，个别步骤人为操作。尽量减少人操作步骤，一般控制在不超过三步的简单任务操作票。

（2）操作票模块通过对操作票进行电子化管理，与监控视频一体化集成，与三维可视化集成，实现了开票方式多样化、防误管控智能化、操作审批流程化。

（3）系统实现手工开票、调用典型票、调用历史票、智能开票等多种开票方式。

（4）系统通过标准规约从控制系统获得设备的实时状态信息，模拟开票时，系统进行逻辑防误判断，不符合防误要求的操作，系统会给出错误提醒，确保模拟开票生成的操作票符合防误要求。

（5）电厂可以按照实际情况，图形化配置操作票审批流程；操作票完成后可以通过计算机或手持 APP 审批，也可以采用指纹验证。

（6）防误是指对电气线路上及系统的设备及其附属装置（开关、隔离开关、母联、接地开关、小车、阀门、挡板等），通过加装智能锁具或者配套智能工器具，对其操作方式实现硬节点强制闭锁的防误技术措施，防止运行人员在操作过程中，因人为因素而导致误操作事故的发生，加强设备本位安全级别。油系统放油门、工业水防水门、酸碱危化品排放门、氨系统泄压门等个别关键阀门配套装设智能锁具，操作时通过系统授权进行。一般性阀门通过智能工器具实现防误闭锁。

（7）开票完成后，将操作票传送到移动终端，形成电子钥匙，操作人持到现场执行操作票，移动终端按照操作票顺序提醒操作人，操作人员只有严格按照操作票规定的顺序操作正确的设备，电子钥匙才能打开对应的智能锁具，操作人员执行倒闸操作；如果顺序不对或操作设备不对，将不能打开闭锁的智能锁具，确保不会发生走错间隔和发生误操作事故。

（8）如果部分设备没有智能锁具，则采用扫描设备二维码的方法，实现对设备的二次确认。

（9）防误操作模块从技术上采取可靠手段，在权限管理、唯一操作权、模拟预演、逻辑判断、设备强制闭锁等方面对电气设备操作进行全面、完善的防误管理，避免人为不确定因素，无论远方操作、就地操作、检修操作、事故操作、多地点操作还是解锁操作都具有完善的防误闭锁方式和管理手段。

（10）与现场视频监控系统接口，实现开票预演过程中，监控系统遥控操作时、现场就地操作时都可以实现视频联动，将现场视频通过弹出窗体主动推送到桌面上。

2. 工作票管理

（1）支持多种开票方式，如图形开票（基于三维模型）、手工开票、调典型票开票、调历史票开票。

（2）图形化配置审批流程，实现移动端验证指纹进行审批。

（3）通过审批流转图，实时查看工作票当前流转位置及历史审批轨迹。

（4）实现工作票资质校验，如同一个工作负责人相同时段不能存在两张工作票。

（5）与风险预控体系关联，智能提示危险源、危险点和防范措施。

（6）可以根据电厂实际情况，在工作票流程中增加条件，只有在满足该条件的前提下，审批才能进入下一步，如开工许可前，必须将安全措施执行完的现场照片通过手机APP发送到服务器，才能执行开工许可审批，确保开工前，每个安全措施落到实处。

（7）工作票的许可和终结环节，与DCS系统实现联动，在相应环节中对安全措施相关设备运行参数或设备阀门状态进行校验，具备交叉作业闭锁功能。

（8）在三维虚拟电厂中以工作票的时间要素和空间要素生成虚拟电子围栏，对相应的工作人员进行授权，同时对非授权人员的闯入进行报警和监控，防止非授权人员误入造成误操作，与门禁集成，报警信息自动报送误闯人和许可人。监护人员或工作负责人离场等违章发生时，发出预警。

（9）在多张工作票同时进行工作时，如果三维模型中电子围栏区域出现部分重叠时可进行有效的预警，对不同工作票区域间的交叉作业及时告知相关人员，有效地避免安全隐患。

（10）多张工作票对同一个设备操作挂牌时，禁止操作标牌应能简单显示当前工作票①②等数字，按挂牌顺序智能识别，安全措施撤除时，应根据工作票终结逐一撤出，最终无显示时，方可撤除挂牌。

（11）电子围栏将形成自动报警区，借助人员定位和移动手机技术，对两票的工作负责人和工作班成员长时间离开电子围栏区域进行手机的振动或消息等报警提醒，对非工作成员的闯入，不但对闯入人员，同时对工作负责人和值班成员等进行手机的报警提醒，防止非工作人员误入设备间造成误操作。自动记录非该工作票工作人员记录停留时间。

（12）与智能门禁实现联动，实现动态授权，监护人与工作人员同时刷卡才能打开相应工作区域的门禁。对于特定作业，判断到场人数，人数超过或低于规定人数时都不能打开相应区域的门禁。根据对电厂实际调研情况，工作票成员中只有工作票负责人才能解除智能锁，进入现场。

（13）建设服务式办票大厅，在机组检修、办票比较集中的时候，检修人员可排队取号等候，依次办理工作票。同时支持通过移动APP进行办票排队，节约等待时间。在服务大厅设置摄像头进行过程留痕。

（14）实现工单与工作票关联，工作票和操作票关联。

3. 巡检管理

（1）电厂可配置巡检路线、巡检时间、巡检设备、需要确认和录入的信息及参数。系统根据巡检周期自动生成巡检任务，并推送至相关岗位人员。

（2）建立巡检区域三维模型，根据系统巡检路线及巡检设备设置自动在三维模型中进行标注。通过在巡检路线部署定位装置，实时监测巡检人员巡检位置，展示在三维模型中，并可以随时调出巡检人员历史巡检轨迹及实时巡检动作。

（3）巡检中，自动提醒当前设备在当前时间有相关缺陷、工作票记录等。

（4）在巡检过程中，集控室可与巡检员语音对讲，并可通过视频进行监督。

（5）巡检人员到达某个巡检区域后，系统自动识别该巡检区域内的巡检设备、巡检项目，同时可即时查看每个巡检项目对应的巡检标准和技术规范，最大程度提高巡检工作智能化水平。

（6）巡检人员使用工业级的测温、测振设备通过蓝牙传输将测量数据自动回传至移动 APP 进行记录。

（7）巡检数据通过 4G/5G 或无线 Wi-Fi 网络实时上传，录入的参数能实时与 SIS 对应数据比对，误差超过范围报警提醒。与该参数阈值比对，超出阈值报警提醒并能及时创建缺陷。

（8）在巡检路线上设有危险点预警功能。将存在井、坑、孔、洞的危险点自动关联到移动智能终端的巡检线路上。巡视人员进入工作票及工作任务单所列的区域时，巡检路线上会自动弹出危险点警示，提醒巡视人员注意自身的安全。

4. 交接班管理

（1）提供交班到接班的流程图展示功能，采用站牌式导航的方式引导运行人员完成交接班过程。实现交接班管理电子化、流程化和规范化。

（2）通过系统相应模块自动获取交接班所要求的数据信息（如运行方式、缺陷信息、两票信息、异常事件、定期工作等），形成准确、全面的交接班资料。

（3）通过三维可视化模型，调取相应设备所在区域的监控视频，协助运行班组高效核对设备运行状态。

（4）交接班"签到"站点采用指纹扫描 + 拍照留痕的方式进行，签到信息实时传输至交接班大屏幕，人员到岗情况一目了然。

（5）交接班会以及各岗位间的对口交接，均采用录音方式进行留痕，做到交清接明、留痕追溯。

（6）交班后自动生成当班班组监盘时段机组经济指标和环保指标所得分数的评价列表，实时评价监盘人员的监盘质量。运行人员根据各项参数实际值与自己同工况下的历史数据对比、与同岗位人员的数据对比、与各参数的调整标准及要求对比，查找调整不足。

5.定期试验管理

（1）定期工作包括定期试验、定期切换以及定期操作，通过智能 DCS 功能建设，主要定期试验、定期切换实现在线进行，仅一般性定期工作按传统模式进行。

（2）运行定期工作模块能够根据发电企业的实际需要实现定期工作策划，记录定期工作完成情况、执行人以及备注信息（包含 DCS 在线试验项目）。提供标准试验、操作步骤以及正确试验结果便于用户定期工作时参考。

（3）定期工作设置：用户可以根据班次、天、周、月策划定义定期工作的周期，便于定期工作提醒；可以灵活设置定期工作的工作内容。

（4）定期工作通过工作制度分解，自动推送任务至当值运行人员，解决定期工作在分配中被遗漏的可能。用户记录定期工作完成情况、执行人以及相关信息。定期工作执行完成状态变更为"已做"。

（5）定期试验过程中自动从 DCS 系统中获取相关参数，进入试验报告，判断试验结果。定期试验发现异常，转缺陷管理。

（6）实现定期工作的事故预想功能（前车之鉴），并能关联相应的定期工作，形成事故预想报告单。可浏览以往的事故预想信息，可供当班人员对本班待执行定期工作提前了解。

（7）通过计算机和手机 APP 能方便查看定期工作完成情况，进行督促和考核。

第九章　智慧工地

第一节　概述

　　智慧工地是基建管理结合互联网的一种新的管理系统，是建立在高度信息化基础上的一种支持人和事物全面感知、施工技术全面智能、工作互通互联、信息协同共享、决策科学分析、风险智慧预控的新型信息化手段，它聚焦工程施工现场，综合运用物联网、云计算、大数据、移动和智能设备等软硬件信息化技术，与一线生产过程相融合，对施工现场的"人、机、料、法、环"进行集中管理，以可控化、数据化以及可视化的智能系统对项目管理进行全方位立体化的实时监管，对施工生产、商务、技术等管理过程加以改造。

　　2020 年 7 月 3 日，住房和城乡建设部联合国家发展改革委、科学技术部、工业和信息化部、人力资源和社会保障部、交通运输部、水利部等十三个部门联合印发《关于推动智能建造与建筑工业化协同发展的指导意见》，指导意见提出：大力推进先进制造设备、智能设备及智慧工地相关装备的研发、制造和推广应用，提升各类施工机具的性能和效率，提高机械化施工程度。加快传感器、高速移动通信、无线射频、近场通信及二维码识别等建筑物联网技术应用，提升数据资源利用水平和信息服务能力。此外，一些专注于信息化的软件厂商也以计算机软件为平台，大力推进以工程管理信息化为核心的智慧工地系统。在多方共同努力下，智慧工地已经初现雏形，并逐渐被业界所接纳。

一、智慧工地的内涵特征

　　智慧工地源于 IBM 公司提出的智慧地球理念，是智慧地球理念在工程领域的具体体现，与之相近的概念还有智慧城市、智慧校园等。其内涵特征如下：

（1）更透彻的感知。目前，制约工程管理信息化和智能化水平提升的首要因素为工程信息缺失和失真，更高层次的管理活动无法获得有效的基础信息保障。为此，智慧工地将及时、准确、全面地获取各类工程信息，将实现更透彻的信息感知作为首要任务。其中，"更透彻"主要体现为提升工程信息感知的广度和深度。具体而言，提升工程信息的感知广度是指更全面地获取不同主体、不同阶段、不同对象中的各类工程信息；提升工程信息的感知深度是指更准确地获取不同类型、不同载体、不同活动中的各类工程信息。

（2）更全面的互联互通。由于工程建设活动的参与方较多，工程信息较为分散，带来了"信息孤岛"、信息冲突等一系列问题。为此，智慧工地将以各类高速、高带宽的通信工具为载体，将分散于不同终端、不同主体、不同阶段、不同活动中的信息和数据进行连接和收集，进而实现交互和共享，从而对工程状态和问题进行全面监控和分析。最终，能够从全局角度实施控制并实时解决问题，使工作和任务可以通过多方协作得以远程完成，彻底改变现有的工程信息流。

（3）更深入的智能化。目前，施工活动仍然主要依赖经验知识和人工技能，在信息分析、方案制定、行为决策等方面缺少更科学、更高效的处理模式。为此，在人工智能技术迅猛发展的背景下，智慧工地将更加突出强调使用数据挖掘、云计算等先进信息分析和处理技术，实现复杂数据的准确、快速汇总、分析和计算。

二、智慧工地的发展阶段

1. 按人工智能技术发展轨迹的阶段划分

从人工智能技术的发展轨迹可知，智慧工地的发展可定义为感知、替代、智慧3个阶段。

（1）感知阶段。就是借助人工智能技术，起到扩大人的视野、扩展感知能力以及增强人的某部分技能的作用。例如，借助物联网传感器来感知设备的运行状况，感知施工人员的安全行为等，借助智能技术来增强施工人员的作用技能等，目前的智慧工地主要处于这个阶段。

（2）替代阶段。就是借助人工智能技术，来部分替代人，帮助完成以前无法完成或风险很大的工作。正在处于研究和探索中的现场作业智能机器人，使得某些施工场景将实现全智能化的生产和操作；这种替代是给定应用场景，并假设实现条件和路径来实现的智能化，并且替代边界条件是严格框定在一定范围内的。

（3）智慧阶段。是随着人工智能技术不断发展，借助其"类人"思考能力，由一部

"建造大脑"替代大部分人在建筑生产过程和管理过程的参与,来指挥和管理智能机具、设备来完成建筑的整个建造过程。这部"建造大脑"具有强大的知识库管理和强大的自学能力,即"自我进化能力"。

智慧工地的3个发展阶段是随着人工智能技术的研发和应用不断发展而循序渐进的过程,不可能一步实现。因此,需要在感知阶段就做好顶层设计,在总体设计思路的指导下开展技术研发和应用,特别要注重BIM技术、互联网技术、物联网技术、云计算技术、大数据技术、移动计算和智能设备等软硬件信息技术的集成应用。

2. 按大数据积累程度的阶段划分

按照行业、企业、项目大数据的积累程度,智慧工地的发展可分为初级、中级、高级3个阶段。

(1)初级阶段。企业和项目积极探索以BIM、物联网、移动通信、云计算、智能技术和机器人等相关设备等为代表当代先进技术的集成应用,并开始积累行业、企业和项目的大数据。在这一阶段,基于大数据的项目管理条件尚未具备。

(2)中级阶段。大部分企业和项目已经熟练掌握了以BIM、物联网、移动通信、云计算、智能技术和机器人等相关设备为代表的当代先进技术的集成应用,积累了丰富经验,行业、企业和项目大数据积累已经具备一定规模,开始将基于大数据的项目管理应用于工程实践。

(3)高级阶段。技术层面以BIM、物联网、移动通信、大数据、云计算、智能技术和机器人等相关设备为代表的当代先进技术集成应用已经普及,管理层面则通过应用高度集成的信息管理系统和基于大数据的深度学习系统等支撑工具,全面实现"了解"工地的过去,"清楚"工地的现状,"预知"工地的未来,对已发生或可能发生的各类问题,有科学决策和应对方案等"智慧工地"发展目标。

智慧工地从初级阶段到高级阶段的发展需要较长的一段时期。有专家预测在未来10年或更长时间,将是从数字化到智能化转变的时代。

三、智慧工地的主要功能

智慧工地管理平台可提供更加直观、清晰地展示工地建设全貌,平台建设三维虚拟工地展示界面,立足于"互联网+"的服务模式,整合相关核心资源,以三维可视化、数据集成化、管控平台化的先进系统,对工地进行全方位的实时监管,并根据实际情况做出决策反馈,促进项目管理中提质增效、价值创造、精准管理。加强工地现场安全管理、降低事故发生频率、有效杜绝危险源,利用先进技术资源以及智能系统来更好地提升管理水平。

通过智慧工地的建设能够为企业现场工程管理提供先进技术手段，构建工地智能监控和控制体系，能有效弥补传统方法和技术在监管中的缺陷，实现对"人、机、料、法、环"五大元素的全方位实时监控，变被动"监督"为主动"监控"。同时将 VR 技术引入施工安全教育中，真正体现"安全第一、预防为主、综合治理"的安全生产方针。

第二节　系统总体设计

智慧工地系统架构以面向服务（Service Oriented Architectnre, SOA）的设计理念，借助信息服务总线、业务应用柔性接入机制支撑未来业务的调整和发展需要，以现场实际施工及管理经验为依托，使用能够在工地使用的模块化、一体化综合管理平台。建立以智能设备采集层、通信传输层、基础设施层、数据层、应用层和展现层的软件技术架构，通过技术手段保障业务、应用和数据领域的信息安全。为企业提供了完整的智能管理和服务。

系统构建覆盖现场、管理部门等多级联动的建筑工地安全智能综合管理系统，基于企业对建筑工程质量安全监督管理制度的要求，运用物联网综合应用技术建设安全质量管理平台。按照权限设置，分级管理的原则，各级部门共享资源，可以查看自己权限范围内的信息。针对海量数据，系统采用云计算的核心思想，将大量用网络连接的计算资源统一管理和调度，构成一个计算资源池向用户按需服务。

智慧工地系统为满足施工企业对施工现场的安全和管理需求，采用先进的物联网技术，将移动手持终端、施工升降机、塔式起重机作业产生的动态情况、工地施工环境数据、人员实名制考勤等信息及时上传给综合管理平台。综合管理平台对各子系统进行融合，进行报警联动等处理。各级管理部门可以及时准确了解工地现场的状况，实时监测施工现场安全生产措施的落实情况，对施工操作工作面上的各安全要素等实施有效监控，消除施工安全隐患，加强和改善建设工程的安全与质量管理，实现建设工程监管模式的创新，同时加强了建筑工地的治安管理，将有效提高项目管理和现场管理的效率。

智慧工地采用 1 个核心平台 +1 张优势网络 +N 维模块 +3 类核心用户的机构体系。其中核心平台是云平台，分为基础设施层、平台数据层、业务应用层三层，具有超大容量和带宽资源；优势网络是 5G 高速接入网或 Wi-Fi 6 等其他接入方式，并结合施工工地的实际情况，将工地现场的施工机械运行状况、现场环境和施工管理人员工作情况采集并通过网络接入管理平台；N 维模块包括劳务管理、塔式起重机监测、升降机监测、烟感探测、环境监测、喷淋联动、模型展示、风险检测等相关业务，进行数据整合和数据挖掘，以直观可视化的方式提供给项目管理者，帮助其管理和辅助决策；3 类核心用户包括业主、施工单位、监理单位，使得各部门实现劳务、安全、环境、材料等业务环节的智能化、互联网化管理。

智慧工地系统整体架构如图 9-1 所示。

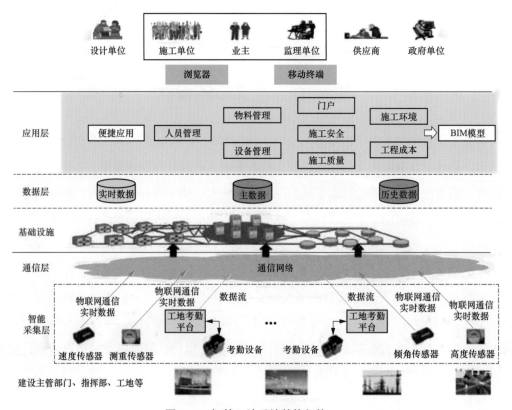

图 9-1 智慧工地系统整体架构

第三节 应用模块

在智慧工地管理平台系统框架下，智慧工地应用模块根据应用场景可分为很多，主要包含劳务人员管理，人、机、料三维定位和车路协同，智能视频监控，起重机械设备监测，吊钩可视化，升降机安全监控，绿色施工等内容。智慧工地管理平台通过对项目进度、质量、安全、物料等模块的建设，加强管理人员对项目的有效管理。

一、劳务人员管理

企业人员的信息采集、实名认证、人员派遣、上岗培训、现场考勤、工资支付、维权投诉、信用评价形成统一的劳务管理平台，并将此数据上传至云平台。人员信息形成门禁数据库，门禁数据库通过每天的刷卡信息统计到每日的门禁刷卡率、刷卡人数、各工种有多少人。管理人员可通过作业面实际人数对比计划人数计算人员缺口，及时调整计划，做好人员的补给。

劳务人员管理流程如图 9-2 所示。

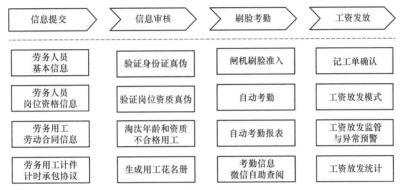

图 9-2　劳务人员管理流程

劳务人员管理系统采用前端设备子系统、传输网络子系统、后端平台业务处理层三层网络架构模式。前端设备子系统是系统的信息节点，通过在工地现场及出入口安装闸机、图片抓拍机、LCD 显示屏等设备，再经过前端系统的组合、分析、处理之后，通过前端设备中的网络处理单元发送给中心平台。传输网络子系统采用 5G+Wi-Fi 通信，保证视频和采集数据及时上传至机房。后端业务平台是劳务人员管理系统的核心，包含工人信息管理、考勤管理、视频监控管理、图片抓拍比对管理和信息发布管理等业务。管理平台包括数据库服务模块、接入服务模块、状态（报警）服务模块、存储管理服务模块、流媒体服务器、信息远程发布模块、Web 服务模块等，它们共同形成数据运算处理中心，完成各种数据信息的交互，集管理、交换、处理、存储和转发于一体，从而完成人员考勤管理、信息发布、信息查询等工作。

劳务人员管理系统的功能包括：

（1）进出人员身份证信息采集。

（2）进出人员控制，防止闲杂人等进入。

（3）人员出入信息记录存储。

（4）安全培训数据记录存储。

（5）施工人员考勤管理。

（6）总包、分包、班组人员管理。

（7）人员进出数据统计和分析。

（8）施工人员工资发放管理。

（9）实名制数据信息集中查询、打印等。

（10）数据信息可上传到当地住建部门或电网公司实名制监管平台。

（11）移动和静止目标检测和识别。

（12）通过测温型智能识别终端自动识别人体温度。

（13）指纹绑定、授权码验证、终端注册、终端有效性验证、安全管理。

（14）进出及报警信息大屏展示。

二、人、机、料三维定位和车路协同

结合 GPS、北斗及基站射频定位等多种定位技术，将人员机械位置实时反映在项目施工模型中，以此来快速了解现场人员机械布置情况，进而实现人员机械的实时调配。人员定位是通过手环和头盔配合射频基站来实现，机械的定位是通过机械定位模块配合射频基站来实现。

同时，人、机、料三维定位也可以解决施工建设工地车路协同的困难，施工建设工地各种货运车辆或工程机械纵横交错运动施工存在一定安全隐患。比如大型运输或机械车辆因为视线死角、光线不足等原因无法识别周围工作人员、小型设备或车辆和道路标志等，导致发生人员和设备安全事故，通过人、机、料三维定位模型，可实现人、车、物、路互通互联和协同管理，进而对相关人员进行障碍物识别告警、车距识别告警，以保证驾驶员或施工人员按规范线路安全运行，避免事故发生。智慧工地人、机、料定位如图 9-3 所示。

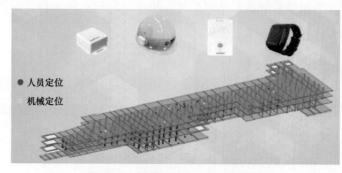

● 人员定位

　机械定位

图 9-3　智慧工地人、机、料定位

三、智能视频监控

工地视频监控采用分布监控集中管理的监控模式，由摄像机采集图像，再通过有线或 5G、Wi-Fi 等无线通信方式将视频信号传输到监控中心系统平台上进行集中监控管理。

基于视频监控和智慧工地云平台的运算能力，可进一步实现人员/车辆识别的智能化管理，解决施工现场作业区域数量多、进出人员和车辆复杂、依赖人力巡查无法及时察觉异常情况等问题，提高管理水平，降低企业风险，保障人员合法权益，促进企业健康发展。

利用人脸识别技术将摄像头中人物面部像素特征与照片库中照片进行比对,识别出人员身份信息。通过人脸识别技术集合人工智能的自学习功能,可以实现对进出人员的实时监控。通过人脸识别技术对人员进行人脸检测以及采集,将采集的照片与系统数据库中员工照片进行比对,再结合工单管理系统对人员工作权限进行识别管理。同时,为保障工作区域内工作人员的人身安全,要求每个工作人员进入工作区域时必须正确佩戴安全帽且穿着工作服。通过高清摄像头捕捉到的图片信息进行算法分析,一旦发现人员没有正确佩戴安全帽进入工作区域,即刻进行报警。

车辆识别技术是指通过车辆属性的提取、图像预处理、特征提取、图像识别等技术,识别车辆牌号、颜色、车型等信息。具体功能包括车辆基础信息管理、车辆自动识别、车辆保养提醒、车辆出入信息统计管理和紧急状态自动放行。安全帽识别如图9-4所示。

图9-4 安全帽识别

四、起重机械设备监测

将起重机械设备的登记、保养、检验、安装、拆卸等全生命周期记录数据接入云平台,并且将操作人员的操作行为实时发送至云平台,进行实现远程数据记录,随时观察起重机械设备的运行状态。根据设备的运行状态实时监控,在违章操作发生预警、报警的同时,自动终止起重机械危险动作,有效避免和减少安全事故的发生。同时,在施工吊装之前,可由智慧施工模型进行模拟吊装作业,并根据模型制作塔式起重机限位及防碰撞远程报警系统。

起重机械设备监测系统根据实时采集的起重机械作业风速、起升、回转、幅度和高度数据,实现安全预警和风险预判智能辅助驾驶,纵向监测机械设备是否有倾斜倒塌的风险,横向监测机械设备群是否有碰撞风险。同时把相关的安全信息发送给云端服务器,机械设备的管理人员可通过手机端APP、云平台等多个终端实时查看到网络中每个机械设备的运行情况。起重机械设备监测如图9-5所示。

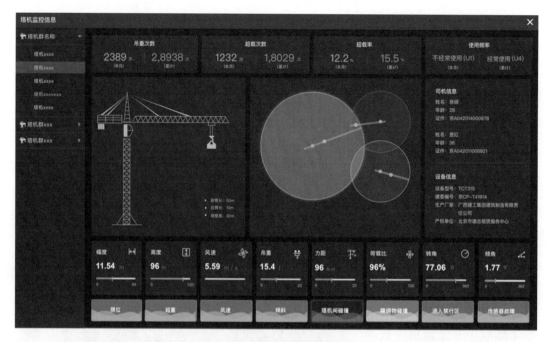

图9-5 起重机械设备监测

起重机械设备监测系统功能主要包括以下内容：

（1）力矩监控：自动采集每吊重量，当吊重超限超载时，系统自动发出声光预警，当起重量大于相应挡位的允许额定值时，系统自动切断上升方向的电源，只允许下降方向的运动；系统可智能判断塔式起重机的起重量与起重力矩，在控制塔式起重机危险操作动作时，分自动控制降挡减速和降挡停止两个过程逐步减速，有效地保证了塔式起重机的操作安全。

（2）群塔作业监控：群塔作业时，由于塔式起重机大臂回转半径的交叉，容易造成大臂之间碰撞事故发生；由于视觉误差或司机误操作，高位塔式起重机吊绳与低位塔式起重机吊臂在交叉作业区容易发生碰撞；塔式起重机吊物与周边物容易发生碰撞。

（3）定区域监控：由于塔式起重机大臂回转半径较大，可能出现大臂经过马路、房屋、工棚等人群密集区域；塔式起重机钢丝绳容易碰触高压线；塔式起重机容易撞击高层、山体等周边高物。安装区域保护监控设备，设定塔式起重机作业区域，智能限制大臂或变幅进入特定区域，实现区域保护。

五、吊钩可视化

塔式起重机吊钩可视化系统通过精密传感器实时采集吊钩高度和小车幅度数据，经过计算获得吊钩和摄像机的角度和距离参数，然后以此为依据，对摄像机镜头的倾斜角度和放大倍数进行实时控制，使吊钩下方所钓重物的视频图像清晰地呈现在塔式起重机驾驶舱内的显示器上，从而指导司机的吊物操作，极大地提高了司机操作的安全性。视频图像存储于设备内置的硬盘中，便于事故原因定位，同时也通过无线网络传送到地面项目部和远端监控平台，以构建完备的塔式起重机视频监控平台。

通过吊钩可视化可实现以下系统功能：

1. 塔式起重机吊钩实时追踪

塔式起重机吊钩可视化系统的摄像机会根据吊钩的上、下和前、后位置的编号自动进行跟踪。保持塔式起重机吊钩及其吊装物品持续出现在监控系统的画面中，通过驾驶室内的视频屏幕实时显示出来，使塔式起重机司机在作业时能够全程看到钓钩所在的工作范围，减少了塔式起重机司机因为视线受阻而造成的盲吊现象，从而主动避免可能存在的各种碰撞隐患。

2. 数据实时显示

起重机械设备监测系统在提供画面给司机的同时，还将塔式起重机的吊钩高度、变幅值等显示给司机，也进一步协助塔式起重机司机进行塔式起重机吊钩位置的判断。

3. 多路视频接入

起重机械设备监测系统支持多路视频接入，可将塔式起重机驾驶室、主卷扬机、回转中心等位置的画面（可根据需要设置摄像头安装位置）实时传回显示屏，协助塔式起重机司机全面了解塔式起重机主卷扬机钢丝绳盘绳状态和工作状态，了解塔式起重机回转工作情况及主电缆安全情况等内容。能够主动发现塔式起重机的故障状态，减少安全事故和合理安排塔式起重机维修作业时间，为塔式起重机安全工作提供直观依据。

4. 远程监控

通过无线信号传输，可以将塔式起重机吊钩视频信号传输至施工项目部，协助安全员和其他项目管理人员直观地了解塔式起重机作业面和塔式起重机关键部位的安全状况，并在塔式起重机处于非工作状态时，实时观察施工现场的整体作业状况。可以将项目各台塔式起重机的视频信号接入智慧工地云平台，协助施工单位对项目部的多级安全管理。

六、升降机安全监控

升降机安全监控系统重点针对施工升降机非法人员操控、维保不及时和安全装置易失效等安全隐患进行防控，实时将施工升降机运行数据传输至控制终端和智慧工地云平台，实现事前安全可看可防，事后留痕可溯可查。

升降机安全监控系统主要由升降机监控管理子系统和综合管理子系统两部分组成。升降机监控管理子系统是系统的监控模块，控制器从各种传感器采集升降机的运行数据，并上报到管理中心，管理中心通过计算处理，判断该升降机是否报警、是否联动等，并做出相应的处理，完成升降机监控管理子系统功能。综合管理子系统是本系统核心所在，完成各种数据信息的交互，集管理、交换、处理和存储于一体，是施工升降机安全监控管理系统稳定、可靠、安全运行的先决条件。

通过升降机安全监控可实现以下功能：

1. 预防非法人员操作

利用人脸识别系统，结合物联传感设备，预置起重机械操作人员信息，同时可与当地特种作业人员证件库做比对，保证特种作业人员本人持证上岗。现场智能比对，现场照片抓拍，有效解决施工现场非法人员操控升降机等常态化难题，保障安全。升降机操作人员信息在监控平台上同步显示，确定人员信息，一目了然。

2. 严控维保程序

系统针对维保时维保人员流于形式、安全员疏于监管、操作人员交底不明确等难点问题，借助人脸识别这一成熟的生物识别技术，结合物联传感设备预置维保关键责任人员信息、维保项目细分、维保周期智能提醒等定制程序，实时对接当地起重设备监管系统，从设备出厂备案开始进行全流程监管，对设备的维保信息进行实时更新，确保升降机等起重机械安全运行。

3. 随时随地进行安全监控

依靠升降机安全监控系统，安全责任管理主体不但能随时随地看到各种违规预警信息，更能通过 Web 端随机调取查阅维保人员信息、人员现场照片、维保项目明细等信息，信息可追溯。

4. 多维监测保证运行安全

通过部署物联传感设备，实时对升降机防冲顶、防碰撞、防超重、人数等进行监测，监测数据实时呈现，可通过云端、指挥中心、驾驶舱三端进行实时查看，监控系统能够实时监测施工升降机的载重，在超载情况下发出超载报警，并制止施工升降机启动。

升降机安全监控系统如图 9-6 所示。

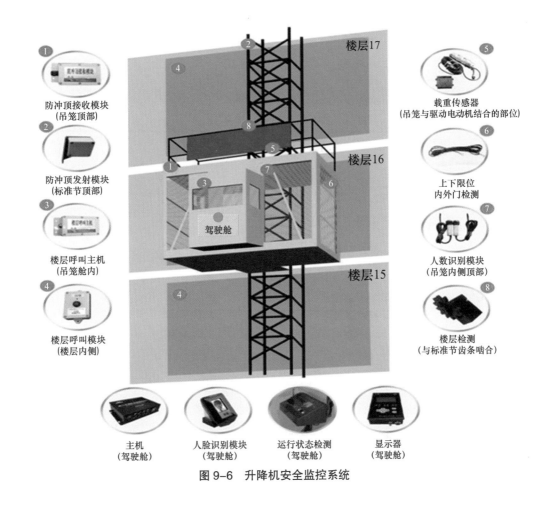

图9-6　升降机安全监控系统

七、绿色施工

绿色施工对建筑工地固定监测点的扬尘、噪声、气象参数等环境监测数据进行采集、存储、加工和统计分析，监测数据和视频图像通过无线方式传输到后端平台。系统能够帮助监督部门及时准确地掌握建筑工地的环境质量状况和工程施工过程对环境的影响程度，满足建筑施工行业环保统计的要求，为建筑施工行业的污染控制、污染治理、生态保护提供环境信息支持和管理决策依据。

系统通过扬尘噪声监测设备，对建设工程施工现场的气象参数、扬尘参数等进行监测与显示，并支持多种厂家的设备与系统平台的数据对接，可实现对建设工程扬尘监测设备采集到的 $PM_{2.5}$、PM_{10}、TSP（总悬浮颗粒物）等扬尘数据，噪声数据，风速、风向、温度、湿度和大气压等数据进行展示，并对以上数据进行分时段统计，对施工现场视频图形进行远程展示，从而实现对工程施工现场扬尘污染等监控、监测的远程化、可视化。

扬尘噪声监测子系统如图 9-7 所示。

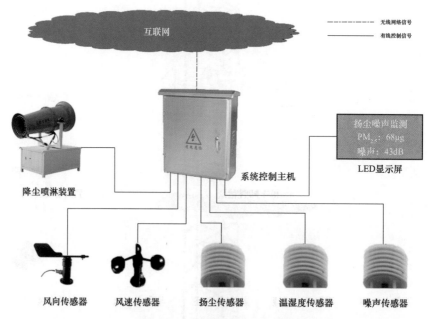

图 9-7 扬尘噪声监测子系统

系统可以根据设定的环境监测阈值，与施工现场的喷淋装置联动，在超出阈值时自动启动喷淋装置，实现喷淋降噪的功效。同时，对于喷淋系统的布置，可以根据施工现场采集到的不同区域数据进行大数据分析，通过 BIM 立体建模，标注出等级划分，最后确定设备安装位置，让喷雾喷在扬尘最严重的地方，让围栏挡在噪声最频发的地方，从而有针对性地采取措施。自动喷淋如图 9-8 所示。

图 9-8 自动喷淋

系统具有风速实时检测和历史数据储存功能，并在智慧工地云平台和智慧工地 APP 中设置预警参数。

八、VR/AR 演示

VR/AR 演示利用前沿成熟的 VR/AR 技术，配备精良优质的硬件产品（VR 头盔、眼镜、手柄、基站、VR 服务器、3D 投影仪或智能电视等），充分考虑基础施工、主体施工、装饰施工三阶段的特点，以三维动态的形式逼真模拟出应用场景。通过 VR/AR 技术现实安全教育沉浸体验，提升安全意识，预防安全事故。

同时，引入工程项目 BIM 模型和质量样板模型，通过 BIM 模型进行场景布置，可以供多人同时进行体验，对重要施工节点的施工技术交底，组织工人进行 VR/AR 可视化交底，保证每位工人正确理解交底内容和操作方法，此交底记录会利用无线监控系统全程记录并上传到智慧工地平台，形成重要交底台账。

九、风险自动检测

在关键结构和设备上安装应力传感器、倾角传感器、风速传感器和水位传感器，将高支模架体、基坑支撑轴力、地下水水位、塔式起重机倾角、塔式起重机附近风速等数据自动采集至风险监控平台，并可根据设定值自动报警。在智慧工地云平台和智慧工地 APP 中可设置报警阈值和记录历史信息。此外，由于所有的传感单元都具有定位功能，可以根据历史数据生成异常状况 – 地点的频率热力图，在应急的对应上可以进行侧重，防患于未然。

十、深基坑支护管理

深基坑支护监测系统通过土压力计、孔隙水压计、钢筋计、轴力计、倾斜仪、沉降仪等智能传感设备，实时监测在基坑开挖、支护、地下建筑施工阶段及竣工后周边相邻建筑物、附属设施的稳定情况，承担着对现场监测数据采集、复核、汇总、整理、分析与数据传送的职责，并对超警戒数据进行报警，为设计、施工提供可靠的数据支持。

深基坑支护管理如图 9-9 所示。

系统功能包括支护实时监测和信息反馈。其中实时监测系统对前端深基坑的围护结构顶部水平位移、深层水平位移、立柱顶水平位移、沉降、支撑结构内力、维护桩内力和锚索应力等数据进行实时监测；信息反馈系统实时接收前端监测设备的数据，一旦有任何数据超过警戒线，系统立刻报警，将报警信息发送至设计单位、建设单位和检测机构等，为相关单位做出决策提供数据依据。

图 9-9　深基坑支护管理

十一、周界入侵和智能巡更

在重点区域通过对视频监控画面的智能化分析，识别是否有人员违规进入了材料区域，或者指定非工作时间不允许进入的区域，当发现有异常人员徘徊或入侵的时候自动触发报警，防止非法入侵造成人员安全伤害以及物体破坏等，实时探测工地周围墙入侵情况。实现工地周界、重点区域、重点房间入侵报警功能，有非法入侵事件，即可向中心报警，经过设定延时后启动现场报警装置，并及时联动监控视频图像、录像等。

同时，还可以采用人工智能方式，如机器人、无人机进行现场巡更。无人机对高处作业施工和现场文明施工、裸土覆盖或其他人力不方便巡查或验收的设施、危险区域进行巡检或验收，并进行拍照摄影回传至管控平台，提高施工管理巡检水平。无人机如果搭载红外热像仪，在空中就能发现建筑的质量缺陷，能进行明火、吸烟行为、危险火源监测，支持温度异常报警，如图 9-10、图 9-11 所示。

图 9-10 无人机高空巡查工地 图 9-11 无人机红外摄像头画面

十二、工地广播系统

工地广播系统是工程管理部和工人之间的信息传输通道，能够将安全提醒、公告等信号无阻碍地传送给工人，不受工人主动性的影响。同时系统可以将监测到的危险报警信息通过广播及时通知到人，有效避免或减少工地事故和人员伤害。工地广播系统能够实现定时广播；与现场管理相结合，在施工现场、生活区播放劳动、质量等竞赛文件，表扬先进和进行安全知识广播；点对点进行可视化语音播报；报警广播联动；手机无线喊话等功能。

十三、移动应用及前端展示

结合移动终端设备和基于施工现场实际开发的移动应用模块可以改变传统施工管理模式。移动终端可接入公告通知、移动微会议、工作任务分发与跟踪、移动考勤、文件分享等不同功能，为各参建单位、参建人员和其他相关人员之间的协调工作搭建良好的移动办公平台。系统功能主要包括：

1. 公告通知功能

由管理员发布公告。可以设置发布公告的范围，可以允许全员查看公告，或者部分部门或人员查看公告。

2. 移动微会议功能

微会议为不设置时间节点的项目。可以针对项目施工中的某一主体建立微会议。参加微会议的各方可以在该会议名下自由发言，上传和下载文档。适用于项目建设过程中需要多角色、多人要参与的方案讨论和定夺。

3. 工作任务分发与跟踪功能

由任务负责人建立和发布任务，并可将任务转交给其他人。任务参与人可以在任务期限内将各自负责的部分完成情况上报到任务中。各项目成员均可以随时查看任务的进展情况、各任务成员在任务中的参与情况等。任务超期时，系统自动提醒。任务完成后，任务负责人结束任务。

4. 移动考勤功能

移动考勤功能可利用厂内无线网络实现对于项目管理人员和工人的考勤，并在后台系统内实时查看考勤信息。移动考勤功能可与传统的门禁考勤互为补充，根据现场实际情况进行选择。

5. 文件分享功能

结合云平台存储资源，可设置针对项目参与人员的网盘系统，便于各方存储项目相关资料，保障资料信息安全，并通过链接地址或者二维码的形势实现内部便捷分享。

6. 前端展示功能

智慧工地平台能够将前端各个子系统的数据统一集中汇聚管理、展示。为施工项目部、业主和监理提供强大、高效、统一的决策分析平台，使管理人员不限地点地进行工程项目全方位掌控，优化内部资源配置，减少运营风险，提高企业工作效率。

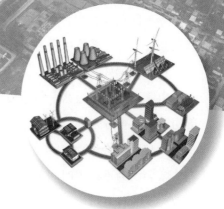

第十章 5G在智能电厂中的应用

第一节 概述

一、5G技术现状及趋势

1. 5G的发展和标准体系

从2012年开始，国际电信联盟（ITU）组织全球业界开展5G标准化前期研究工作，2015年6月，ITU正式确定IMT—2020为5G系统的官方命名，并明确了5G的业务趋势、应用场景和流量趋势。

5G标准的实际制定工作由第三代合作伙伴计划（3rd Generation Partnership Project，3GPP）组织负责。3GPP成立于1998年12月，是由多个电信标准组织伙伴签署的《第三代伙伴计划协议》。3GPP最初的工作范围是为第三代移动通信系统（3G）制定全球适用技术规范。随后3GPP的工作范围得到了改进，增加了对第四代移动通信系统（4G）和第五代移动通信系统（5G）的研究和标准制定。中国通信标准化协会（China Communications Standards Association，CCSA）是3GPP的组织伙伴。

3GPP制定的协议规范以版本（Release）为基础进行管理，平均一到两年就会完成一个新版本的制定，相较于前一个版本，每个新版本都会加入一些新的特征。3GPP组织最早提出5G是2015年9月在美国凤凰城召开的关于5G的无线接入网（Radio Access Network，RAN）工作组会议上。这次会议旨在讨论并初定一个面向ITU IMT—2020的3GPP 5G标准化时间计划。根据规划，Release 14（一般简称为Rel-14或R14）主要开展

5G 系统框架和关键技术研究，Release 15（一般简称为 Rel—15 或 R15）作为第一个版本的 5G 标准，满足部分 5G 需求，Release 16（一般简称为 Rel—16 或 R16）完成第二版本 5G 标准，满足 ITU 所有 IMT—2020 需求，并向 ITU 提交。

目前 3GPP 协议有两类：一类是技术规范（Technical Specification，TS），每一个 3GPP 版本（Release）都会由许多技术规范组成，这类规范必须遵守；另一类是技术报告（Technical Report，TR），是一些厂家做的技术报告，仅作参考，这类规范不一定遵守，但是这类规范对理解和掌握 TS 很有帮助。

R15 作为第一阶段 5G 的标准版本，按照时间先后分为 3 个部分，现都已完成并冻结。

R16 作为 5G 第二阶段标准版本，主要关注垂直行业应用及整体系统的提升，已于 2020 年 7 月完成各阶段工作并冻结。

R17 版本标准工作也已在推进中。

2. 5G 性能指标现状及趋势

国际电信联盟无线电通信局（ITU-R）定义了 5G 三类典型业务场景：增强型移动宽带（enhanced Mobile Broadband，eMBB）、大规模机器类通信（massive Machine Type Communication，mMTC）、超可靠低时延通信（ultra Reliable and Low Latency Communication，uRLLC）。

（1）增强型移动宽带（eMBB）主要面向超高清视频、虚拟现实（VR）/增强现实（AR）、高速移动上网等大流量移动宽带应用，是 5G 对 4G 移动宽带场景的增强。单用户接入带宽可与目前的固网宽带接入达到类似量级，接入速率增长数十倍。目前 5G 用户体验速率指标在 0.1~1Gbit1s 之间，完全满足工业控制系统数据传输的需求，具备将全厂网络传输通道进行归一化的能力。

（2）大规模机器类通信（mMTC）主要面向以传感和数据采集为目标的物联网等应用场景，具有小数据包、海量连接、更多基站间协作等特点，连接数将从亿级向千亿级跳跃式增长，使 5G 承载网具备多连接通道、高精度时钟同步、低成本、低功耗、易部署及运维等的能力。目前 5G 连接密度指标可以达到 100 万台 /km^2，完全满足全厂底层设备的连接需求，具备底层设备 5G 化连接的能力。

（3）超可靠低时延通信（uRLLC）主要面向车联网、工业控制等垂直行业的特殊应用，要求 5G 无线和承载具备超低时延和高可靠等处理能力。

目前 5G 增强型移动宽带（eMBB）传输时延可以达到 4ms、大规模机器类通信（mMTC）传输时延可以达到 10ms、超可靠低时延通信（uRLLC）传输时延可以达到 1ms，完全满足全厂各类型设备的监控的需求。

由此可见，5G 可以应对未来智能化仪表爆炸性数据流量增长的传输需求、智能化仪表数量海量增长的设备连接需求、底层仪表传输要求差异化的需求。将 5G 三个应用场景结合应用在全厂控制系统中，可以打开"万物互联"的智能电厂新世界。

3. 多接入边缘计算现状及趋势

5G 网络与云计算、大数据、虚拟增强现实、人工智能等技术深度融合，将连接人和万物，成为各行业数字化转型的关键基础设施。IDC（国际数据公司）最新统计报告显示，2018 年，有 50% 的物联网网络面临网络带宽的限制，40% 的数据需要在网络边缘侧分析、处理与储存；2018 年，有超过 500 亿的终端与设备联网。多接入边缘计算（Multi-Access Edge Computing，MEC）是在靠近人、物或数据源头的网络边缘侧，融合网络、计算、存储、应用核心能力的开放平台，就近提供边缘智能服务，满足行业数字化在敏捷连接、实时业务、数据优化、应用智能、安全与隐私保护等方面的关键需求。在 3GPP R15 给出的 5G 技术标准中，基于服务化架构，5G 协议模块可以根据业务需求灵活调用，为构建边缘网络提供了技术标准，从而使得 MEC 可以按需、分场景灵活部署在无线接入云、边缘云或者汇聚云。

MEC 虚拟化平台位于无线接入网与移动核心网之间，可利用无线基站内部或无线接入网边缘的云计算设施（边缘云）提供本地化的公有云服务，并能连接位于其他网络（如企业网）内部的私有云，从而形成混合云。MEC 平台基于特定的云计算系统（例如，OpenStack）提供虚拟化软件环境用以规划管理边缘云内的 IT 资源。第三方应用以虚拟机（VM）的形式部署于边缘云，能够通过统一的应用程序编程接口（API），获取开放的无线网络能力。

MEC 可以在移动视频服务质量（Quality of Service，QoS）优化、移动内容分发网络（Content Delivery Network，CDN）下沉、VR 直播、增强现实（AR）、视频监控与智能分析、车用无线通信技术（Vehicle to everything，V2X）应用、工业控制等方面进行深入应用。以工业控制系统为例，移动互联网的迅猛发展促使工业园区对无线通信的要求越来越强烈，目前多数厂区 / 园区通过 Wi-Fi 进行无线接入。然而，Wi-Fi 在安全认证、抗干扰、信道利用率、QoS、业务连续性等方面无法进行保障，难以满足工业需求。采用蜂窝网络和 MEC 本地工业云平台，可在"工业 4.0"时代实现机器和设备相关生产数据的实时分析处理和本地分流，实现生产自动化，提升生产效率。由于无需绕经传统核心网，MEC 平台可对采集到的数据进行本地实时处理和反馈，具有可靠性好、安全性高、时延短、带宽高等优势。工业控制领域 5G+MEC 平台应用示例如图 10-1 所示。

4. 5G 网络切片现状及趋势

越来越多的学者认为传统的增加网络容量的方法已经无法满足 5G 多样化的业务需求，"一张网络"的部署方式不能定制化以及生态地为多种业务服务。运营商如果按照传统的网络部署方式，仅通过"一张网络"去满足多种差异化业务，在增加巨大的投入时也使得网络受益效率急剧降低。

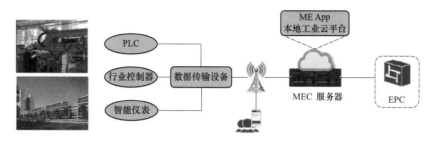

图 10-1　工控领域 5G+MEC 平台应用示例

从网络功能的角度看，最有效而且符合实际的做法应该是：在通用的物理设施平台上构建多个定制化的、虚拟化的、专用的和相互隔离的逻辑网络，不同的逻辑网络满足不同的业务需求。因此基于软件定义网络（Software Defined Network，SDN）和网络功能虚拟化（Network Function Virtualization，NFV）的网络切片技术得到了广泛的支持。网络切片可以使 5G 网络更加灵活以及可定制化。网络切片是提供特定网络功能和网络特征的逻辑网络，它由一组网络功能实例和运行这些网络功能实例的计算、存储和网络资源组成，该逻辑网络能够满足特定业务的网络需求，从而为特定的业务场景提供网络服务。网络切片通常具有以下优势：

（1）资源共享，降本增效。在物理设施上，多个网络切片同时运行在统一的 x86 架构基础设施上，可显著性降低网络建设成本，提高物理基础设施的利用率。

（2）逻辑隔离，安全可靠。由于逻辑上每个切片都是安全隔离的，每个切片有着自己独立的生命周期，一个网络切片的创建以及销毁不会影响到其他切片。

（3）按需定制，弹性伸缩。因为网络切片基于云计算的原生架构为不同的业务提供服务，所以可以根据不同的业务场景需求定制化基础设施服务（Infrastructure as a Service，IaaS）资源；云端监控的方式可实现对网络切片资源利用率的实时监控，提供高可靠的弹性伸缩，适应通信网络的潮汐效应。

（4）端到端，满足差异化需求。不同业务需求决定了网络切片的性能，通过端到端的部署方式，从核心网、传输网和接入网的不同切分，全面满足 5G 多样化的业务需求。

二、超高速无线通信技术现状及趋势

超高速无线通信（Enhanced Ultra throughput-5th generation，EUHT-5G）技术是结合

未来移动通信系统高可靠、低时延、高移动性等需求设计的超高速无线通信系统。其系统设计简洁、灵活、高效，具有"三高、三低、三精"的特点，即高可靠、高速移动、高频谱利用率、低时延、低重传、低组网成本、精确定位、精密计算和精细控制。

EUHT-5G 从 2007 年开始研发，目前已在多个领域有了成功的产业化应用。

（1）EUHT-5G 在 2017 年建成的京津城际高铁实现了 120km 全线覆盖，帮助京津高铁实现了列车高速移动情况下实时高清视频监控、列车运行综合状态实时监测、司机视频调度监控、中国列车运行控制系统（Chinese Train Control System，CTCS）控制信息传输、互联网接入服务等综合业务承载。

EUHT-5G 技术在高铁领域的应用如图 10-2 所示。

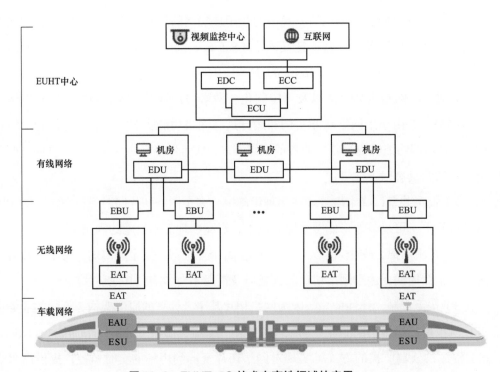

图 10-2　EUHT-5G 技术在高铁领域的应用

（2）EUHT-5G 在广州地铁知识支线、天津地铁滨海轨道交通 Z4 线一期工程等多条地铁建设项目投入商业应用，可实现地铁列车单车 30 路高清视频实时传输，同时承载 1路 PIS 业务，并预留了乘客 Wi-Fi 上网带宽容量。

（3）通过对沈阳机床厂厂房布置 EUHT-5G 基站及终端，对厂房实现完整的 EUHT-5G 无线覆盖，实现了所有机床的无线网络接入。

EUHT-5G 技术在工业控制领域的应用如图 10-3 所示。

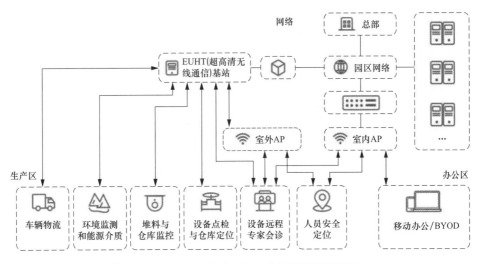

图 10-3　EUHT-5G 技术在工业控制领域的应用

三、5G 应用案例

5G 在电网、石化、石油、商业、环保、医疗等行业已开始应用研究。湖北移动依托 5G 技术联合湖北地区各行业头部企业成立了 5G 联创行业应用开发实验室、5G 智慧交通联合创新实验室、5G 工业互联网联合创新实验室、5G 智慧传播联合创新实验室、智慧医疗联合创新实验室等 10 个联合创新实验室，开展 5G 行业应用的探索。

通过 5G 网络的部署及引入，改变传统模式下通过有线、Wi-Fi 等实现生产设施的连接，解决了传统模式下存在的灵活性、移动性、可靠性、实时性、覆盖距离等一系列不足，为智能制造提供高效率、高质量、低成本的网络连接，支持更多智能生产场景的应用，有力支撑工业领域向智能制造转型升级。这也促进智能工厂中出现更多的无线连接，有研究预测到 2022 年工厂内无线连接将由 2017 年的 6% 增长至 27%，2026 年将达到 58%，这将优化智能工厂内网络结构，降低网络连接成本，实现工厂数字化和全连接。

（一）格力郑州制造园区"智慧园区"项目

格力与联通合作于郑州格力制造园区进行了智慧园区的建设工作，通过 5G+MEC 的部署，提供了"云管边端"一体化解决方案，对格力郑州制造园区智能制造形成有力支撑，共实现了 4 项生产场景的应用以进行测试。通过测试，5G 网络低时延、大带宽、海量连接等特性得到了很好的体现，满足各类生产数据、调度数据、高清视频等的传送需求。实现的具体应用如下。

1. 工业自动化控制

通过超可靠性低时延的 5G 网络将设备的生产数据传送至 App，进行分析、处理以完成对设备的实时智能控制，端到端的时延低于 10 ms，可靠性达 99.999 9%，保障了工业生产自动化控制需要，提高设备间协同制造能力，减少设备间线缆连接成本。同时也可实现设备状态的实时上报，降低生产安全隐患。

2. 机器视觉质量检测

MEC 对 5G 网络传送的生产数据进行判决，端到端的时延低于 25 ms，传输带宽大于 100 Mbit/s。在一定条件下替代人类的部分视觉工作，比如检查组件方向、标签读取、刮痕污点等，这大大提高了检测效率。并且可以将检测融入每个生产环节，控制和提高生产质量，重塑整个质量检验环节。

3. 基于云的 AGV 小车

MEC 对 5G 网络传送的 AGV（automated guided vehicle）小车实时进行数据处理，实时响应 AGV 小车的高速调度请求，端到端的时延低于 15 ms，有效避免小车碰撞。对所有 AGV 小车进行统一控制和路径规划，提升 AGV 小车的运营效率，实现自动化立体仓储。同时，通过把 AGV 小车内在的计算功能卸载到 MEC 应用中，降低了 AGV 小车的性能需求，从而降低了成本。

4. 园区智能安防

5G 网络将摄像头所采集的高清视频传送至 MEC 平台，平均速率达到 500Mbit/s，保障高清视频的传输带宽。MEC 上的 AI 视频分析系统不断训练学习，以识别车间和园区的各种异常情况，判断生产设备的工作状态、实时响应，实现车间和园区的智能巡检，大大提高视频处理和巡检效率。相对于基于 4G 网络所实现的智能安防，提供了更高带宽更低时延，解决了计费、合法监听等问题。

（二）海尔智能工厂项目

华为公司与海尔公司合作的"基于华为 5G+MEC 的海尔智能工厂"项目中，通过部署 5G+MEC，采用 5G 高可靠网络代替大量的有线电缆及工控机，大量减少了厂区现场有线电缆布线、调测等工作。MEC 集成机器视觉、图形比对处理，利用 MEC 平台提供的强大算力，将原先分散式的工控机计算过程汇聚到 MEC 平台，大幅优化了资源利用率和维护成本，提升了企业集约化运营效率。同时，MEC 还可集成 5G 智能设备管控等应用，实现设备云化维护管理，运行维护人员可实时监控产品质量状态，升级新应用功能，不需要长期在产线现场操作。

（三）上海洋山港进行了 5G 智慧港口试点

2019 年中国移动、振华重工、华为在上海洋山港进行了 5G 智慧港口试点验证。上港洋山冠东码头现有轮胎起重机约 150 台，原来全部为工人现场操作。为适应未来自动化码头趋势，上港与振华重工、中国移动、华为联合进行轮胎起重机 5G 远控改造验证。通过在上海洋山冠东码头部署中国移动 5G 虚拟园区网，实现本地分流数据不出港口，业务低时延，专网用户和公网用户通过频谱隔离，共享 5G 基础通信网络承载和专业运营。港机的工业控制协议和视频数据通过 5G 承载。

基于 5G 虚拟园区网的港口专网方案，一套基站硬件同时支持公网业务与虚拟专网业务，并可实现核心网（Centralized Unit，CU）分离，通过在洋山港园区建立本地网关，MEC 实现数据不出港口。中国移动为洋山港用户定义独立公共陆地移动网（Public Land Mobile Network，sub PLMN）号码，并提供独立的 SIM 卡。通过基站相关特性，一个基站支持多个 PLMN、公网和专网用户，在不同 PLMN 小区接入，根据 APN/PLMN/TAC 选择对应的数据网关，实现数据分流。上海洋山港案例同时使用机器视觉云生态组件，实现 5G 对港方系统无感知集成，适配二层、三层组网，进行端到端业务质量评测。

5G 大带宽、低时延特性结合 5G 虚拟园区网港口专网方案，可完全应用于港口轮胎起重机远程控制应用，提升轮胎起重机作业效率和安全性，相比原有光纤和 Wi-Fi 方案可降低系统建设和维护成本。5G 远程控制轮胎起重机案例作为智慧港口的先行探索，对港口智能化的发展具有很强的指导和示范作用，对未来打造智慧港口，提升港口作业效率，将产生积极意义。

（四）国网江苏电力公司 5G 试验

2019 年，中国电信、国家电网有限公司和华为在国网江苏电力联合部署试验环境，对精准负荷控制、配电自动化、用电信息采集、分布式电源等典型场景，从 QoS/SLA 保障、业务隔离、运行维护管理、可靠性、安全性等多个维度着手进行切片试验，并于 2019 年 4 月 8 日成功完成了全球第一个基于 SA 网络的真实电网环境的毫秒级精准负荷控制切片测试。

第二节　5G 网络构建

一、5G 方案实施路线

5G 网络的覆盖是电厂全面应用的通信基础，采用 5G 技术实现网络覆盖并满足实际应用需求需完成 5G 网络构建和网络切片模型的建立。

5G 网络的构建主要依赖于运营商宏基站建设，电厂参与程度较低。电厂由于钢结构建筑众多，只设置宏基站无法实现室内较好的 5G 网络覆盖，需在室内额外设置室分系统。

面对日益增长的带宽需求及各垂直行业不同的业务要求，传统"一张网络"的部署模式很难满足多种业务的需求。而基于虚拟化技术的网络切片可以将一张 5G 物理网络在逻辑上切割成多张虚拟的端到端网络。每张虚拟网络之间，包括网络内的无线网、承载网、核心网，都是相互隔离、逻辑独立的，任何一张虚拟网络发生故障时都不会影响到其他虚拟网络。5G 的网络切片技术根据应用、场景、需求进行网络资源的管理编排，进行网络功能的虚拟裁剪定制，为用户提供"量身定制"的"专属"虚拟网络，满足差异化服务的要求，保证不同垂直行业、不同用户、不同场景、不同业务之间的安全隔离，实现网络即服务（Network as a Service，NaaS）。

根据 3GPP 规范，5G 端到端切片生命周期管理架构如图 10-4 所示。

5G 端到端切片生命周期管理架构包括的关键网元功能如下：

（1）通信服务管理功能（Communication Service Management Function，CSMF）。切片设计的入口，承接各种业务应用需求（如速率、时延、容量、覆盖率、服务质量、安全性等），转化成端到端网络切片需求，下

发到 NSMF 进行网络切片设计。

（2）网络切片管理功能（Network Slice Management Function，NSMF）。负责网络切片实例（Network Slice Instance，NSI）的管理，接收 CSMF 对网络切片的需求后，产生一个切片实例，将它转化成对网络子切片的需求，

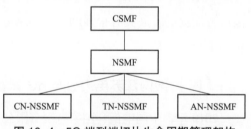

图 10-4　5G 端到端切片生命周期管理架构

下发到 NSSMF（网络子切片管理功能）。在网络切片生命周期管理过程中，需要协同核心网、承载网和无线网等多个子网时，由 NSMF 进行协同。NSMF 除了负责网络切片模板设计，网络切片实例的创建、激活、修改、停用、终止以外，还负责对网络切片进行运营管理，包括故障管理、性能管理、配置管理、策略管理、自动重配置、自动优化、协同管理等。

（3）网络子切片管理功能（Network Slice Subnet Management Function，NSSMF）负责网络子切片实例（Network Slice Subnet Instance，NSSI）的管理，接收 NSMF 对网络子切片的需求，将它转换为对网络功能的需求。

NSSMF 包括无线网子切片管理功能（Access Network-Network Slice Subnet Management Function，AN-NSSMF）、承载网子切片管理功能（Transport Network-Network Slice Subnet

Management Function，TN–NSSMF）和核心网子切片管理功能（Core Network–Network Slice Subnet Management Function，CN–NSSMF）。

以下分别就无线网子切片、承载网子切片及核心网子切片分析适合于电厂的分级模型。

1）无线网子切片。目前 4G 网络的无线空口保障中，绝大部分都是通过差异化服务质量优先级方式进行业务保障，以此来提升频谱这类稀缺资源的使用效率。但随着 5G 逐步渗透到电厂从生产到管理的各个业务领域中，就需要无线侧提供更多等级的保障。

根据电厂实际需求，可将无线网子切片分为以下四个等级，具体如表 10-1 所示。

表 10-1　　　　　　　　　　　无线网子切片分级

切片等级	无线网子切片类型	空口保障	对应业务需求
L1	RB（资源块）共享，QoS 区分切片	按 QoS 优先级保障	普通业务，对时延、隔离性要求较低
L2	RB 资源部分预留，动态共享切片	RB 资源动态共享	业务要求一定基础保障
L3	RB 资源独享切片	RB 资源静态预留	业务对隔离度及时延有较高要求
L4	载频独享切片	在专网载频独立基础上使用切片	业务对安全有极高要求

表 10-1 中提及无线空口资源调度方式包括：

a. 基于服务质量（QoS）的调度。可以确保在资源有限的情况下，不同业务"按需定制"，为业务提供差异化服务质量的网络服务，包括业务调度权重、接纳门限、队列管理门限等，在资源抢占时，高优先级业务能够优先调度空口的资源，在资源拥塞时，高优先级业务也可能受影响。

b. 资源块（RB）预留。允许多个切片共用同一个小区的 RB 资源。根据各切片的资源需求，为特定切片预留分配一定量 RB 资源。RB 预留分为动态共享和静态预留。

a）动态共享方式。为指定切片预留的资源允许一定程度上和其他切片复用。在该切片不需要使用预留的 RB 资源时，该切片预留的 RB 资源可以部分或全部用于其他切片数据传输。在上下行有数据传输时，可以及时调配所需资源。

b）静态预留方式。为指定切片预留的资源在任何时刻都不能分配给其他切片用户使用。确保任何时刻有充足资源随时可用。

c. 载波隔离。不同切片使用不同的载波小区，每个切片仅使用本小区的空口资源，切片间严格区分，确保各自资源。

2）承载网子切片。由于着眼于厂级的 5G 研究，且根据电厂自身对于安全的高要求，绝大多数业务数据均在厂内的边缘服务器中处理，只有较少业务场景需要出厂进入承载网，因此用于电厂的承载网子切片分级模型较为简化，具体如表 10-2 所示。

表 10-2　　　　　　　　　　　　承载网子切片分级

切片等级	承载网子切片类型	传输业务	对应业务需求
L1	VPN 共享 +QoS 调度	个人基本流量业务	普通业务，对时延、隔离性要求较低
L2	VPN 隔离 +FlexE/MTN 接口隔离	辅助生产流量业务	业务要求一定基础保障

表 10-2 中各隔离方案具体内容如下：

a. VPN 共享 +QoS 调度。组合 VPN 共享 +QoS 调度技术，转发基于 IP 包转发，流量参与 QoS 调度。

b. VPN 隔离 +FlexE/MTN 接口隔离。组合 FlexE/MTN 接口隔离 +QoS 调度，业务接入基于时隙隔离，转发基于 IP 包转发、VPN 隔离，流量参与 QoS 调度，较传统分组交换设备隔离效果提升，但弱于 MTN 通道转发。

3）核心网子切片。核心网子切片隔离方案主要实现网络切片在 5G 核心网部分资源的隔离，其中资源主要针对为切片隔离分配的 5G 核心网硬件资源层、虚拟资源层和网元功能层，如图 10-5 所示。

图 10-5　核心网资源视图

由于电厂业务流量对安全、隔离要求较高，控制面相关信息均较为敏感，因此对于电厂业务的核心网切片不进行分级，均采用硬件资源层共享、虚拟资源层及网元功能层独立方案，实现逻辑层面的隔离。

二、EUHT-5G 方案实施路线

超高速无线通信网（EUHT）技术在技术上源于 2008 年国家科技重大专项"新一代宽带无线移动局域网"之下的《超高速无线局域网》课题。因此，EUHT-5G 技术从本质上是一种局域网技术，可以构建形成厂区专网，避免与外界公众共用同一网络，通过物理隔离保障厂区安全。

由于 EHUT-5G 网络最终形成的是一个厂内局域专网，不需要考虑网络切片相关功能，完成 EHUT-5G 网络构建后就能支撑电厂 5G 应用。

EHUT-5G 网络构建重点在于 EHUT-5G 基站的布置，合理的布置需要综合考虑经济、信号覆盖、供电等因素。

第三节　电厂业务场景分析

电厂实际生产过程中各业务场景对于通信需求各异，下文将分别分析不同场景下对 5G 技术的要求，并建立相应的网络切片模型，主要包括以下几个业务场景：①视频监控模块；②辅助运行维护模块；③移动办公模块；④设备远程操作模块；⑤智慧厂区管理模块；⑥生产控制模块。

一、视频监控模块

随着图像识别、行为分析技术的不断进步，监控摄像头的清晰度不断提高，从 720P、1080P 逐渐发展到了 4K、8K，从而对传输带宽要求也越来越高。同时在厂区内，生产环境复杂，移动设备多，数据回传设备线路铺设难度大、成本高。另外，设备监控系统需要根据发电及检修任务，频繁地进行调整，因此采用有线组网的方式极为复杂，且工期长。利用 5G 技术回传既可以满足视频监控高带宽的要求，又可以极大地降低信号线路的布线工程量，简化施工。

通过 5G 技术结合视频监控，不仅可以免除有线组网的工作，同时结合边缘侧的 MEC 服务器的算力可实现多场景下的衍生应用。

1. 人脸识别

随着人脸识别技术的成熟，可通过在 MEC 服务器部署人脸识别算法，通过企业云平台数据库中已录入的本厂员工照片、承包商人员照片、临时访客照片、两票系统等，可实现厂内陌生人侵入识别报警、重点安全区域未授权人员侵入、重点人员轨迹分析、不安全行为（不戴安全帽、流动吸烟）预警等。

2. 智能识别跑、冒、滴、漏

通过在定子冷却水区域、汽轮机零米层真空泵附近、给水泵等易发生跑、冒、滴、漏的区域设置专门用于拍摄管道画面的摄像头，7×24h 采集实时画面。MEC 服务器中图像预筛检模块对原始图像进行一系列的图像预处理以及稀疏化处理，对现场图像做筛检和平滑化处理。图像分组编码转发模块对做完初步筛检后的图像数据进行统一编码和转发。处理后的图像分别送至 MEC 服务器中智能识别报警模块及厂级云平台图像识别模型训练模块。智能识别报警模块结合已下装的分析模型对图像画面进行分析，一旦发现异常情况就发出报警提醒检修人员。图像识别模型训练模块结合较长一段时间内的图像数据及检修人员反馈情况，通过人工智能算法不断优化分析模型，定期将优化后的新模型下装至 MEC 服务器智能识别报警模块，提高实际识别效率。

以 4K 视频监控为例，单个摄像头码流为 10~20Mbit/s，监控对象主要为厂内人员、设备、管道等，没有高速移动的对象，因此对时延要求较低。视频监控模块 5G 技术指标需求如图 10-6 所示。

由于视频监控数据存储及分析均在厂界内完成，因此其切片模型中没有承载网子切片。结合业务场景及网络切片分级模型，视频监控模块的网络切片模型如表 10-3 所示。

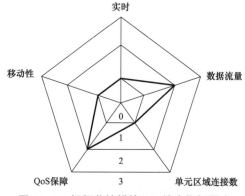

图 10-6　视频监控模块 5G 技术指标需求

表 10-3　　　　　　　　　　　　视频监控模块的网络切片模型

项目	无线网子切片	承载网子切片
切片分级选择	L2	—

二、辅助运行维护场景

（一）机器人巡检

1. 电厂人工巡检存在的问题

（1）设备情况掌握不及时，无法掌握实时的或短周期内的设备情况，只能通过后台监测系统进行设备的监管，出现问题解决问题，不能提前预测。

（2）人工巡检效率低，周期长，检测手段单一，且设备的状态信息会由于巡检人员的更换而无法准确迭代更新。

（3）数据管理的信息化程度低，大量的数据都存储于线下或工作人员个人的脑海中，无法形成有效的数据积累。

（4）数据分析手段单一，多年来检测系统或人工作业积累的大量数据无有效的分析手段，只能通过现有控制系统进行简单的分类、查看处理，无法有效地运用大量数据积累带来的数据优势。

（5）人员业务水平参差不齐，业务操作的结果受个人业务水平影响较大，且随着电厂设备增加、业务增多、业务人员人均工作量增加，更加缺少对新人的业务培训时间。

（6）厂内管控系统逻辑分散，无统一的、综合的管理平台，无法形成厂内生产环境的统一、全面管理。问题原因难以追溯、设备故障难以预测。

（7）厂内部分区域危险性高，人工巡检可能会出现人身安全伤害事故。

2. 智能机器人巡检的原则

通过机器人代替传统人工巡检可使生产环境的监测更实时、更高效、更智能，切实向电厂"少人化、无人化"的目标迈进。而结合 5G 技术可以很好地解决巡检机器人控制信号、现场检测信号在现场复杂条件下的传输问题。同时依靠 MEC 强大的边缘侧运算能力，承载多种智能算法，可以实时地处理巡检机器人遇到的突发问题及多机器人协同问题。

电厂对象具有其特殊性，因此机器人 AI 需对电厂对象进行额外训练。例如电厂中巡检机器人图像识别最重要的任务是识别各种就地表读数，机器人 AI 应对电厂各种常见表进行特殊训练，提高读数准确性。同时电厂各厂房布置具有特殊性，机器人可根据其特点优化导航路线。

为实现全厂生产环境的智能机器人巡检，规划实施方案需遵循以下几个原则：

（1）需根据现场环境进行机器人行走路线的规划，以保证巡检覆盖的全面性。

（2）地面轮式 / 履带机器人覆盖不到的场景 / 部位通过无人机进行补充。

（3）所有机器人巡检后台需要保证一定的开放性，即可以接入其他监测设备的数据、可以进行定制化的软件功能开发。

（4）除例行巡检功能外，在配电环境下机器人还应具备一定的设备操作能力。

（5）除生产设备安全外，巡检机器人部署还应考虑厂内消防安全。

（6）巡检机器人通过 5G 连接到布置在 MEC 的云端控制中心，通过大数据和人工智能实现机器人的自组织和多机器人协同。

3. 智能机器人巡检实施方案

结合智能机器人巡检的原则及电厂实际需求，建议实施方案如下：

（1）汽轮机运转层平台。考虑汽轮机运转层平台中设备的分布及室内空间结构，主要使用室内轮式巡检机器人，巡检内容包括各类表计、开关状态、设备温度、环境传感器数据接入等。其优点在于，机器人可不受轨道限制，于室内地面按照巡检点位的分布自由规划巡检路线，灵活巡检。

（2）锅炉零米层及以上。锅炉平台中的设备、管道分布较为复杂，主要使用室内轮式巡检机器人进行巡检，巡检内容包括各类表计、开关状态、设备温度、环境传感器数据接入等；部分区域由于其巡检高度的限制，可考虑通过无人机采集数据，如零米层的磨煤机电动机等部位。

（3）配电室。配电室内的柜机分布较为整齐，且柜体间距较大、室内层高满足轨道安装条件，因此可配置室内轨道式巡检机器人，并根据是否进行局部放电检测来设计机器人巡检轨道分布。若进行局部放电检测，则需在两排柜子间，贴近柜子进行 U 形轨道的施工；若无需进行局部放电检测，则只需要在两排柜子间进行单条轨道的施工。

部分配电室有远程进行设备操作的需求，可在其室内配置室内操作机器人，其可操作的部位包括按钮按压、接地开关操作、手车操作、连接片操作、旋钮开关操作。

（4）升压站。升压站位于室外，主要设备类型为避雷器、隔离开关、控制柜等，可使用室外巡检机器人进行设备巡检。巡检内容包括各类表计、开关状态、隔离开关分合状态、设备温度等。

（5）厂内消防。在锅炉平台和运煤带设备区等有消防需求的区域设置灭火机器人，履带式行走，可远程控制（控制距离在 1000m 以上），可使用水和干粉两种灭火方式。使用消防灭火机器人作为厂内消防设施储备，可以在发生火情时，第一时间进行灭火操作，其大流量和多样化的灭火方式可以保障短时间内对火情的控制；其远距离地遥控方式，最大程度地保障了灭火人员的人身安全。

（6）厂内水处理系统。厂内水处理系统包括综合水泵房、厂外循环水系统、废水系统、水塔、热网水站等，这些区域大多存在需检测设备布置零散、安装角度、安装高度以及空间复杂等不便于地面轮式 / 履带式机器人进入的情况，因此，针对这些区域，采用地面机器人 + 无人机的解决方案。拟采用方案如下：

1）综合水泵房。综合水泵房内通过室内轮式机器人和无人机结合的方案，实现巡检目标。

2）厂外循环水系统。通过无人机对厂外循环水系统进行监测，包括循环水泵出口门液控系统、电动机、部分地上管道等部位。

3）废水系统。通过地面机器人与无人机对废水系统进行监测，包括各压力表及设备运行状态等。

4）冷却塔。通过无人机对冷却塔进行监测，包括压力表、水塔外观检测等。

5）热网水站。通过地面机器人与无无人机对热网水站进行监测，包括热网循环泵区、热泵区、高低压加热器区、热网配电间等，巡检内容主要为各类温湿度表计以及设备运行状态。

（7）温排水监测。随着环境监测要求的不断提高，许多沿海电站、核电站均需进行温排水监测工作，须对运行机组满负荷运行状态开展电厂温排水对受纳水体环境影响原型观测工作，为温排水环境影响后续评估提供技术支撑，同时为工程海域本底水温模型以及温排水数学预报模型参数选取合理性更进一步的论证、必要的改进提供验证资料。为实现较高测量精度，需要尽可能多布设不同温变区水上同步测温校验点，传统走船测量方式能获取的有效同步测点有限，而且效率低，也很难精准取得观测成果。通过携带监测仪器的无人机进行遥感海面温度场测量，可以全面、准确绘出遥感影像图及海表水温分布图。采用无人机进行温排水监测具有准确度高、可靠性强、实时性好、投入成本低的优势，可以很好地弥补目前人工监测的不足。

（8）电站锅炉防磨防爆检查。锅炉防磨防爆很容易出现检查不到位的问题，每台电站锅炉的结构形式都存在"死角"，依靠大量的人力、物力并不能够彻底检查到"盲区"。因此，采用无人机遥控技术进行电站锅炉的防磨防爆检查，是全面检查"死角"区域最有效的手段之一。通过电站锅炉工程师提供的锅炉内部需要重点检测的目标点制定最佳飞行路线。通过分析采集完的视频文件，能够非常清楚地观察到目标点的使用状态与炉灰等杂物的堆积。与传统锅炉停机检测相比，无人机巡检大大节省了检测成本，提高检测效率和安全性。

厂内巡检机器人通过 5G 传输的主要是各种智能传感器采集的现场数据及部分视频画面和控制指令，带宽需求较小，且巡检机器人移动速度较低，内部均自带避障、安全保护等算法，因此巡检机器人对于 5G 技术指标需求如图 10-7 所示。

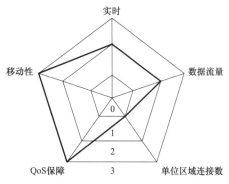

图 10-7　巡检机器人对于 5G 技术指标需求

由于智能巡检机器人所有数据传输、处理均在厂界内完成，因此其切片模型中没有承载网子切片。结合业务场景及网络切片分级模型，智能巡检机器人的网络切片模型如表 10-4 所示。

表 10-4　　　　　　　　　　智能巡检机器人的网络切片模型

项目	无线网子切片	承载网子切片
切片分级选择	L3	—

（二）AR 远程运行维护协作

随着电厂设备智能化程度越来越高，系统也越加复杂，传统的维修工人不经过大量培训很难独立完成维修工作，需借助远程专家协助完成。通过 5G 技术和 AR 结合，远程专家可以实时看见第一现场的操作内容，从而进行专业指导，配合现场人员高效解决问题。专家可以随时随地，使用远程方式对第一现场进行指导。及时修复设备问题，减少停机时间，增加工作效率。

AR 远程运行维护辅助示意如图 10-8 所示。

界面展示

移动端【一对一通话】画面

移动端【冻屏标注】画面

移动端【三方通话】画面

眼镜端【实时标注】画面

图 10-8　AR 远程运行维护辅助示意图

为了精确地反映现场设备的实际情况，远程协作需要多路高清视频的同时传输，对带宽要求较高，同时由于需远程联系专家，且设备详细信息具有一定的敏感性，因此对于承载网子切片也有隔离性的要求。因此其对于 5G 技术指标需求及网络切片分级模型如图 10-9、表 10-5 所示。

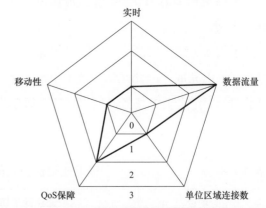

图 10-9　AR 运行维护远程协作场景 5G 技术指标需求

表 10-5　　　　AR 运维远程协作场景网络切片分级模型

项目	无线网子切片	承载网子切片
切片分级选择	L2	L2

三、移动办公场景

借助 5G 网络在厂区的全面覆盖，可满足厂内人员基建期、生产期多种移动办公需求。

基建期由于厂内基础设施还不完备，各施工区域构筑物多为临时设施，进行有线网络布线施工成本较高且占用建设施工时间。但同时基建期业主、施工方、设备厂家、设计院等均有人员在现场，大量问题需要远程协助、视频会议等，而且各方管理人员都有移动办公需求，对无线网络有较大的需求。因此，通过在基建施工开始之前完成厂区 5G 基站的覆盖建设工作，就能迅速完成全厂高速网络覆盖。在基建期，厂区大型复杂建筑物较少，厂区整体空旷，5G 信号通过基站就能完成很好的覆盖，厂区无线网部署工作十分迅速。基建期建设完成的 5G 基站在厂区正式投入生产运营后，通过网络提供商结合厂内实际情况进行室分部署设计施工，就可以完成生产期全厂 5G 网络覆盖，不会出现重复施工、浪费成本的问题。

而在生产期，随着不断加强"工业化与信息化融合"的时代背景下，信息化管理越来越多地成为企业提升综合竞争力的不可或缺的管理手段。信息化系统在生产型企业内部编织起一套高效、畅通的信息互联体系，极大地推动了企业生产力的发展。

随着 5G 网络的全厂覆盖，以及智能手机、平板电脑等掌上终端的普及，使得信息化摆脱了对固定的办公场所、固定的办公配套设备、固定工作时间的依赖，打破这些时间空间上的信息束缚限制，跳出固化的信息化建设窠臼，将信息化延展到每个人手中。使企业可以用移动终端进行移动办公，很好地解决了员工出差、休假、外出或其他特殊情况时不能及时处理重要办公事宜的问题，使得员工能够随时随地、及时有效地进行移动化信息处理，提高了行业用于生产运作和管理的效率。

通过移动办公，管理者可以利用任意时间来处理诸如"资金支付审批"等业务，保证业务开展的进度不受影响，加快了办公效率的提升，为企业带来了创新的办公模式。

结合 5G 超强的带宽承载能力以及未来数据中心存储的完善全面的电厂信息，通过多种智能终端设备，未来电厂人员的工作常态将会发生巨大的改变。

基建期与生产期的移动办公模块对于 5G 技术主要都是 eMBB 的业务，业务隔离性与敏感性均较低，因此其对于 5G 技术指标需求及网络切片分级模型如图 10-10、表 10-6 所示。

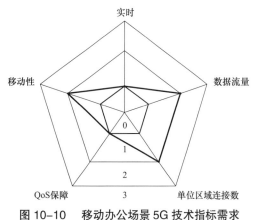

图 10-10　移动办公场景 5G 技术指标需求

表 10-6　　　　　　　　移动办公场景网络切片分级模型

项目	无线网子切片	承载网子切片
切片分级选择	L1	L1

四、设备远程操作场景

电厂内部分大型设备（下文主要以煤场斗轮机为例进行论述）传统在就地配有司机室进行现场操作。这种现场操作模式，操作人员工作条件较为恶劣，且有一定的安全风险，同时一人只能操作一台设备，生产效率低下，浪费宝贵人力资源。

而通过通信线缆连接至控制室的方案也存在较多问题：

（1）节点多、故障点复杂。常规通信线路因通过节点众多，在故障出现时需要的维护人员相应增加，同时检查时间较长。

（2）常规通信使用电缆传输信号。电缆长时间使用出现老化，磨损短路、断裂断路等现象。当故障点在沟道等无法处理时需重新放置电缆，电缆敷设难度大，使故障时间延长，解锁运行风险加大。同时随着电缆老化，防火要求也随之增高，加大了定期巡查的工作量，安全系数下降，造成人力成本提高。

（3）通信扁缆随斗轮的移动在地面随卷筒收放。地面电缆容易受到落物砸伤、意外划伤、掩埋、人为误伤；卷筒工作过程中转动异常，也会造成卷缆的拉扯过度或扭动异常，因而造成扁缆受伤，导致通信信号异常，使得在作业过程中造成停机、撒煤等事故。且扁缆更换工作量大、成本高。

（4）卷盘电动机是控制电缆收放的机器，斗轮机的信号传输与控制依靠电缆控制方式来完成。斗轮机在工作过程中随着煤料的变化需要不断移动位置，这势必会因为反复的走行而频繁启停卷盘电动机。因此卷盘机在斗轮机工作过程中，因反复启停而致使电动机及其电气回路产生一系列的故障。卷盘机故障不仅会造成安全事故，同时还会在很大程度上影响斗轮机的正常工作，导致斗轮机无法工作。

通过5G强大的无线通信承载能力，即可将多路高清视频信号回传至控制室远程操作台，也可将远程操作指令迅速、可靠地发送给斗轮机。满足操作人员在控制室无线远程操作的需求。

MEC服务器中部署斗轮机自动堆、取料控制程序，主要包括堆、取料作业模型生成，自动生产作业控制等。MEC收到自动堆、取料指令信息，生成控制指令，控制斗轮机自动完成作业定位并自动进行堆、取料作业。斗轮机本地PLC负责接收MEC服务器中自动堆、取料控制程序的指令以及斗轮机防碰撞、防撞人等安全保护模块的逻辑处理。

远程操作作为自动堆、取料过程中后备干预手段。远程操作人员通过斗轮机上多路回传高清视频画面、斗轮机定位子系统各传感器回传的斗轮机空间位置信息、智能盘煤系统生成的煤堆实时三维模型等多种信息准确了解现场情况，精确进行远程操作。

斗轮机一般需回传4~6路高清视频信号，对带宽需求为40M~120Mbit/s，控制指令要求时延在30ms以内，数据信号均在厂内运算处理，因此其对于5G技术指标需求及网络切片分级模型如图10-11、表10-7所示。

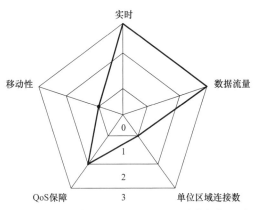

图 10-11　设备远程操作场景5G技术指标需求

表 10-7　　　　　　　　设备远程操作场景网络切片分级模型

项目	无线网子切片	承载网子切片
切片分级选择	L3	—

五、智慧厂区管理场景

智慧厂区管理涉及厂区管理的多个系统（视频监控系统、门禁系统、周界安全系统、智能照明系统、智能制冷采暖系统、消防报警系统、多媒体显示系统等），传统电厂中各子系统间相互独立，信息无法共享，物理位置分散，信息采集困难，线缆布线工作量大。

通过全厂覆盖5G网络，各信号采集传感器可通过5G网络将信号回传至统一数据管理平台，即可以大大减少线缆施工，也可以简化全厂网络架构。厂区管理各子系统都与统一数据平台进行数据交互，所有数据均由统一数据平台进行分析、运算、存储，打破了各个系统间的信息壁垒，实现了全厂一体化的管控。智慧厂区管理系统架构示意图如图10-12所示。

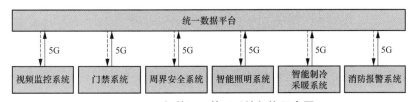

图 10-12　智慧厂区管理系统架构示意图

在上述系统的架构下，各子系统可在多种情况下实现联动管理。

（1）一体化安防联动。在门禁系统、周界安全系统等处发生报警信号后，可联动视频监控系统，控制附近枪机，获取现场实时画面，并将现场画面投送至多媒体显示系统，供工作人员做进一步判断。

（2）自动消防处理。在消防报警系统发出报警信号后，可联动视频监控系统，获取现场实时画面，可通过智能图像识别或人工判断火情大小，然后根据火情大小、发生位置等进一步联动附近门禁系统、附近消防机器人，甚至针对发生在危险区域的较大火情可联锁关闭附近生产区域的供气阀或供油阀，尽可能降低火情影响。

（3）照明设备、制冷采暖设备精确管理。统一数据平台可以根据人员定位信息、监控画面综合判断某一区域是否有人员停留，智能控制该区域照明设备开关、亮度及制冷采暖设备的工作情况，从而提高全厂能源利用效率。

结合上述分析可知，智慧厂区管理模块涉及的设备、系统间传递的信号多为传感器信号及控制指令，带宽要求较低，其对隔离性要求也较低，数据信号均在厂内运算处理，因此其对于5G技术指标需求及网络切片分级模型如图10-13、表10-8所示。

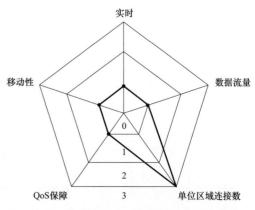

图10-13　智慧厂区管理场景5G技术指标需求

表10-8　　　　　　　　　智慧厂区管理场景网络切片分级模型

项目	无线网子切片	承载网子切片
切片分级选择	L1	—

六、生产控制场景

为了满足日益复杂、规模日益扩大的控制任务需求，需要采集和存储的数据越来越多，控制系统必须能够处理这些海量数据。传统控制体系面临控制任务越来越复杂、计算能力和存储空间存在约束等严峻挑战，迫切需要具有智能计算、优化控制与决策能力的新一代控制系统。云控制系统（Cloud Control System, CCS）在传统控制系统中引入云计算、大数据处理技术以及人工智能算法，将各种传感器感知汇聚而成的海量数据，存储在云端；在云端利用人工智能算法实现系统的在线辨识与建模，应用任务的计划、规划、调度、预测、优化、决策和控制，结合自适应模型预测控制、数据驱动预测控制等先进控制方法，实现系统的自主智能控制，即形成云控制。云计算具有强大的数据计算和存储能力，边缘计算具有部署灵活、计算实时等特点，在终端应用边缘控制，借助网络交互信息，形成云网边端协作机制，提高复杂智能系统的实时性和可用性。智能电厂是典型的复杂智能系统，业务规模庞大、种类复杂，对计算能力和控制品质需求很高。集成计算、通信和控制的云控制系统可为智能电厂提供可行的解决方案和先进技术，云控制平台接收到多种应用任务后，将其分配给价格低廉、可动态配置的容器、虚拟机等云处理器资源池，与边缘场站和终端设备控制形成协作，解决基于现代电厂电力大数据的整体协同计划、规划、调度、预测、优化、决策和控制等问题。

结合云控制系统理论和智能电厂实际场景及需求，智能电厂云控制系统架构如图10-14所示。左侧表示云控制系统云网边端控制架构，其中云控制平台层、边缘控制层、终端设备层和智能电厂的集控层、场站层、现地层相互对应。同时，云端与边缘、边缘与终端设备的交互协同不能离开网络，因此网络传输层也是云控制系统架构的重要部分。云控制系统和智能电厂相互融合，形成智能电厂云控制系统。在智能电厂云控制系统中，现地层部署电厂具体功能和业务，包括升压控制系统、巡检安防系统、机组发电系统和工业 IT 系统等，通过缆线、Wi-Fi、5G 等廉价、便利的通信方式连接集成到分属场站上。场站层设有边缘控制器，利用边缘计算（如边缘 Kubernetes 系统）易于部署、实时性好和可靠性高的特点，对该场站终端设备进行监视以及精准、稳定的实时管控。场站层获取到终端设备的原始数据后，根据任务类型，对数据进行分类和预处理。例如在风光火储一体化发电滚动优化中，各场站采集到站内机组的原始数据后，先挑选出风光输出功率预测所需数据，再在场站对其进行预测，最后将各场站机组输出功率预测结果发往云控制平台。将部分任务放置在边缘，既能充分利用场站的边缘算力，也可避免所有终端数据直接发往云端，导致通信成本和云端计算负担成倍增加。

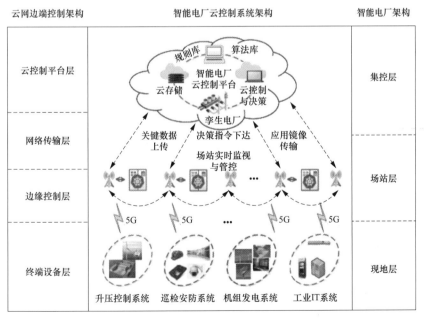

图 10-14 智能电厂云控制系统架构

智能电厂云控制平台部署有云控制与决策、云存储、规则库和算法库以及孪生电厂等模块。云控制与决策，即数据计算和控制决策功能被部署在云端的服务器中，其中涉及的优化、管理、调度和控制等算法被集成为算法库；电厂终端设备在物理空间遵守的规则被封装为规则库；场站层关键业务、运行维护数据通过网络传到云端，形成云存储。规则库和云存储分别对应模型和数据，通过两者融合和迭代更新，在云控制与决策服务器中调用算法库中的方法，一方面在孪生电厂中模拟运行结果、进行态势演判，另一方面将得到的全局最优优化调度方案、指令发给各场站以至终端设备。场站在上层指令指导与约束下，对终端设备完成边缘控制，经由云网边端四个层面协作互补，形成对整个智能电厂系统的统一优化、管理、调度和控制。

在智能电厂云控制系统建立过程中，计算和数据资源的整合共享处在核心位置。云计算用网络连接大量计算资源，统一调度和管理，形成一个可动态配置的共享资源池，和边缘计算协作，为智能电厂终端设备以及管理人员按需提供计算服务。在数据共享方面，建立由云计算、边缘计算、数据库等技术支持，综合电厂集控、场站、现地三层业务运行维护信息采集、处理和应用的智能电厂信息云，利用历史数据，形成共享资源池，打破物理壁垒，解决电厂"信息孤岛"问题。

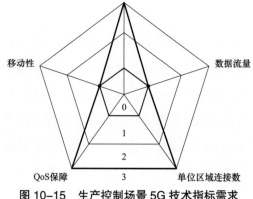

图 10-15　生产控制场景 5G 技术指标需求

综上其对于 5G 技术指标需求及网络切片分级模型如图 10-15、表 10-9 所示。

表 10-9　　　　　　　　　生产控制场景网络切片分级模型

项目	无线网子切片	承载网子切片
切片分级选择	L4	—

第四节　整体方案规划

一、5G 方案

5G 整体方案规划如图 10-16 所示。

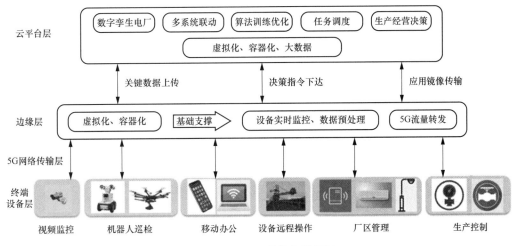

图 10-16　5G 整体方案规划

根据前两节的分析，本节提出如图 10-16 所示的整体规划方案，以下就方案涉及的四个层次进行分别介绍。

（一）终端设备层

终端设备层与传统终端的区别主要是将传统信号电缆连接方式替换为 5G 终端模块，保证终端设备能与 5G 基站进行通信。对于不同设备可以采用以下两种方案实施：

（1）设备内直接集成 5G 模块，完成原始采集数据的协议转换和 5G 信号发送 / 接受。这种方案为优先选择方案，此方案可最大程度上发挥 5G 技术优势，保证低时延、相互隔离。

（2）对于设备体积太小无法集成 5G 模块（或处于经济考虑不适合单独集成 5G 模块），采用本地组网方式，就近多个设备通过有线组网，再统一通过 5G 网关接入 5G 网络。

由于各类设备采集的数据都将进入电厂云平台进行处理，因此所有设备需采用统一的 5G 传输协议，保证边缘服务器数据解码效率。对于少部分无法统一数据协议的设备信号，边缘服务器内应部署相应数据解码模块，完成数据解码。

对于影响生产的关键仪表、执行机构，其 5G 模块应能保证在两种频段下工作，并当工作频段出现问题时，应具备无缝切换至备用频段的能力，确保至少有一条无线链路进行数据传输，保障生产安全。

（二）5G 网络传输层

5G 网络传输层规划方案主要需考虑以下几个方面：

（1）设备接入安全管理。

（2）两种 5G 频率切换。5G 网络接入侧应与终端设备相互匹配，保证能实现工作频率与备用频率间的无缝切换。

（三）边缘层

边缘服务器硬件采用 X86 架构，与厂内云平台硬件保持一致，降低采购成本。软件架构采用欧洲电信标准化协会（ETSI）参考架构。虚拟化与容器化方案应与云平台方案保持一致，保证云平台应用镜像能无缝下装至边缘服务器使用。边缘服务器参考架构如图 10-17 所示。

边缘服务器内主要部署以下功能模块。

（1）视频监控图像识别模块。边缘服务器通过下装云平台训练好的图像识别模型或外委厂商提供的模型，结合视频监控实时回传画面进行图像识别，实时分析监控画面是否出现异常情况。

（2）巡检机器人控制模块。巡检机器人控制模块部署在边缘服务器上，保证信息处理单元贴近用户侧，保证信号端到端的低时延。该模块主要负责巡检机器人指令下达及多机器人协同的控制问题。

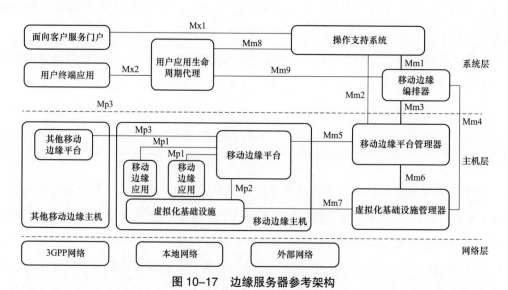

图 10-17　边缘服务器参考架构

注：来自于欧洲电信标准化组织 ETSI 发布的边缘计算标准 ETSI GS MEC 003《移动边缘计算（MEC）；框架和参考架构》。Mp、Mm、Mx 是该标准体系定义的系统间接口类型。

（3）设备无人控制模块。该模块主要负责大型设备（例如煤场斗轮机）的无人控制及远程人员操作指令的下发。

（4）生产控制模块。整个电厂生产流程的控制系统都部署在边缘服务器中，保证控制反馈的低时延。边缘服务器定期从云平台下装优化训练的控制模型，提升控制效果。

（5）协议转换模块。协议转换模块负责将厂内部分设备回传的不是基于统一的 5G 通信协议的信号进行解码工作，保证边缘服务器其他模块及云平台处理的数据协议的统一。

（6）数据预处理模块。

（7）数据转发模块。边缘服务器需承载 5G 网络数据面数据转发的工作，通过相应规则的设置，实时判断 5G 网络接收到的所有数据是否需要转发到承载网进行远传还是卸载在边缘服务器内处理。

（8）API 接口。边缘服务器需提供 API 接口，为后续发其他应用留有数据接口。

（四）云平台层

云平台层硬件采用通用的 x86 结构，通过云平台管理系统统一管理硬件资料，通过虚拟化形成资源池为其上所有应用提供支撑。

云平台层主要部署以下功能模块：

（1）数字孪生电厂。

（2）算法训练优化。

（3）任务调度。

（4）生产经营决策。

（五）云边协同

1. 任务分工协同

云端完成上层的计划、规划、调度、决策、控制后，将具体任务分配给边缘计算资源，由边缘计算集群分析、处理任务，并调度计算资源，完成应用任务的计算过程，交由终端设备执行。

2. 镜像传输协同

容器的工作模式是将一定任务的执行程序，以及所需要的资源规格和运行环境打包，封装成方便复制和传输的镜像。在云端和不同边缘集群间有以下相互作用：

（1）将云端非关键程序的镜像下载到边缘上，由边缘设备启动镜像，调度边缘计算集群的资源并执行。

（2）边缘发现难以处理某项计算任务，将镜像上传到云端，借助云端的丰富资源进行处理。

（3）对于功能相似但物理空间相距较远的边缘和终端，则可以将已有任务的执行程序封装成镜像，仅将镜像复制传输至目标边缘，在目标边缘配置资源、启动容器即可，降低系统的开发、运行成本。

（六）信息安全

基于5G构建的智能电厂的安全需求可从工业和互联网两个视角分析。从工业视角看，安全的重点是保障智能化生产的连续性、可靠性，关注智能装备、工业控制设备及系统的安全；从互联网视角看，安全主要保障个性化定制、网络化协同以及服务化延伸等工业互联网应用的安全运行以提供持续的服务能力，防止重要数据的泄漏，重点关注工业应用安全、网络安全、工业数据安全以及智能产品的服务安全。基于构建智能电厂安全保障体系考虑，智能电厂安全体系框架主要包括设备安全、网络安全、控制安全、应用安全和数据安全五大重点。

二、EUHT-5G 方案

通过EUHT-5G技术进行组网，将形成厂内专网，EUHT-5G网络本身与外部网络没有接口，无需设置边缘服务器承载数据分流业务，因此，采用EUHT-5G技术方案架构可以进行简化，EUHT-5G整体方案规划如图10-18所示。

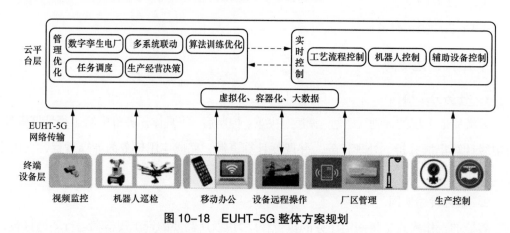

图 10-18　EUHT-5G 整体方案规划

EUHT-5G技术的整体规划方案与5G方案区别主要在于取消了边缘服务器，所有运算任务都由云平台承担。由于控制功能对实时性、安全性要求更高，因此在云平台中虚拟出两个服务器集群，分别承担管理优化相关计算任务和实时控制计算任务。两个服务器集群逻辑独立，实时控制集群基于控制算法和模型对工艺流程、终端设备进行实时控制，保障生产流程的稳定运转；管理优化集群基于数字孪生、人工智能、大数据等技术对控制算法及模型不断进行优化，实现电厂降本增效，经营管理相关模块也部署在管理优化集群中，在全厂数据的支撑下辅助电厂管理层决策。

EUHT-5G 方案网络层与终端设备层与 5G 方案类似，这里不再赘述。

第五节 各模块单独方案规划

一、高清视频监控

（一）5G 方案

5G 视频监控系统主要由摄像机、接入交换机、CPE（Customer Premise Equipment，客户终端设备，即 5G 网关）、5G-MEC 网络，以及视频监控平台侧的监控 PC、服务器、网络视频录像机（Network Video Recorder，NVR）、核心交换机等部分组成，其示意图如图 10-19 所示。

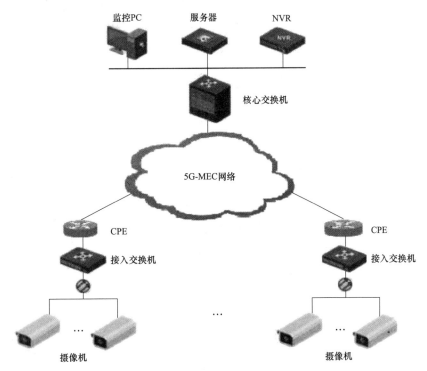

图 10-19 5G 视频监控系统示意图

前端采用 4K 超高清摄像机进行视频采集，通过 H.265 编码压缩上传，采用网络硬盘录像机（Network Video Recorder，NVR）存储模式对实时视频进行分布式存储，实现存储系统的高可靠、高性价比，同时配备中心管理平台对前端视频点位进行设备管理、视频应用。

视频监控系统功能如下：

1. 超高清采集

前端均采用 4K 超高清摄像机，能够充分获取画面中的关键细节信息。在清晰度提高的同时，利用先进的 H.265 编码技术，大幅降低视频码流，降低网络带宽和存储压力。

2. 超高清存储

存储设备为视频提供存储服务，系统支持存储的灵活扩展，可满足海量超高清视频数据的存储需求。

3. 更完善的场景覆盖

4K 摄像机可实现多种智能化应用，不同产品配合使用能够构建多角度、多层次的立体化综合安防体系，场景覆盖更完善，从外至内形成协同的、有机的、不可割裂的整体防控体系，有助于全面提升以空间为轴的人、车、物全方位防控水平，提升综合安防整体防控能力。

存储空间计算示例如下：

嵌入式硬盘录像机每台可接入 16 路视频、16 块 4T 监控级硬盘。

4K 超高清摄像机按照图像 $7 \times 24h$ 录像录制 30 天的要求，按照每路摄像机 8Mbit/s 码流计算，每月存储空间需要 2.48TB。算上格式化冗余，一台 NVR 可存储视频容量为 44TB，需要 11 块 4T 监控级硬盘。100 路视频接入，则共需 100/16=7 台 NVR，77 块 4T 监控级硬盘。

5G+MEC+4K 视频监控方案设备配置示例如表 10-10 所示。

表 10-10　　　　　5G+MEC+4K 视频监控方案设备配置示例

序号	名称	参数	数量	单位
一、5G 边缘计算平台				
1	边缘计算服务器	Intel Xeon 5118×2；32GB DDR4×8；480 GB SATA SSD×2；10TB NL–SAS HDD×2；双端口 10GE 网卡（光口，含光模块）×2；1200W PSU×2	1	台
2	轻量边缘云虚拟化平台	（1）支持虚机/容器混合部署，最大支持 10 个虚机，或 24 个容器。 （2）支持物理服务器动态添加，最大支持 100 台物理服务器	1	个
3	管理平台	（1）提供集群、服务器、虚机/容器、应用等多级资源管理和部署。 （2）支持多节点管理，最大支持 100 个	1	套

序号	名称	参数	数量	单位
4	Convergent MG、GGSN/SAE–GW、基本硬件模块	基本硬件模块 v1.1，包括电源组件、2 个 Switch 交换模块及线缆	1	套
5	cMG、"O&M 管理模块 + MG 业务处理模块、LB 接口模块"服务器	单 Server 支持 1 个 O&M+1 个 MG、1 个 LB+1 个 MG，其中： （1）O&M 模块负责系统管理维护，主备配置最大 2 个。 （2）MG 模块负责处理业务，最大 30 万 2/3/4/5G 或者物联网承载 PDP，单 server 处理器最大支持 12 Gbit/s，N+1 配置； （3）LB 模块负责外部接口，最少 2 个	2	块
6	CMG 吞吐量	按 5Gbit/s 本地旁路流量配置	5	Gbit/s
7	CMG UPF 用户数	按 1k PDP 配置	1	K PDP
二、视频监控系统				
1	网络摄像机	800 万 1/1.8" CMOS–AI 轻智能护罩一体化网络摄像机，支持：人脸抓拍（默认）、道路监控、Smart 事件三种智能资源切换 （1）人脸抓拍：支持对运动人脸进行检测、跟踪、抓拍、评分、筛选，输出最优的人脸抓图，最多同时检测 30 张人脸。 （2）道路监控：支持车型 / 车身颜色 / 车牌颜色识别，检测正向行驶的车辆以及行人和非机动车，自动对车辆牌照进行识别。 （3）smart 事件：越界侦测、区域入侵侦测、进入 / 离开区域侦测、徘徊侦测、人员聚集侦测	100	台
2	摄像机支架	壁装支架，铝合金，尺寸为 88mm×116.6mm×297.3mm	100	个
3	硬盘录像机	（1）硬件规格：3U 标准机架式，2 个 HDMI，2 个 VGA，HDMI+VGA 组内同源，16 盘位，可满配 8T、10T 硬盘，支持硬盘热插拔，2 个千兆网口，2 个 USB2.0 接口，1 个 USB3.0 接口，1 个 eSATA 接口，支持 RAID 0、1、5、10，支持全局热备盘，报警 IO:16 进 8 出。 （2）输入带宽：256M，16 路 H.265、H.264 混合接入，最大支持 16×1080P 解码，支持 H.265、H.264 混合解码，Smart 2.0/整机热备 /ANR/ 智能检索 / 智能回放 / 车牌检索 / 人脸检索 / 热度图 / 客流量统计 / 分时段回放 / 超高倍速回放 / 双系统备份	7	台
4	3.5 英寸监控级硬盘	3.5 英寸 4TB IntelliPower 64M SATA3	77	个
5	接入交换机	24 口百兆全网管二层交换机，机架式，24 个百兆电口，2 个千兆电口，2 个复用的千兆光口，支持通过 console 口管理。交换容量为 64Gbit/s，包转发率为 6.6Mpps，1U 高度，19 英寸宽，工作温度为 0~40℃，支持 220V 交流，满负荷功耗为 12W；支持 VLAN，流量控制，ACL，QOS，支持 SNMP V1/V2c/V3 网管	5	台

序号	名称	参数	数量	单位
6	汇聚交换机	24 口千兆全网管二层交换机，机架式，24 个千兆光口，8 个复用的千兆电口，4 个万兆 SFP+ 万口，支持通过 console 口管理。交换容量为 256Gbit/s，包转发率为 96Mpps，1U 高度，19 英寸宽，工作温度为 0~40℃，支持 220V 交流，满负荷功耗为 30W；支持 VLAN，流量控制，ACL，QOS，支持 SNMP V1/V2c/V3 网管	1	台
7	核心交换机	全网管三层交换机，机架式，24 个千兆电口，8 个复用的千兆 SFP 光口，4 个万兆 SFP+ 光口；1 个业务扩展槽，2 个电源模块槽位，2 个风扇模块槽位，交换容量为 598Gbit/s，包转发率为 222Mpps，1U 高度，19 英寸宽，工作温度为 0~45℃，支持交直流供电，满负荷功耗为 87W（单交流电源情况下）；支持 RIP/OSPF/BGP/IS-IS/VRRP，IPv6，VLAN，流量控制，ACL，QoS，端口镜像，环网 RRPP/ERPS，支持 SNMP V1/V2c/V3 网管	1	台
8	千兆光模块	千兆 20km 单模双纤模块，不分收发，TX1310nm/1.25G，RX1310nm/1.25G，LC，20km，0~70℃，SFP	10	台
9	万兆光模块	万兆 20km 单模双纤模块，不分收发，TX1310nm/10G，RX1310nm/10G，LC，20km，0~70℃，SFP	2	台
10	通用服务器	（1）4114（10 核 2.2GHz）×1/32G DDR4/1TB 7.2K SATA×2（RAID /SAS_HBA/1GbE×2/Win Svr 2016 简中标版 /550W（1+1）/2U/16DIMM。 （2）2U 双路标准机架式服务器。 （3）CPU：1 颗 Xeon® Silver 4114（10 核，2.2GHz）。 （4）内存：16G×2 DDR4，16 根内存插槽，最大支持扩展至 2TB 内存。 （5）硬盘：2 块 1T 7.2K 3.5 寸 SATA 硬盘，最高可支持 12 块 3.5 寸（兼容 2.5 寸）热插拔 SAS/SATA 硬盘。 （6）阵列卡：SAS_HBA 卡，支持 RAID 0/1/10。 （7）PCIE 扩展：最大可支持 6 个 PCIE 扩展插槽。 （8）网口：2 个千兆电口。 （9）其他接口：1 个 RJ45 管理接口，4 个 USB 3.0 接口，1 个 VGA 接口。 （10）电源：标配 550W（1+1）高效铂金 CRPS 冗余电源。 （11）机箱规格：87.8mm（高）×448mm（宽）×729.8mm（深）。 （12）设备质量：约 26kg（含导轨）。 （13）操作系统：Microsoft Windows Server 2016	1	台
11	管理平台	（1）支持最大安保区域数量：2 万； 最大区域层级：10 级。 （2）支持最大组织数量：5 万； 最大组织层级：10 级。 （3）支持最大用户数量：20 万。	1	套

续表

序号	名称	参数	数量	单位
11	管理平台	（4）支持最大同时在线用户数量：5000。 （5）支持最大角色数量：1万。 （6）支持最大人员数量：30万。 （7）支持最大卡片数量：30万。 （8）紧急报警设备接入数量：500。 （9）违停球接入数量：1000	1	套
12	5G-CPE	5G信号网关	5	台
13	监控系统集成	定制	1	套

（二）EUHT-5G方案

1. 组网方案

超高速无线通信网（EUHT-5G）主要由5.8G中心接入设备、5.8G终端接入设备、软件系统、配套件组成。5.8G中心接入设备通过光纤或以太网方式连接路由器接监控室，并采用定向天线辐射形成EUHT-5G无线网络区域覆盖，终端接入设备接收EUHT-5G信号后，将EUHT-5G信号转换为以太网数据可实现数据通信交互。中心接入设备根据覆盖区域的实际情况，选择便于安装的高点安装，实现EUHT-5G无线网络覆盖。终端接入设备与需进行通信的终端设备一一对应安装，满足终端设备的数据通信需求。根据现场环境及设施，组网方案如图10-20所示。

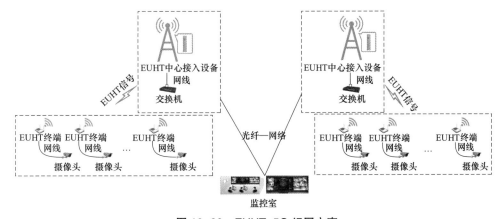

图10-20 EUHT-5G组网方案

2. 基站安装方案

（1）安装位置要求。EUHT-5G基站和天线安装于覆盖区域的较高点且方便连接监控室交换机，要求天线周围空旷和无遮挡。

（2）EUHT-5G基站设备安装基本要求。

1）基站设备由稳定、可靠的 220V AC 供电，单基站的功耗不超过 40W。

2）基站设备电箱可安装在既有的通信铁塔，通过安装孔和螺栓固定。

3）所有布线需做好防护，走线路由按标准完成。

4）基站设备和电箱均需良好接地，并且强电弱电分开走线。

5）基站设备各接口、天线射频接口、各电缆连接处等在安装完成后要用防水胶布缠好，做好防水措施。

（3）防雷措施。由中控室引至区间基站的电力电缆在区间设置防护箱；基站设备内置电源防雷保护模块，外部射频接口均加装防雷模块，包括天线防雷模块和 GPS 天线防雷模块；户外立杆全部加装避雷针作为直击雷保护措施。

（4）接地系统。EUHT-5G 基站设备接地就近纳入既有接地系统，接地母线采用铜制线，保护地线采用多股铜质黄绿色相间线。接地线有相应的绝缘保护，以免发生电源短路。

EUTH-5G+4K 视频监控方案设备配置示例如表 10-11 所示。

表 10-11　　　　　　　　　　EUHT-5G+4K 视频监控方案设备配置

序号	名称	参数	数量	单位
		一、EUHT 基站、EUHT 终端		
1	EUHT-5G 基站 JL1501-002	5.8G EUHT 中心接入设备： （1）尺寸：665mm × 165mm × 71mm （2）重量：4kg。 （3）电源：220V AC。 （4）工作频率：5150M~5850MHz 可配置	11	台
2	EUHT-5G 终端 JL1502-002	5.8G EUHT 终端： （1）尺寸：197mm × 110mm × 59mm。 （2）质量：265g。 （3）电源：12V/1.5A。 （4）工作频率：5150M~5850MHz 可配置	100	个
3	网络管理服务系统 （nms.i_rel.1.0.0）	（1）支持系统双机热备。 （2）支持用户管理、权限访问控制。 （3）支持邮件通知功能。 （4）支持日志管理。 （5）支持对工控机的状态监控、参数查看 / 配置、升级。 （6）支持对中心接入设备的状态监控、性能监控、参数查看 / 配置、设备升级 / 重启、告警监控、白名单控制。 （7）支持对终端接入设备的状态监控、参数查看 / 配置、设备升级	1	套

续表

序号	名称	参数	数量	单位
4	PC 端管理软件 (nms.i_rel_desktop. 1.0.0)	（1）支持软件锁功能。 （2）支持日志管理。 （3）支持对工控机的状态监控、参数查看/配置、升级。 （4）支持对中心接入设备的状态监控、性能监控、参数查看/配置、设备升级/重启、告警监控、白名单控制。 （5）支持对终端接入设备的状态监控、参数查看/配置、设备升级	1	套
	二、视频监控系统（除了 5G 信号网关，其他均与 5G+MEC+4K 方案一致）			

二、机器人智能巡检

巡检机器人通过集成 5G 模块，以 5G 网络为信号通信载体实现数据与上层控制系统的传输。5G+ 智能巡检机器人示意如图 10-21 所示。

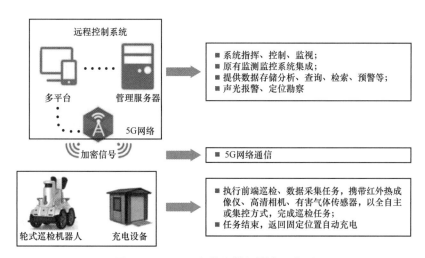

图 10-21　5G+ 智能巡检机器人示意图

1. 5G 方案

5G+ 智能巡检机器人方案设备配置如表 10-12 所示。

表 10-12　　　　5G+ 智能巡检机器人方案设备配置

序号	名称	参数	数量	单位
		一、5G 边缘计算平台		
1	边缘计算服务器	Intel Xeon 5118×2；32GB DDR4×8；480 GB SATA SSD×2；10TB NL–SAS HDD×2；双端口 10GE 网卡（光口，含光模块）×2；1200W PSU×2	1	台

序号	名称	参数	数量	单位
2	轻量边缘云虚拟化平台	（1）支持虚机 / 容器混合部署，最大支持 10 个虚机或 24 个容器。 （2）支持物理服务器动态添加，最大支持 100 台物理服务器	1	个
3	管理平台	（1）提供集群、服务器、虚机 / 容器、应用等多级资源管理和部署。 （2）支持多节点管理，最大支持 100 个	1	套
4	Convergent MG GGSN/SAE-GW 基本硬件模块	基本硬件模块 v1.1，包括电源组件、2 个 Switch 交换模块及线缆	1	套
5	CMG、"O&M 管理模块 + MG 业务处理模块、LB 接口模块" 服务器	单 Server 支持 1 个 O&M+1 个 MG、1 个 LB+1 个 MG，其中 （1）O&M 模块负责系统管理维护，主备配置最大 2 个 （2）MG 负责模块处理业务，最大支持 30 万 2/3/4/5G 或者物联网承载 PDP，单 server 最大支持 12 Gbit/s，N+1 配置。 （3）LB 模块负责外部接口，最少 2 个	2	块
6	CMG 吞吐量	按 5Gbit/s 本地旁路流量配置	5	Gbit/s
7	CMG UPF 用户数	按 1k PDP 配置	1	K PDP
二、智能巡检机器人系统				
1	轮式智能巡检机器人	汽机房 0m 层，集成 5G 模块	1	台
2		汽机房运转层，集成 5G 模块	1	台
3		锅炉房 0m 层，集成 5G 模块	1	台
4		化水车间，集成 5G 模块	1	台
5	轮式智能巡检机器人（室外）	升压站（室外高压），集成 5G 模块	1	台
6	配电房轨道式巡检机器人	配电房开关站，集成 5G 模块	1	台
7	机器人管控系统		1	套
8	通用服务器		1	台

2. EUHT-5G 方案

EUTH-5G+ 智能巡检机器人方案设备配置如表 10-13 所示。

表 10-13　　　　　　EUHT-5G + 智能巡检机器人方案设备配置

序号	名称	参数	数量	单位
一、EUHT 基站、EUHT 终端				
1	EUHT-5G 基站　JL1501-002	5.8G EUHT 中心接入设备： （1）尺寸：665mm×165mm×71mm。 （2）质量：4kg。 （3）电源：220V AC。 （4）工作频率：5150M~5850MHz 可配置	11	台
2	网络管理服务系统（nms.i_rel.1.0.0）	（1）支持系统双机热备。 （2）支持用户管理、权限访问控制。 （3）支持邮件通知功能。 （4）支持日志管理。 （5）支持对工控机的状态监控、参数查看/配置、升级。 （6）支持对中心接入设备的状态监控、性能监控、参数查看/配置、设备升级/重启、告警监控、白名单控制。 （7）支持对终端接入设备的状态监控、参数查看/配置、设备升级	1	套
3	PC 端管理软件（nms.i_rel_desktop.1.0.0)	（1）支持软件锁功能。 （2）支持日志管理。 （3）支持对工控机的状态监控、参数查看/配置、升级。 （4）支持对中心接入设备的状态监控、性能监控、参数查看/配置、设备升级/重启、告警监控、白名单控制。 （5）支持对终端接入设备的状态监控、参数查看/配置、设备升级	1	套
二、智能巡检机器人系统				
1	轮式智能巡检机器人	汽机房 0m 层，集成 EUHT-5G 模块	1	台
2		汽机房运转层，集成 EUHT-5G 模块	1	台
3		锅炉房 0m 层，集成 EUHT-5G 模块	1	台
4		化水车间，集成 EUHT-5G 模块	1	台
5	轮式智能巡检机器人（室外）	升压站（室外高压），集成 EUHT-5G 模块	1	台
6	配电房轨道式巡检机器人	配电房开关站，集成 EUHT-5G 模块	1	台

序号	名称	参数	数量	单位
7	机器人管控系统		1	套
8	通用服务器		1	台

三、AR 智能巡检及远程运行维护协作

通过 5G 技术及 AR 技术结合，实现远程专家端和现场端跨越空间的实时流畅沟通，远程专家实时指导现场工作人员解决技术问题。

1. 5G 方案

5G+AR 智能巡检及远程运行维护协作方案设备配置如表 10–14 所示。

表 10–14　　5G +AR 智能巡检及远程运行维护协作方案设备配置

序号	名称	参数	数量	单位
一、5G 边缘计算平台				
1	边缘计算服务器	Intel Xeon 5118×2；32GB DDR4×8；480 GB SATA SSD×2；10TB NL-SAS HDD×2；双端口 10GE 网卡（光口，含光模块）×2；1200W PSU×2	1	台
2	轻量边缘云虚拟化平台	（1）支持虚机 / 容器混合部署，最大支持 10 个虚机或 24 个容器。 （2）支持物理服务器动态添加，最大支持 100 台物理服务器	1	个
3	管理平台	（1）提供集群、服务器、虚机 / 容器、应用等多级资源管理和部署。 （2）支持多节点管理，最大支持 100 个	1	套
4	Convergent MG GGSN/SAE–GW 基本硬件模块	基本硬件模块 v1.1，包括电源组件、2 个 Switch 交换模块及线缆	1	套
5	cMG、"O&M 管理模块 + MG 业务处理模块、LB 接口模块"服务器	单 Server 支持 1 个 O&M+1 个 MG、1 个 LB+1 个 MG，其中： （1）O&M 模块负责系统管理维护，主备配置，最大 2 个。 （2）MG 模块负责处理业务，最大支持 30 万 2/3/4/5G 或者物联网承载 PDP，单 server 最大支持 12 Gbit/s，N+1 配置。 （3）LB 模块负责外部接口，最少 2 个	2	块

序号	名称	参数	数量	单位
6	CMG 吞吐量	按 5Gbit/s 本地旁路流量配置	5	Gbit/s
7	CMG UPF 用户数	按 1k PDP 配置	1	K PDP
二、AR 智慧运行维护系统硬件				
1	微软 Hololens 眼镜（二代）	支持 3D 效果，可实现空间识别、地面导览等	10	台
2	通用服务器	CPU 16 核 2.5GHz，内存 32G，硬盘 >3T，千兆网口，操作系统为 CentOS 7.6 64 位	1	个
3	5G-CPE	5G 信号网关	10	台
三、AR 智慧运行维护系统软件				
1	专家端 AR 标注功能	Web 端	1	套
2	专家远程指导功能		1	套
3	视频留档功能		1	套
4	资源及运行维护流程管理		1	套
5	人员管理系统		1	套
6	设备管理系统		1	套

2. EUHT-5G 方案

EUTH-5G+AR 智能巡检及远程运行维护协作方案设备配置如表 10-15 所示。

表 10-15　EUHT-5G +AR 智能巡检及远程运行维护协作方案设备配置

序号	名称	参数	数量	单位
一、5G 边缘计算平台				
1	EUHT-5G 基站 JL1501-002	5.8G EUHT 中心接入设备： （1）尺寸：665mm × 165mm × 71mm。 （2）质量：4kg。 （3）电源：220V AC。 （4）工作频率：5150M~5850MHz 可配置	11	台
2	EUHT-5G 终端 JL1502-002	5.8G EUHT 终端： （1）尺寸：197mm × 110mm × 59mm。 （2）质量：265g。 （3）电源：12V/1.5A。 （4）工作频率：5150M~5850MHz 可配置	10	个

序号	名称	参数	数量	单位
3	网络管理服务系统（nms.i_rel.1.0.0）	（1）支持系统双机热备。 （2）支持用户管理、权限访问控制。 （3）支持邮件通知功能。 （4）支持日志管理。 （5）支持对工控机的状态监控、参数查看/配置、升级。 （6）支持对中心接入设备的状态监控、性能监控、参数查看/配置、设备升级/重启、告警监控、白名单控制。 （7）支持对终端接入设备的状态监控、参数查看/配置、设备升级	1	套
4	PC 端管理软件(nms.i_rel_desktop.1.0.0)	（1）支持软件锁功能。 （2）支持日志管理。 （3）支持对工控机的状态监控、参数查看/配置、升级。 （4）支持对中心接入设备的状态监控、性能监控、参数查看/配置、设备升级/重启、告警监控、白名单控制。 （5）支持对终端接入设备的状态监控、参数查看/配置、设备升级	1	套
二、AR 智慧运行维护系统硬件				
1	微软 Hololens 眼镜（二代）	支持 3D 效果，可实现空间识别、地面导览等	10	台
2	通用服务器	CPU 16 核 2.5GHz，内存 32G，硬盘 >3T，千兆网口，操作系统为 CentOS 7.6 64 位	1	个
三、AR 智慧运行维护系统软件				
1	专家端 AR 标注功能	Web 端	1	套
2	专家远程指导功能		1	套
3	视频留档功能		1	套
4	资源及运行维护流程管理		1	套
5	人员管理系统		1	套
6	设备管理系统		1	套

四、5G+ 化水车间控制系统

目前 5G 技术直接应用于生产设备的控制还处于探索的阶段，全厂控制系统直接采用 5G 技术与底层设备连接安全风险很大，可考虑先在化水车间等辅助系统中试点应用，验证方案可行性与安全性。

下面结合电厂典型化水车间，基于 5G 技术和 EUHT–5G 技术分别给出配置方案。

典型的电厂化学水车间由工艺设备车间、水泵间、药品间及室外水箱区域组成。火力发电机组化水车间一般并不需要 24h 不间断运行，比较适合进行 5G 控制系统的试点。

1. 5G 方案

5G+ 化水车间控制系统方案设备配置如表 10-16 所示。

表 10-16　　　　　5G+ 化水车间控制系统方案设备配置

序号	名称	参数	数量	单位
一、5G 边缘计算平台				
1	边缘计算服务器	Intel Xeon 5118×2；32GB DDR4×8；480 GB SATA SSD×2；10TB NL-SAS HDD×2；双端口 10GE 网卡（光口，含光模块）×2；1200W PSU×2	1	台
2	轻量边缘云虚拟化平台	（1）支持虚 / 机容器混合部署，最大支持 10 个虚机或 24 个容器。（2）支持物理服务器动态添加，最大支持 100 台物理服务器	1	个
3	管理平台	（1）提供集群、服务器、虚机 / 容器、应用等多级资源管理和部署。（2）支持多节点管理，最大支持 100 个	1	套
4	Convergent MG GGSN/SAE-GW 基本硬件模块	基本硬件模块 v1.1，包括电源组件、2 个 Switch 交换模块及线缆	1	套
5	cMG、"O&M 管理模块 + MG 业务处理模块、LB 接口模块"服务器	单 Server 支持 1 个 O&M+1 个 MG、1 个 LB+1 个 MG，其中：（1）O&M 模块负责系统管理维护，主备配置，最大 2 个（2）MG 模块负责处理业务，最大支持 30 万 2/3/4/5G 或者物联网承载 PDP，单 server 最大支持 12 Gbit/s，N+1 配置。（3）LB 模块负责外部接口，最少 2 个	2	块
6	CMG 吞吐量	按 5Gbit/s 本地旁路流量配置	5	Gbit/s
7	CMG UPF 用户数	v 按 1k PDP 配置	1	K PDP
二、底层仪表及执行机构				
1	变送器	包括压力、温度、流量、液位等，集成 5G 模块	200	台
2	逻辑开关	集成 5G 模块	20	台
3	热电阻	集成 5G 模块	10	台
4	分析仪表	集成 5G 模块	70	台
5	执行机构	集成 5G 模块	600	台
三、云控制系统				
1	控制服务器		1	套
2	控制软件算法		1	套

2. EUHT-5G 方案

EUTH-5G+ 化水车间控制系统方案设备配置如表 10-17 所示。

表 10-17　　　　　EUHT-5G+ 化水车间控制系统方案设备配置

序号	名称	参数	数量	单位
一、5G 边缘计算平台				
1	EUHT-5G 基站 NPEC01P-01	5.8G EUHT 中心接入设备： （1）尺寸：665mm × 165mm × 71mm。 （2）质量：4kg。 （3）电源：220V AC。 （4）工作频率：5150M~5850MHz 可配置	7	台
2	网络管理服务系统（nms.i_rel.1.0.0）	（1）支持系统双机热备。 （2）支持用户管理、权限访问控制。 （3）支持邮件通知功能。 （4）支持日志管理。 （5）支持对工控机的状态监控、参数查看/配置、升级。 （6）支持对中心接入设备的状态监控、性能监控、参数查看/配置、设备升级/重启、告警监控、白名单控制。 （7）支持对终端接入设备的状态监控、参数查看/配置、设备升级	1	套
3	PC 端管理软件(nms.i_rel_desktop.1.0.0)	（1）支持软件锁功能。 （2）支持日志管理。 （3）支持对工控机的状态监控、参数查看/配置、升级。 （4）支持对中心接入设备的状态监控、性能监控、参数查看/配置、设备升级/重启、告警监控、白名单控制。 （5）支持对终端接入设备的状态监控、参数查看/配置、设备升级	1	套
二、底层仪表及执行机构				
1	变送器	包括压力、温度、流量、液位等，集成 EUHT-5G 模块	200	台
2	逻辑开关	集成 EUHT-5G 模块	20	台
3	热电阻	集成 EUHT-5G 模块	10	台
4	分析仪表	集成 EUHT-5G 模块	70	台
5	执行机构	集成 EUHT-5G 模块	600	台
三、云控制系统				
1	控制服务器		1	套
2	控制软件算法		1	套

第六节　5G 在智能电厂的应用展望

3GPP R15 标准已冻结，确定了 5G 非独立组网、独立组网、部分运营商升级 5G 所需系统架构等相关标准，3GPPR16 标准主要关注垂直行业应用及整体系统的提升，主要功能包括面向智能汽车交通领域的 5G 车用无线通信技术（Vehicle to everything,

V2X），5G与时间敏感网络（Time-Sensitive Networking，TSN）集成，基于5G超可靠低时延通信（uRLLC）能力可以在工厂用5G新空口（New Radio，NR）全面替代有线以太网。电信运营商组网工作也处在起步阶段，目前只有部分重点城市实现了5G网络覆盖，预计还需2~3年才能实现全国大面积覆盖5G网络。同时类似于基于5G实现整个生产流程"云控制"目前还处于研究阶段，硬件产品、控制算法等均没有成熟的解决方案。

一、短期可实现场景

视频监控、机器人巡检、AR远程协作、移动办公场景主要集中的5G eMBB场景，主要依赖于5G高带宽能力，对实时性要求相对较低，3GPPR15标准已能满足这些应用场景的要求。

基于5G技术的高清视频监控目前在部分电厂中已经处于筹备实施阶段。智能巡检机器人由于目前本身就配有无线通信芯片，通过将传统无线通信芯片更换为5G通信模组即可快速实现5G场景下的应用，已在实验室环境下实现了智能巡检机器人5G通信测试。AR眼镜5G远程应用也已有多家运营商与AR眼镜制造商进行开发，目前也基本具备了实施的条件。移动办公主要难点在于全厂的5G网络覆盖，设备终端已成熟，搭载5G模组的手机、平板电脑等都已有成熟的商用产品。

以上四个应用场景在现有技术成熟度下，已具备在电厂实现的条件，瓶颈主要是厂区5G网络覆盖的问题，一旦电信运营商完成了电厂区域网络覆盖或者通过EUHT-5G实现了全厂组网覆盖，具体应用就可投入实际应用。

二、长期可实现场景

设备远程操作、生产控制主要依赖于5G网络的高可靠、低时延特性。智慧厂区管理的实施则依赖于5G低功耗、小数据包发送相关技术，且由于需要大量的5G模组植入，因此需要考虑5G模组的成本。综合考虑5G技术标准化程度及相应模组价格情况，短时间内这三个场景还较难实现。

设备远程操作采用5G通信完全取代了有线通信，为保证控制指令的准确可靠传递就对5G网络的时延和可靠性提出了要求。一旦5G网络出现不稳定或者高时延拥堵的情况，就会影响到设备操作，产生较大生产危险。目前5G关于uRLLC的3GPPR16标准虽已完成制定，但相关产品芯片均未成熟，因此设备远程操作短期内还不具有可行性。

通过基于5G的云平台对整个生产过程进行控制，除了对5G网络提出较高要求，而且由于控制功能都部署在云平台上后，控制软件会与传统DCS控制模式产生较大区别，需要控制系统厂家与云平台厂家合作，在云平台上完成虚拟化控制器环境的搭建，在控制规模和可靠性未通过测试和验证前，大范围应用 5G 云平台控制还有较大的技术风险。

智慧厂区管理主要是 mMTC 应用场景，目前 5G 规范的 R15 和 R16 两个版本均未就这类应用场景进行规定，预计将来 R17 或之后的版本才会就该场景制定标准。智慧厂区管理场景的实施与芯片价格也高度关联，只有当 5G 芯片价格足够便宜后才能给智慧厂区管理带来实际的经济效益，因此目前暂不具有可行性。

三、风险及对策

目前 5G 技术 eMBB 应用相对明确，3GPP R15 标准已经冻结，mMTC 和 uRLLC 对网络要求更高，应用需求和商业模式仍存在不确定性。5G 在智能电厂中应用主要面临以下风险。

1.5G 技术风险

可能出现 5G 商用进程不及预期，影响 5G 芯片等相关产品开发推进进度和推广应用，导致 5G 相关产品价格高居不下，从而影响传统行业应用。3GPP 5G 后续版本协议无法正式落地，导致 5G 工业应用没有统一标准，从而影响 5G 在垂直行业应用。

对策：可先进行上层边缘云平台、企业云平台管控系统的研发，积累平台开发成果与经验。底层设备先采用网关模式与 5G 网络进行通信，并寻找相关合作设备生产单位（仪表、执行机构、机器人等）在实验室条件下开展 5G 通信接口与模块研发，提前积累底层设备开发经验，等 5G 相关工业应用场景协议落地后再产品化。

2. 市场风险

传统电厂业主对于 5G 技术相关特性不了解，不愿意接纳新技术应用。

对策：可从视频监控、辅助车间等对安全、控制要求不高的场景进行推广使用。

3. 政策风险

本章论述的 5G 相关应用对目前电厂整个生产经营管控系统架构进行了重构，突破了多个目前的电力行业规程规范，特别是关于的信息安全相关规定。若相关规程规范文件不进行更新修订，本章讨论的许多应用场景目前则无法实际落地。

对策：目前智能化、数字化需求越来越大，运营技术与信息通信技术融合将是发展趋势，现有规程规范肯定无法适应未来生产需要。可联合运营商、IT 厂商等进行联合研究，对行业运营、信息、通信技术应用展开专项研究，推动现有规程规范更新。

4. 电厂运营风险

目前电信运营商对于垂直行业应用 5G 技术的收费策略还不明确，一旦电厂整体系统的构建都基于电信运营商提供的 5G 网络，可能出现控制系统接入层运营责任不明确及运行费用偏高等问题，从而增加电厂的运行成本。

对策：可与电信运营商合作研究垂直行业 5G 网络建设及收费策略，尽早形成相关标准、模板，或采用 EUHT–5G 等技术方案，避开运营商，进行独立组网，只承担先期网络建设投资，后期使用将不需额外付费。

第十一章 智能电厂成熟度评估

第一节 概述

成熟度理论是一套管理学领域的管理方法论，它能够精炼地描述一个事物的发展过程，通常将其描述为若干个成熟度级别，每个级别有明确的定义、相应的标准以及实现其的必要条件。从最低级到最高级，各级别之间具有顺序性，每个级别都是前一个级别的进一步完善，同时也是下一级别演进的基础，体现了事物从一个层次到下一个层次层层递进、不断发展的过程。比较著名的成熟度理论有软件能力成熟度模型（Capability Maturity Model for Software, SW-CMM）、制造成熟度模型（Manufacturing Readiness Level, MRL）和智能电网能力成熟度模型（Smart Grid Maturity Model, SGMM）等，表 11-1 描述了相关成熟度理论的定义。

表 11-1 相关成熟度理论的定义

成熟度类别	定义
软件能力成熟度模型（SW-CMM）	对于软件组织在定义、实施、度量、控制和改善其软件过程的各个发展阶段的描述。这个模型用于评价软件组织的现有过程能力，查找出软件质量及过程改进方面的最关键的问题，从而为选择过程改进策略提供指南
制造成熟度模型（MRL）	用于确定生产过程中制造技术是否成熟，以及技术转化过程中是否存在风险，从而管理并控制产品生产，使其在质量和数量上实现最佳化，能够为企业提高制造水平提供指导依据
智能电网能力成熟度模型（SGMM）	是一个管理工具，提供了帮助组织了解当前智能电网部署和电力基础设施性能的框架，并为建立有关智能电网实施的战略与工作计划提供参考

不同领域的成熟度遵循的方法论是一致的，成熟度理论也可以应用到智能电厂建设实践中。智能电厂成熟度借鉴了以往的经验，是成熟度理论在智能电厂领域的应用。智

能电厂成熟度给出了组织实施智能电厂要达到的阶梯目标和演进路径，提出了实现智能电厂的核心能力及要素、特征和要求，为内外部相关利益方提供了一个理解当前智能电厂状态、建立智能电厂战略目标和实施规划的框架，帮助企业识别当前不足，引导其科学地弥补战略目标与现状之间的差距。

第二节 智能电厂成熟度模型

《智能制造基础共性标准研究成果（一）》定义了用于制造企业制造能力提升的成熟度模型，模型由 2 个维度、10 大类、27 个域、5 个等级和成熟度要求等内容组成。维度、类和域是"智能 + 制造"两个维度的展开，是对智能制造核心能力要素的分解。等级是类和域在不同阶段水平的表现，成熟度要求是对类和域在不同等级下的特征描述。智能电厂可以参考相关内容，并在此基础上结合目前电力行业智能电厂的具体实践建立智能电厂成熟度模型，本书提出的智能电厂模型是对智能电厂内涵和核心要素的深入剖析，参考了《国家智能制造标准体系建设指南（2018 版）》中对智能制造系统架构的定义，从生命周期、系统层级、智能功能 3 个方面统筹考虑，归纳为"业务 + 智能" 2 个维度来解释智能电厂的核心组成。业务维度体现了电力行业电厂业务：设计、生产和销售。智能维度分为资源要素、互联互通、系统集成、信息融合和新兴业态。并将每一类核心要素分解为域以及五级的成熟度要求，如表 11-2 所示。

表 11-2　　　　　　　　　模型架构与能力成熟度矩阵关系表

维度	业务维								智能维										
类	设计		生产					销售	资源要素			系统集成		互联互通		信息融合		新兴业态	
域	产品设计	工艺设计及优化	运行生产	设备管理	燃料管理	物资管理	质量、安全与环保	经营管理	战略与组织	员工	设备	应用集成	系统安全	网络环境	网络安全	数据融合	数据安全	远程运行维护	协同优化
5 级	√	√	√	√	√	√	√	√	√	√	√	√	√	√	√	√	√	√	√
4 级	√	√	√	√	√	√	√	√	√	√	√	√	√	√	√	√	√	—	—
3 级	√	√	√	√	√	√	√	√	√	√	√	√	√	√	√	√	√		
2 级	√	√	√	√	√	√	√	√	—	—	—	—	—	—	—	—	—		
1 级	√	√	√	√	√	√	√	√											

一、维度

"智能 + 业务"两个维度是论述智能电厂成熟度模型的起点，代表了对智能电厂的理解，也可以理解为 OT（运营技术）+IT（信息技术）在电厂的应用。

业务维体现了面向产品的全生命周期或全过程的智能化提升，包括了设计、生产和销售 3 类，涵盖了从接收电网需求到提供电力的整个过程。与传统的电厂相比，智能电厂的过程更加侧重于各业务环节的智能化应用和智能水平的提升。

智能维度是智能技术、智能化基础建设、智能化结果的综合体现，是对信息物理融合的诠释，完成了感知、通信、执行、决策的全过程，包括了资源要素、互联互通、系统集成、信息融合和新兴业态 5 大类，引导电厂利用数字化、网络化、智能化技术向模式创新发展。

二、类和域

类和域代表了智能电厂关注的核心要素，是对"智能 + 业务"两个维度的深度诠释。其中，域是对类的进一步分解。

8 大类核心要素相互作用才能达到智能电厂的状态，将各种资源要素（人、机器、能源等）与业务过程（设计、生产和销售）等物理世界的实体及活动数字化并接入到互联互通的网络环境下，对各种数字化应用进行系统集成，对信息融合中的数据进行挖掘利用并反馈优化制造过和资源要素，推动组织最终达到个性化定制、远程运行维护与协同功能的新兴业态。

三、等级

等级定义了智能电厂的阶段水平，描述了一个组织逐步向智能电厂最终愿景迈进的路径，代表了当前实施智能电厂的程度，同时也是智能电厂评估活动的结果。

智能电厂成熟度模型共分为以下 5 个等级：

（一）1 级：规划级

在这个级别下，电厂有了实施智能电厂的想法，开始进行规划和投资。部分核心的业务环节已实现业务流程信息化，具备部分满足未来通信和集成需求的基础设施，电厂已开始基于 IT 进行发电活动，但只是具备实施智能电厂的基础条件，还未真正进入到智能电厂的范畴。

（二）2级：规范级

在这个级别下，电厂已形成了智能电厂的规划，对支撑核心业务的设备和系统进行投资，通过技术改造，使得主要设备具备数据采集和通信的能力，实现了覆盖核心业务重要环节的自动化、数字化升级。通过制定标准化的接口和数据格式，部分支撑生产作业的信息系统能够实现内部集成，数据和信息在业务内部实现共享，电厂开始迈进智能电厂的门槛。

（三）3级：集成级

在这个级别下，电厂对智能电厂的投资重点开始从对基础设施、生产装备和信息系统等的单项投入，向集成实施转变，重要的发电业务、生产设备、生产单元完成数字化、网络化改造，能够实现设计、生产和销售等核心业务间的信息系统集成，开始聚焦工厂范围内数据的共享，电厂已完成了智能化提升的准备工作。

（四）4级：优化级

在这个级别下，电厂内生产系统、管理系统以及其他支撑系统已完成全面集成，实现了工厂级的数字建模，并开始对人员、装备、产品、环境所采集到的数据以及生产过程中所形成的数据进行分析，通过知识库、专家库等优化生产工艺和业务流程，能够实现信息世界与物理世界互动。从3级到4级体现了量变到质变的过程，企业智能电厂的能力快速提升。

（五）5级：引领级

引领级是智能电厂能力建设的最高程度，在这个级别下，数据的分析使用已贯穿企业的方方面面，各类生产资源都得以最优化的利用，设备之间实现自治的反馈和优化，电厂已成为上下游产业链中的重要角色，个性化定制、网络协同、远程运行维护已成为电厂开展业务的主要模式，电厂成为本行业智能电厂的标杆。

电厂在实施智能电厂时，应按照逐级递进的原则，从低级向高级循序演进，要注重投资回报率。企业应该根据自身的业务发展现状、市场定位、用户需求和资金投入情况，来选择合适的等级确定智能电厂的发展方向。需要注意的是，并非只有最高级才适合每个企业的最佳选择。

四、成熟度要求

成熟度要求描述了为实现域的特征而应满足的各种条件，是判定电厂是否实现该级别的依据。每个域下分不同级别的成熟度要求，其中对业务维及资源要素的要求是从 1 级到 5 级，对系统集成和互联互通的要求是从 3 级到 5 级，对信息融合的要求从 4 级到 5 级，对新兴业态的要求只有第 5 级。

五、模型的应用

根据使用者的不同，智能电厂成熟度模型分为两种表现形式——整体成熟度模型和单项能力模型，整体成熟度模型提供了使电厂能够通过改进某一些关键域集合来递进式地提升智能电厂整体水平的一种路径，单项能力模型提供了使组织能够针对其选定的某一类关键域进行逐步连续式改进的一种路径。

第三节　智能电厂成熟度要求

一、设计

设计是通过产品及工艺的规划、设计、推理验证以及仿真优化等过程，形成设计需求的实现方案。设计能力成熟度的提升是从基于经验设计与推理验证，到基于知识库的参数化/模块化、模型化设计与仿真优化，再到设计、工艺、制造、检验、运行维护等产品全生命周期的协同，体现对个性化需求的快速满足。

1. 产品设计

产品设计的目的是解决企业如何基于用户需求，利用计算机辅助工具，根据经验、知识等快速开展外观、结构、性能等的设计、优化，以及与工艺设计的有效对接。其关注点在于基于知识库的参数化/模块化设计、产品全生命周期不同业务域的协同化、基于三维模型的设计信息集成、设计工艺制造一体化仿真。产品设计的等级及其特征如下：

（1）1 级：基于设计经验开展计算机辅助二维设计，并制定产品设计相关标准规范。

（2）2 级：实现计算机辅助三维设计及产品设计内部的协同。

（3）3 级：构建集成产品设计信息的三维模型，进行关键环节的设计仿真优化，实现产品设计与工艺设计的并行协同。

（4）4 级：基于知识库来实现设计工艺制造全维度仿真与优化，并实现基于模型的设计、制造、检验、运行维护等业务的协同。

（5）5 级：实现基于大数据、知识库的产品设计云服务，实现产品个性化设计、协同化设计。

2. 工艺设计及优化

工艺设计及优化是采用工艺知识积累、挖掘、推理的方法，利用优化平台等技术实现对工艺路线、参数等与发电量、能耗、物料、设备等的最优匹配，以达到发电量高、功耗低和效益高的生产目标。工艺设计及优化等级及特征如下。

（1）1级：具备符合国家／行业／企业标准的工艺流程模型及参数。

（2）2级：工艺模型应用于现场，能够满足场地、安全、环境、质量要求。

（3）3级：能够利用离线优化平台，建立单元级工艺优化模型。

（4）4级：基于工艺优化模型与知识库实现全流程工艺优化。

（5）5级：建立完整的工艺三维数字化仿真模型，完成生产全过程的数字化模拟，能够基于知识库实现工艺的实时在线优化。

二、生产

生产是通过 IT 与 OT 的融合，对"人、机、料、法、环"五大生产要素进行管控，以实现生产全过程的智能调度及调整优化。生产能力成熟度的提升是从以生产任务为核心的信息化管理开始，到各项要素和过程的集中管控，最终达到全过程的闭环与自适应。

1. 生产运行

生产运行是以最佳的方式将企业生产的物料、设备等生产要素以及生产过程等有效地结合起来，形成联动作业和连续生产，取得最大的生产成果和经济效益。生产运行关注精确的物料配套、生产过程的控制，与生产计划等其他业务的协同。生产运行的等级及特征如下。

（1）1级：具备自动化和数字化的设备及生产线，具备现场控制系统。

（2）2级：能够采用信息化技术手段将各类工艺、作业指导书等电子文件下发到生产单元，实现对人员、机器、物料等多项资源的数据采集。

（3）3级：能够实现资源管理、工艺路线、生产、仓储配送等的业务集成，采集生产过程实时数据信息并存储，能够提供实时更新的发电过程的分析结果并将其可视化。

（4）4级：能够通过生产过程数据、产量、质量等数据来优化生产工艺。

（5）5级：能够通过监控整个生产作业过程，自动预警或修正生产中的异常，提高生产效率和质量。

2. 燃料管理

燃料管理是指通过对燃料库存、生产计划、发电量等的自动感知、预测以及合理控制，使企业达到经济合理的库存量，满足生产的需求。其关注点在于燃料采购与生产的车间级集成，与供应商、分销商的企业级集成以及利用数据挖掘技术进行采购预测等。燃料管理的等级及其特征如下。

（1）1级：具备一定的信息化基础来辅助燃料业务。

（2）2级：能够实现企业级的燃料信息化管理，包括供应商管理、比价采购、合同管理等，实现采购内部的数据共享。

（3）3级：实现燃料管理系统与生产管理系统的集成，实现计划、流水、库存、单据的同步。

（4）4级：实现燃料与供应、销售等过程联合，与重要的供应商实现部分数据共享，能够预测补货。

（5）5级：实现库存量可实时感知，通过对销售预测和库存量进行分析和决策，形成实时采购计划；与供应链合作企业实现数据共享。

3. 设备管理

设备管理是指以设备台账为基础，覆盖设备维护、维修工作的全过程，对设备标识、设备台账、设备缺陷、设备检修、两票、备品备件、设备文档等进行智能化管理。设备管理的等级及其特征如下。

（1）1级：具备自动化和数字化的设备管理系统。

（2）2级：能够采用信息化技术手段实现对设备的数据采集。

（3）3级：能够实现设备管理等的业务集成，采集设备管理数据信息并存储，能够提供更新的设备管理的分析结果并将其可视化。

（4）4级：能够通过监控设备，实现设备故障管理。

（5）5级：能够通过监控整个设备，自动预警或修正设备的异常，实现设备状态检修管理，提高生产效率和质量。

4. 物资管理

物资管理是通过建立有效的管理平台，对原材料、备品备件、仪器仪表、工具、办公用品等编码、计划、采购、合同、仓库、核算、统计、市场信息等进行自动化、信息化和智能化管理。物资管理的等级及其特征如下。

（1）1级：具备一定的信息化基础。

（2）2级：能够采用信息化技术手段实现对物资的数据采集。

（3）3级：能够实现物资管理等的业务集成，采集物资管理数据信息并存储，能够提供更新的物资管理的分析结果并将其可视化。

（4）4级：实现物资与供应、销售等过程联合，与重要的供应商实现部分数据共享，能够预测补货。

（5）5级：实现库存量可实时感知，通过对销售预测和库存量进行分析和决策，形成实时采购计划；与供应链合作企业实现数据共享。

5. 质量、安全与环保

质量、安全与环保是通过建立有效的管理平台，对质量、安全、环保管理过程进行标准化，对数据进行收集、监控以及分析利用，最终能建立知识库对安全作业和环境治理等进行优化。质量、安全与环保的等级及其特征如下。

（1）1级：已采用信息化手段进行风险、隐患、应急等质量管理、安全管理以及环保数据监测统计等。

（2）2级：能够实现从清洁生产到末端治理的全过程信息化管理。

（3）3级：通过建立安全培训、典型隐患管理、应急管理等知识库辅助安全管理；对所有环境污染点进行实时在线监控，监控数据与生产、设备数据集成，对污染源超标及时进行预警。

（4）4级：支持现场多源的信息融合，建立应急指挥中心，通过专家库开展应急处置；建立环保治理模型并实时优化，在线生成环保优化方案。

（5）5级：基于知识库，支持安全作业分析与决策，实现安全作业与风险管控一体化管理；利用大数据自动预测所有污染源的整体环境情况，根据实时的治理设施数据、生产、设备等数据，自动制定治理方案并执行。

三、销售管理

销售管理是以电网、电力／热力大用户、固体废弃物综合利用等需求为核心，利用大数据、云计算等技术，对售电／供热数据、行为进行分析和预测，带动相关业务的优化调整。销售能力成熟度的提升是从电量销售计划、销售订单、销售价格、用户关系的信息化管理开始，到需求预测／实际需求拉动生产，最终实现通过更加准确的销售预测对生产管理进行优化，以及个性化营销等。其关注点在于销售数据挖掘、销售预测及销售计划、销售业务与相关业务的集成以及销售的新模式。销售管理的等级及其特征如下。

（1）1级：通过信息系统对销售业务进行简单管理。

（2）2级：通过信息系统实现销售全过程管理，强化用户关系管理。

（3）3级：对销售和生产等业务进行集成，实现需求预测／实际需求拉动生产。

（4）4级：应用知识模型优化销售预测，制定更为准确的销售计划；通过发电报价平台整合所有销售方式，实现根据需求变化自动调整生产。

（5）5级：实现对发电报价平台的大数据分析和个性化营销等功能。

四、资源要素

资源要素是对组织的战略、组织结构、人员、设备及能源等要素的策划、管理及优化，为智能电厂的实施提供基础。资源要素能力成熟度的提升体现了从管理愿景的策划，到运用信息化手段进行管理、到决策智能化的转变，体现了组织智能化管理水平的提升。

1. 战略和组织

战略和组织是企业决策层对实现智能电厂目标而进行的方案策划、组织优化和管理制度的建立等。通过战略制定、方案策划和实施、资金投入和使用、组织优化和调整使企业的智能电厂发展始终保持与企业发展战略相匹配。其关注点在于智能电厂战略部署、组织和资金配备等。战略和组织的等级及特征如下。

（1）1级：组织有发展智能电厂的愿景，并做出了包括资金投入的承诺。

（2）2级：组织已经形成发展智能电厂的战略规划，并建立明确的资金管理制度。

（3）3级：组织已经按照发展规划实施智能电厂，已有资金投入，智能电厂发展战略正在推动组织发生变革，组织结构得到优化。

（4）4级：智能电厂已成为组织的核心竞争力，组织的战略调整是基于智能电厂的发展。

（5）5级：组织的智能电厂发展战略为组织创造了更高的经济效益，创新管理战略为组织带来了新的业务机会，产生了新的商业模式。

2. 员工

员工是实现智能电厂的关键因素。通过对员工的培养、技能获取方式的实现、技能水平的提升，使员工具备与组织智能电厂水平相匹配的能力。关注点在于员工技能获取和提升、员工持续教育等。员工的等级及其特征如下。

（1）1级：能够确定构建智能电厂环境所需要的人员能力。

（2）2级：能够提供员工获取相应能力的途径。

（3）3级：能够基于智能发展需要，对员工进行持续的教育或培训。

（4）4级：能够通过信息化系统分析现有员工的能力水平，使员工技能水平与智能电厂发展水平保持同步提升。

（5）5级：能够激励员工，使其在更多领域上获取智能电厂所需要的技能，持续提升自身能力。

3. 设备

设备数字化是智能电厂的基础，设备管理是通过对设备的数字化改造以及全生命周期的管理，使物理实体能够融入信息世界，并能够达到对设备远程在线管理、预警等。其关注点在于设备数字化、全生命周期管理等。设备的等级及其特征如下。

（1）1级：能够采用信息化手段实现部分设备的日常管理，开始考虑设备的数字化改造。

（2）2级：持续进行设备数字化改造，能够采用信息化手段实现设备的状态管理。

（3）3级：能够采用设备管理系统实现设备的全生命周期管理，能够远程实时监控关键设备。

（4）4级：设备数字化改造基本完成，能够实现专家远程对设备进行在线诊断，已建立关键设备运行模型。

（5）5级：能够基于知识库、大数据分析对设备开展预知维修。

五、系统集成

系统集成的目的是实现企业内各种业务、信息等的互联与互操作，最终达到信息物理完全融合的状态。系统集成成熟度的提升是从企业内部单项应用、系统间互联互操作，到企业内全部系统、企业间上下游集成的转变，体现了对资源充分共享。

1. 应用集成

应用集成是通过统一平台、实时数据库、云服务等技术，将不同的业务应用系统有效集成，达到信息流、数据流无缝传递的效果。应用集成关注集成技术的应用及效果。应用集成的等级及其特征如下。

（1）3级：能够围绕核心生产流程，部分实现生产、资源调度、燃料供应等不同系统间的互操作。

（2）4级：能够全面实现生产、资源调度、燃料供应等不同系统间的互操作。

（3）5级：能够基于云平台实现企业间业务的集成。

2. 系统安全

系统安全的目的是解决企业如何利用系统安全工程和系统安全管理方法等，对工业控制系统的信息安全进行监控、管理与评估；关注安全风险的评估、系统安全的监控、工业控制系统的主动防御等。系统安全的等级及其特征如下。

（1）3级：应制定针对工业控制系统的安全管理要求、事件管理和相应制度等，并定期开展主要系统的安全风险评估。

（2）4级：能够对非本地进程进行监控，能够在系统投产前开展安全检测，能够根据应急计划定期开展培训、测试与演练。

（3）5级：能够实现对工业控制系统安全的主动防御与漏洞扫描安全防护。

六、互联互通

互联互通是现场总线、工业以太网、无线网络等在工厂中的部署和应用，使工厂具备将人、机、物等有机联通的环境。互联互通成熟度的提升是从设备到车间、到工厂以及企业上下游系统之间的互联互通，体现了对系统集成、协同制造等的支撑。

1. 网络环境

网络环境的目的是解决如何利用现场总线、工业以太网、无线网络、物联网等技术实现设备、系统间的互联与通信。关注企业基础网络基础通信环境。网络环境的等级及其特征如下。

（1）3级：能够实现制造环节设备间的互联互通与信息采集与发送。

（2）4级：能够实现生产管理与企业管理系统间的互联互通。

（3）5级：能够实现企业上下游系统间的互联互通，实现生产与经营的无缝集成。

2. 网络安全

网络安全的目的是解决企业如何利用专业网络安全技术，针对接入网络的用户、设备等进行可靠性、完整性、保密性检测与管理。网络安全需要关注用户身份的鉴别管理、网络传输设备冗余能力和重要子网的自恢复能力。网络安全的等级及其特征如下。

（1）3级：具备网络关键设备冗余能力，开展子网管理，具有入侵检测、用户鉴别、访问控制、完整性检测等安全功能。

（2）4级：确保数据传输和重要子网的安全性，并具备自恢复能力，具备网络信息过滤和数据流量管控功能，能够对网络边界的完整性进行检查。

（3）5级：确保云数据中心访问的安全性，提供专用通信协议或安全通信协议服务，抵御通信协议的攻击破坏。

七、信息融合

信息融合的核心在于对数据的开发利用，通过数据标准化、数据模型的应用等，实现对设计、生产、服务等流程的优化，提升预测预警、自主决策的能力。信息融合成熟度的提升是从数据分析、数据建模到决策优化的过程。

1. 数据融合

数据融合的目的是解决数据集成的问题，实现异构系统、不同数据库间数据的交换，体现了企业内部到企业外部数据交换的过程。数据融合关注企业数据标准化、统一平台的搭建、数据库的网络化集成与应用等。数据融合的等级及其特征如下。

（1）4级：企业搭建数据统一模型，实现数据库间的数据集成与传递。

（2）5级：企业实现数据库的网络化集成与应用（云数据库），可根据数据的自适应传递构建多功能数据模型，实现数据的实时浮动传递。

2. 数据应用

数据应用是通过对数据进行挖掘分析，形成数据模型来优化指导业务的调整，最终能达到在线优化、最少减少人工干预的状态。数据应用关注数据模型的应用、对业务的优化等。数据应用的等级及其特征如下。

（1）4级：能够对生产、运行维护、管理等各种业务数据进行分析、建模，输出企业相关策略。

（2）5级：能够利用模型实现业务流程在线优化。

3. 数据安全

数据安全的目的是解决企业如何利用数据密码算法、数据备份等，保障大数据、云计算数据存储、数据传输的安全。数据安全关注融合和备份技术的应用、存储数据的保密性、专用通信通道的应用等。数据安全的等级及其特征如下。

（1）4级：能够确保存储信息的保密性，实现数据和系统的可用性。

（2）5级：建立异地灾备中心、专用通信通道确保数据安全、完整性与保密性，能够对系统管理数据、鉴别信息和重要业务提供完整性校验和恢复功能。

八、新兴业态

新兴业态是企业在互联网的推动下，采用信息化手段以及智能化管理措施，重新思考和构建制造业的生产模式和组织方式，进而形成的新型商业模式。新兴业态能力成熟度主要体现在智能电厂高级阶段，实现对设备远程运行维护、信息资源交互共享的目的，实现企业间、部门间各环节的协同优化。

1. 远程运行维护

远程运行维护是指智能设备、智能产品具备数据采集、通信和远程控制等功能，能够通过网络与平台进行远程监控、故障预警、运行优化等，是制造企业服务模式的创新。远程运行维护的等级及其特征如下。

5 级：能够实现远程数据采集、在线监控等，并通过数据挖掘和建模实现预警及优化等。

2. 协同优化

协同优化是通过建立网络化制造资源协同云平台，实现企业间研发系统、生产管理系统、运营管理系统的协同与集成，实现资源共享、协作创新的目标。协同优化的等级及其特征如下。

5 级：能够实现企业间、部门间创新资源、设计能力、生产能力等的共享以及上下游企业在设计、供应、制造和服务等环节的并行组织和协同优化。

第四节　智能电厂能力成熟度评估方法

一、评估方法

智能电厂能力成熟度评价是依据智能电厂能力成熟度模型要求，与企业实际情况进行对比，得出智能电厂水平等级，有利于企业发现差距，结合组织的智能电厂战略目标，寻求改进方案，提升智能电厂水平。

二、评价过程

企业首先结合自身的发展战略及目标，选择适宜的模型，根据行业特点选择评价域，通过"问题"调查的形式来判断是否满足成熟度要求，并依据满足程度进行打分计算，给出结果。智能电厂能力成熟度评价过程如图 11-1 所示。

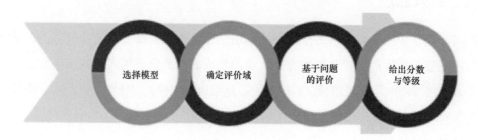

图 11-1　智能电厂能力成熟度评价过程

"问题"来源于成熟度要求，与其保持对应一致，是执行评价的主要依据。判断问题是否得到满足要基于证据，包括人员访谈记录、文件、系统部署或运行的记录等，必要时可借助工具或智能电厂评价平台自动收集。

1. 选择模型

可以根据自身现状以及智能电厂发展战略，选择单项能力模型或整体成熟度模型。单项能力成熟度模型主要面向中小电厂，或在业务维某一类有智能化提升需求的企业；整体成熟度模型主要面向大型电厂，或在智能与制造的各方面发展均衡的企业。

2. 选择评价域

结合电厂的不同特点，对域进行裁剪，确定适合电厂的评价域。

3. 基于问题的评价

针对每一项能力成熟度要求将设置不同的问题，对"问题"的满足程度来进行评判，作为智能电厂评价的输入。对问题的评判需要专家在现场取证，将证据与问题比较，得到对问题的评分，也是对成熟度要求的评分。根据对问题的满足程度，设置 0、0.5、0.8、1 共四档打分原则。若问题的得分为 0，视为该等级不通过。

4. 给出分值与等级

对成熟度要求打分后，加权平均形成域的得分，进而计算类的得分，最终得到组织的总分值，给予等级。

对域权重的设定采用平均原则。当对智能电厂等级进行评价时，只有某等级内涉及的所有类的平均分值必须达到 0.8 分，才能视为满足该级别的要求。只有满足低等级的要求后才能申请更高等级的评价（注：应满足同一等级内任何一个问题得分 $\neq 0$，任何一个域的得分 ≥ 0.5，否则视为不具备此等级的能力要求）。智能电厂各等级与评分的对应关系如表 11-3 所示。

表 11-3　　　　　　　　　智能电厂各等级与评分的对应关系

等级	对应评分区间
5 级　引领级	$4.8 \leq x \leq 5$
4 级　优化级	$3.8 \leq x < 4.8$
3 级　集成级	$2.8 \leq x < 3.8$
2 级　规范级	$1.8 \leq x < 2.8$
1 级　已规范级	$0.8 \leq x < 1.8$

注　x 表示得分。

参考文献

［1］ 中国自动化学会发电自动化专业委员会 . 智能电厂技术发展纲要 [R]. 北京 : 中国电力出版社 , 2016.

［2］ 中国电力企业联合会 . 火力发电厂智能化技术导则 : T/CEC 164—2018[S]. 北京 : 中国电力出版社 , 2018.

［3］ 刘吉臻，胡勇，曾德良，等 . 智能发电厂的架构及特征 [J]. 中国电机工程学报 , 2017, 37 (22):6463–6470，6758.

［4］ 张晋宾，周四维 . 智能电厂概念及体系架构模型研究 [J]. 中国电力 , 2018, 51 (10): 2–7，42.

［5］ 许继刚，孙岳武，黄安平，等 . 电厂信息系统规划与设计 [M]. 北京 : 中国电力出版社 . 2013.

［6］ 李克强 . 政府工作报告——2020 年 5 月 22 日在第十三届全国人民代表大会第三次会议上 [R/OL]. 2020. http://www.gov.cn/guowuyuan/2020zfgzbg.htm.

［7］ 李克强 . 政府工作报告——2021 年 3 月 5 日在第十三届全国人民代表大会第四次会议上 [R/OL]. 2021. http://www.gov.cn/premier/2021–03/12/content_5592671.htm.

［8］ 张显，史连军 . 中国电力市场未来研究方向及关键技术 [J]. 电力系统自动化 , 2020, 44 (16):1–11.

［9］ 中国电力企业联合会 . 电力行业"十四五"发展规划研究 [R/OL]. 2021. https://www.cec.org.cn/upload/1/pdf/1609833054935.pdf.

［10］ 中华人民共和国国民经济和社会发展第十四个五年规划和 2035 年远景目标纲要

[R/OL]. 2021. http://www.gov.cn/xinwen/2021–03/13/content_5592681.htm.

［11］付晓岩.企业级业务架构设计：方法论与实践 [M].北京：机械工业出版社，2019.

［12］郝鹏.智慧电厂建设管理与效果评价研究 [D].北京：华北电力大学，2019.

［13］埃森哲（中国）有限公司.中国电力国际有限公司数字化电厂建设规划编制项目总体设计报告 [R]. 2017.

［14］张英杰，朱雪峰.模式驱动的软件架构设计研究综述 [J].计算机科学，2018, 45 (2018):48–52.

［15］国家智能制造标准化总体组.智能制造基础共性标准研究成果（一）[M].北京：电子工业出版社，2018.

［16］中华人民共和国住房和城乡建设部.石油化工工程数字化交付标准：GB/T 51296—2018[S].北京：中国计划出版社，2018.

［17］中国国家标准化管理委员会.发电工程数据移交：GB/T 32575—2016[S].北京：中国标准出版社，2016.

［18］苟建兵，钟学军.电厂数字化移交应用研究 [J].神华科技，2017, 15 (1):8–10, 13.

［19］宫赫乾. AVEVA NET 平台在发电设计中的应用 [J].吉林电力，2017, 45 (1):37–39.

［20］陈荣.浅谈数字化电厂设计与移交 [J].电工技术，2018, (20):76–78.

［21］史少英，王伟君. BIM 技术在国内建设项目中的应用研究和分析 [J].工程建设与设计，2020, (6):263–266.

［22］钟佳玉，朱瀛杰. BIM 技术在电力工程造价管理中的应用 [J].电力勘测设计，2019, (1):74–77.

［23］孟钧，钱应苗，袁瑞佳，等.国际 BIM 研究演进路径、热点及前沿可视化分析 [J].铁道学报，2019, 41 (6):9–15.

［24］张建平，范喆，王阳利，等.基于 4D–BIM 的施工资源动态管理与成本实时监控 [J].施工技术，2011, (4):37–40.

［25］王广斌，张洋，谭丹.基于 BIM 的工程项目成本核算理论及实现方法研究 [J].科技进步与对策，2009, (21):47–49.

［26］工业互联网产业联盟.工业互联网平台白皮书（2017）[R/OL]. [2017–12–01]. https://www.miit.gov.cn/n973401/n5993937/n5993968/c6002326/part/6002331.pdf.

［27］工业互联网产业联盟.工业互联网体系架构（版本 2.0）[R/OL]. 2020–4. http://www.aii–alliance.org/upload/202004/0430_162140_875.pdf.

［28］工业互联网产业联盟.工业互联网垂直行业应用报告（2019 版）[R/OL]. 2019–2. http://www.caict.ac.cn/kxyj /qwfb/bps/201902/P020190228457064050959.pdf.

［29］李君，邱君降，窦克勤.工业互联网平台参考架构、核心功能与应用价值研究 [J].
制造业自动化，2018, 40 (6):103-106, 126.

［30］赵晋松，张朝阳，顾巍峰，等.基于工业互联网的智能电厂平台架构 [J].热力发电，
2019, 48 (9):101-107.

［31］冯志勇，徐砚伟，薛霄，等.微服务技术发展的现状与展望 [J].计算机研究与发展，
2020, 57 (5):1103-1122.

［32］朱锋.微服务架构在火电 SIS 系统中的应用 [J].电子技术与软件工程，2019, (14):65.

［33］中国信息通信研究院.大数据白皮书（2020）[R/OL]. 2020-12. http://www.caict.
ac.cn/kxyj /qwfb/bps/202012/P020210208530851510348.pdf.

［34］"数据中台关键技术与系统研究"专辑导读 [J].华东师范大学学报 (自然科学版)，
2020, (5):6-8.

［35］缪翀莺，谭华，易学明.数据中台的定位和架构分析 [J].广东通信技术，2019, 39
(12):57-62，70.

［36］刘长良，许涛，王梓齐，等.基于智能电厂大数据的关键参数目标值挖掘技术 [J].
热力发电，2019, 48 (9):14-21.

［37］夏云，包一鸣，金黔军，等. Profibus 现场总线在大型火电机组控制系统中的应用 [J].
中国仪器仪表，2011, (S1):148-153.

［38］彭瑜.工业无线标准 WIA-PA 的特点分析和应用展望 [J].自动化仪表，2010, (1):1-4, 9.

［39］刘微，王宏建，李杰，等. WIA-PA 技术在计量监测系统中的应用 [J].石油化工自
动化，2018, 54 (1):51-53, 71.

［40］方原柏.流程行业无线技术应用发展综述 [J].自动化仪表，2013, (2).

［41］阳宪惠.现场总线技术及其应用 [M].北京：清华大学出版社，1999.

［42］李先权. WiFi 网络构建与应用研究 [D].广州：华南理工大学，2012.

［43］中国电力工程顾问集团华北电力设计院有限公司.燃煤电厂燃料智能化管控中心
应用研究报告 [R].中国电力工程顾问集团技术成果.2018.

［44］渠晓军，崔旭阳，吕沁阳，等.锅炉炉膛声学与红外耦合测温系统的研究 [J].自动
化仪表，2016, 37 (6):31-34.

［45］韩豫，孙昊，李宇宏，等.智慧工地系统架构与实现 [J].科技进步与对策，2018, 35
(24):107-111.

［46］毛志兵.推进智慧工地建设 助力建筑业的持续健康发展 [J].工程管理学报，2017,
31(5):80-84.

［47］甄龙，徐辉，陶李，等.电厂"智慧工地"的建设与应用 [J].电力勘测设计，2020,

(A1):1188–1193.

［48］孔令义 . "5G+MEC"为智能制造赋能的部署应用 [J]. 电信科学 . 2019, 10: 137–145.

［49］梅雅鑫 . 华为 5G MEC 为海尔智能工厂建设插上腾飞的翅膀 [J]. 通信世界 . 2020, 5: 41.

［50］王睿 , 张克落 . 5G 网络切片综述 [J]. 南京邮电大学学报 (自然科学版), 2018, 38 (5):19–27.

［51］宋凤飞 . 5G 网络切片的设计与资源分配方案研究 [D]. 西安 : 西安电子科技大学 . 2018.

［52］常洁 , 关舟 , 关庆贺 . 中国 5G 垂直行业应用案例（2020）[R/OL]. 2020.3. http:// www.caict.ac.cn/kxyj /qwfb/ztbg/202003/t20200318_277223.htm.

［53］夏元清 , 高润泽 , 林敏 , 等 . 绿色能源互补智能电厂云控制系统研究 [J]. 自动化学报 , 2020, (9):1844–1868.

［54］夏元清 , Mahmoud S, 李慧芳 , 等 . 控制与计算理论的交互 : 云控制 [J]. 指挥与控制 学报 , 2017, 3(2): 99–118.

［55］王宏延 , 顾舒娴 , 完颜绍澎 , 等 .5G 技术在电力系统中的研究与应用 [J]. 广东电力 , 2019, 32(11): 78–85.

［56］张建国 , 杨东来 , 徐恩 , 等 .5G NR 物理层规划与设计 [M]. 北京 : 人民邮电出版社 . 2020.

［57］3rd Generation Partnership Project. Release 15 Description; Summary of Rel–15 Work Items (Release 15) [R/OL]. 2019. https://www.3gpp.org/ftp/Specs/archive/21_ series/21.915/.

［58］3rd Generation Partnership Project. Release 16 Description; Summary of Rel–16 Work Items (Release 16) [R/OL]. 2021. https://www.3gpp.org/ftp/Specs/archive/21_ series/21.916/.

［59］中国电子技术标准化研究院 . 智能制造能力成熟度模型白皮书 (1.0 版) [R/OL]. 2016. http://www.cesi.cn/201612/1701.html.